Die Organismusidee

in

Möllers Dauerwaldgedanken

Von

Dr. Hans Lemmel

Professor an der Forstlichen Hochschule
in Eberswalde

Berlin

Verlag von Julius Springer

1939

ISBN-13: 978-3-642-90031-0   e-ISBN-13: 978-3-642-91888-9
DOI: 10.1007/978-3-642-91888-9

Alle Rechte, insbesondere das der Übersetzung
in fremde Sprachen, vorbehalten

Inhaltsverzeichnis

Abkürzungen

Die in den Text eingeschalteten Literaturhinweise sind in folgender Weise abgekürzt:

Möller, A.: Der Dauerwaldgedanke. Sein Sinn und seine Bedeutung. Berlin 1922, abgekürzt: Dg.

Möller, A.: Kiefern-Dauerwaldwirtschaft. Z. f. F. u. J. 52 (1920), S. 4—41, abgekürzt: I.

Möller, A.: Kiefern-Dauerwaldwirtschaft II. Z. f. F. u. J. 53 (1921), S. 70—85, abgekürzt: II.

Möller, A. und Wendroth: Betriebsregelung im Dauerwalde. Z. f. F. u. J. 54 (1922), S. 11—25, abgekürzt: III.

Die Jahresberichte des Deutschen Forstvereins
        1913 abgekürzt: Trier
        1922   „   Dessau
        1925   „   Salzburg.

Diesen Abkürzungen sind die Seitenzahlen hinzugefügt.

Z. f. F. u. J. = Zeitschrift für Forst- und Jagdwesen.

Vorbemerkung

Von den Zitaten sind diejenigen Worte im Druck hervorgehoben, die im Zusammenhang dieser Schrift besonders zu beachten sind; in den Originalarbeiten sind sie meistens nicht hervorgehoben. Wo aber auf den Sperrdruck des Originals etwas ankommt, ist darauf besonders verwiesen.

Einleitung

Das Wesentliche in Möllers Dauerwaldgedanken

Die große Bewegung, die der Dauerwaldgedanke Möllers in der forstlichen Welt auslöste, hat bei vielen Forstmännern die Überzeugung wachgerufen, daß mit dieser Idee eine neue Epoche der Forstwirtschaft beginnen würde. Und Möller selbst hat ja in der Einleitung seiner berühmten Schrift über den »Dauerwaldgedanken, seinen Sinn und seine Bedeutung« gesagt, er glaube, daß, wenn dieser Gedanke Allgemeingut aller Forstleute würde, von diesem Augenblick an allerdings eine neue Epoche waldwirtschaftlicher Arbeit gerechnet werden würde.

Während nun der Dauerwaldgedanke in der Wissenschaft, namentlich bei den Vertretern des Waldbaus, im allgemeinen Anklang, vielfach sogar begeisterte Zustimmung fand, erwuchs ihm an seiner Geburtsstätte, der Forstlichen Hochschule zu Eberswalde selbst, ein stetig zunehmender Widerstand. War der Dauerwaldgedanke zunächst ja für den Kiefernwald gedacht, so war es auch natürlich, daß etwaige Fehler und Mängel zuerst an derjenigen Forschungsstätte zur Sprache kamen, die mit der Kiefernwirtschaft die engste Berührung hatte und ihre Probleme mit besonderem Interesse verfolgte und bearbeitete. Von dieser Seite nun wurde die Ansicht, es handle sich um etwas wesentlich Neues, das eine Umstellung des forstlichen Denkens, ein neues Zeitalter forstlicher Wirtschaftsführung, eine Zeitenwende im Waldbau bedeute, durchaus bestritten. Immer deutlicher kam zum Ausdruck, daß das, was am Dauerwaldgedanken gut ist, nicht neu und das, was an ihm neu ist, nicht gut sei, ja daß es höchst gefährlich sei, die ruhige Fortentwicklung von Wissenschaft und Praxis hindere und sogar den Umsturz wolle. Als nach der Machtergreifung der Dauerwaldgedanke staatliche Anerkennung gefunden hatte, kam noch die Überlegung hinzu, ob diese Wirtschaft etwa aus unserer neuen Weltanschauung heraus gefordert werden müsse. Daß forstpolitische Fragen hiervon berührt werden müßten, sei wohl selbstverständlich, die Technik jedoch, wie der Waldbau, hätten kaum etwas mit Weltanschauung zu tun.

Der Gedanke einer neuen Epoche der Forstwirtschaft fand zudem eine eigenartige Auslegung, die in der bewegten Klage zum Ausdruck kam, es sei schwer und schmerzlich, wenn man hören und lesen müsse, daß alles,

was man sich erarbeitet und für richtig gehalten habe, nun falsch oder doch
ganz anders sein solle. —

Daß aus solchen Vorurteilen und Gefühlen der Kritik des Dauerwaldgedankens nicht d i e Früchte erwachsen sind, die bei dem riesigen Interesse, das er überall gefunden hatte, erwünscht gewesen wären, ist erklärlich.
Die Diskussion führte zu zahlreichen Mißverständnissen, Übertreibungen
und Entstellungen und schließlich zu einer ziemlichen Begriffsverwirrung.
Das wird bei der Erörterung der Dauerwaldkritik im einzelnen zu zeigen
sein. Zwei der genannten Vorurteile aber müssen und können auch un-
schwer im vorhinein zerstört werden, um einem unbefangenen Urteil Platz
zu machen:

Das erste ist ein Vorurteil, das allerdings schon oft bei heftigen wissenschaftlichen Kontroversen in Erscheinung getreten ist und in unseren Tagen
— auch außerhalb des Dauerwaldstreites — wieder eine bedeutende Rolle
spielt, die Ansicht nämlich, daß mit dem siegreichen Auftreten einer neuen
Idee a l l e s , was bisher als richtig galt, nun f a l s c h und hinfällig
sei, und daß die hingebungsvolle, mühselige bisherige Forscherarbeit wertlos
sein solle[1]. Das ist selbstverständlich niemals der Fall; selbst dann nicht,
wenn es sich um Anschauungen oder Werke handelt, denen niemand den
Rang abstreitet, eine neue Epoche eingeleitet zu haben. Denken wir z. B.
an das Werk A d a m S m i t h s über die Ursachen des Völkerreichtums, so
finden wir darin wesentliche Elemente derjenigen Epochen, die dieses Werk
gerade überwindet: vom Merkantilismus den Blickpunkt auf den Volks-
wohlstand, vom Physiokratismus eine gewisse Sonderstellung des Land-
baus. Oder denken wir an das Ringen der organischen mit den mechanischen
Anschauungen in der modernen Biologie, bei welchem sich die Erkenntnis
mehr und mehr durchgesetzt hat, daß es sich nicht um ein »Entweder —
oder«, sondern um ein »Sowohl — als auch« handelt, eine Erkenntnis,
die B. Babink in das bedeutsame Wort gekleidet hat: Man gelangt zu
P l a t o n nur über D e m o k r i t. Und das gilt auch für den Dauerwaldstreit.
Die Meinung, alles Bisherige sei f a l s c h, ist ebenso absurd, wie die Behauptung: »Alles schon d a g e w e s e n« bequem ist. Aber die Wissenschaft
ist nie am Ende, sie wird nicht nur in alltäglicher Kleinarbeit unzähliger
Forscher um neue Erkenntnisse bereichert und von Irrtümern befreit, sondern auch von Zeit zu Zeit durch neue und höhere Aspekte in andere Richtung, zu anderen Fragestellungen, Problemen und Methoden gebracht.
Und das führt zu dem Zweiten:

Die Ansicht, die Technik — hier der Waldbau — könne kaum von einem
Wandel der Weltanschauung berührt werden[1], ist ein fundamentaler Irrtum. Vor dem Hintergrunde dieser Irrung spielte sich der siebzehn Jahre
währende Streit um den Dauerwald ab. Wären sich die Kritiker der weltanschaulichen Voraussetzung des Dauerwaldgedankens von

---

[1] Vgl. Silva 25 (1937), S. 21.

Anfang an bewußt geworden, so hätten sie vielleicht noch manches an der
Lehre Möllers bestreiten, einschränken oder erweitern können, aber sie
hätten unmöglich den wesentlichen Gehalt des Dauerwaldgedankens überhaupt übersehen oder gänzlich mißverstehen können. Aber davon wird
später noch zu reden sein. Hier handelt es sich vorerst darum, im allgemeinen die Vorstellung zu verbannen, daß ein Wechsel der Weltanschauung
die Technik kaum berühren könne. Die Kulturgeschichte der Menschheit,
die Geschichte der Wissenschaft bietet unzählige, darunter grandiose Beispiele der intensiven Wechselwirkung von Wissenschaft und Weltanschauung.
Geistige Strömungen bringen die Naturwissenschaften in neue Richtung,
führen sie an neue und bedeutsame Probleme. Große naturwissenschaftliche Entdeckungen wiederum, ja selbst schon ihre Hypothesen, revolutio-
nieren nicht nur die Technik, sondern auch das geistige, sittliche und religiöse
Leben bis in seine letzten Verästelungen. Es ist hier nicht der Ort, diese
für jeden Wissenschaftler ebenso anregende wie geistig erhebende Tatsache
ausführlich darzulegen und zu belegen. Einen eindrucksvollen Einblick in
diese Beziehungen hat neuerdings der Münchener Philosoph Aloys
Wenzl[1] in den Blättern für deutsche Philosophie gegeben. Was nun die
Technik des Waldbaus im besonderen betrifft, so wird sie im Wandel der
Weltanschauung von zwei Seiten ergriffen: von der wirtschaftlichen und
von der naturwissenschaftlichen. Neue wirtschaftspolitische Ideen führen
zu neuen wirtschaftlichen Zielsetzungen, und diese stellen die Technik vor
neue Aufgaben. Und wer die Wandlungen der naturwissenschaftlichen Anschauungen der letzten Jahrzehnte einigermaßen verfolgt hat, der wird nicht
bestreiten, daß man aus einem organischen Weltbild heraus zu anderen Anschauungen und Erkenntnissen gelangt als aus einem mechanischen
Weltbild. Empfängt aber eine Naturwissenschaft, wie die uns besonders
interessierende Biologie, aus einer veränderten Weltanschauung neue
Aspekte und gelangt sie auf Grund einer neuen naturphilosophischen Anschauung zu neuen Grundbegriffen, Fragestellungen, Methoden und Erkenntnissen, so führt das auch in den auf ihr basierenden praktischen Wissenschaften, wie in der Medizin oder im Waldbau, zu ganz entsprechenden
Wandlungen. Also auch der Waldbau führt kein Sonderleben,
existiert nicht im luftleeren Raum, sondern steht in Wissenschaft und Praxis
in unzähligen Wechselbeziehungen nach allen Seiten: in der Wissenschaft
als Glied eines Systems, in der Praxis als Funktion eines von der Natur
bedingten, von der Idee und dem Willen des Menschen geleiteten Prozesses, der einzelne Forstbetrieb wieder als Organ des großen volkswirtschaftlichen Organismus. —

Ob nun mit der Dauerwaldwirtschaft eine neue Epoche beginnt oder
nicht, das zu entscheiden hätte man vielleicht auch einer späteren Zeit über-

---

[1] Wenzl, Aloys: Weltanschauliche Bedeutung der Naturwissenschaft. Blätter
für Deutsche Philosophie 9 (1935), S. 260—274.

lassen können. Es steht ja im Belieben des Historikers, in wieviel große
Abschnitte er den Gesamtverlauf der Geschehnisse einteilen will, um den
Überblick möglichst klar und eindrucksvoll zu gestalten. In jedem Fall
charakterisiert die Epoche das Ereignis, an das sie anknüpft, als ein solches
allerersten Ranges. Der Autor des Dauerwaldgedankens hat eine solche
Bedeutung von demjenigen Augenblick an angenommen, in welchem dieser
Gedanke Allgemeingut aller Forstleute geworden sei. Wie man aber auch
darüber denken mag, die wissenschaftliche Kritik dieser Idee
wird durch ihre Wertung nicht berührt, ihre Richtigkeit hängt
nicht von ihrer Bedeutung ab. Allerdings ist es sehr verständlich,
daß eine Idee, der man eine außerordentliche Bedeutung vindiziert, auch
mit ganz besonderem Eifer oder gar nutzlosem Übereifer verfochten und
bestritten wird.

Ich persönlich würde der Dauerwaldwirtschaft schon wegen ihrer Zielsetzung, ihrer politischen Ausrichtung eine epochale Bedeutung zuerkennen.
Wenn die Vertreter der Bodenreinertragstheorie vom Antrag Toerring
ein neues Zeitalter der Forstwirtschaft datierten, so hat die Umstellung
von der Rentabilitätswirtschaft auf die Entfaltung der höchsten Produktivität sicherlich dieselbe Bedeutung. Würde man damals einem Bodenreinerträgler vorausgesagt haben, daß einmal die Rentabilität für die wirtschaftliche Zielsetzung in den deutschen Staatsforsten für gänzlich unmaß-
geblich erachtet werden würde, so würde er das nicht für möglich, eintreten-
denfalls aber um so mehr als eine epochale Wendung angesehen haben.
In der Zielsetzung liegt jedenfalls die hauptsächliche praktische Bedeutung
des Dauerwaldes; das wissenschaftliche Schwergewicht dagegen liegt ohne
Frage in der genialen Konzeption des Waldes als eines Organismus, einer
biologischen Anschauung, die das waldbauliche Handeln in ganz neue
Bahnen leiten muß. Aber wie gesagt, die Wissenschaft hat nicht die historische Bedeutung zu werten, sondern sie hat die neue Idee mit logischer
Strenge zu prüfen, ihren wesentlichen Gehalt, wenn nötig, weiter zu
klären, etwaige Irrtümer auszuscheiden und den wissenschaftlichen Wahrheitsgehalt weiterzuentwickeln. Das soll auf den folgenden Blättern
geschehen.

Inzwischen ist die Dauerwaldidee zum leitenden Prinzip der Staatsforstverwaltungen erhoben worden. Der Reichsforstmeister Hermann
Göring stellte sie in seiner Ansprache an den Deutschen Forstverein zu
Stettin 1936 mit an den Anfang seiner Ausführungen, indem er sagte:
»Deutsche Forstwirtschaft und Forstwissenschaft haben der Welt drei
Grundgedanken von weittragender Wirkung geschenkt, deren kulturelle
und wirtschaftliche Bedeutung nicht hoch genug eingeschätzt werden kann:
die Idee der Verbundenheit von Wald und Volk, den Gedanken der Nach-
haltigkeit und die organische Auffassung des Waldwesens.« Der letztere
Gedanke, so führte der Reichsforstmeister weiter aus, sei aus der Erkennt-

nis gewiſſer Irrwege entſprungen, nämlich der »einſeitigen geldwirt=
ſchaftlichen Einſtellung und mathematiſch=techniſchen Auffaſ=
ſung vom Walde«. Die organiſche Betrachtung des Waldes auf
biologiſcher Grundlage ſetzt dem die Anſchauung entgegen, »daß der Wald
eine Ganzheit, eine unendlich vielfältig harmoniſch ineinander lebende und
webende Lebensgemeinſchaft zahlloſer tieriſcher und pflanzlicher Lebe-
weſen und Bodenkräfte iſt; daß wir es mit einem Waldweſen zu tun haben,
das in ſeiner organiſchen Verbundenheit nicht ohne Schaden für ſeine
Leiſtung geſtört werden darf, mit einem Organismus, deſſen Behandlung
und Bewirtſchaftung ſeinen biologiſchen Erforderniſſen angepaßt werden
muß. Der Dauerwaldgedanke entſtand. Er erwuchs aus der Ganzheitsbetrachtung, aus einer tiefen Erkenntnis der Waldnatur, einer Erkenntnis, deren Wurzeln in Deutſchland weit zurückliegen, die aber erſt nach
dem Weltkriege im Kampf gegen die herrſchende Richtung dieſer Zeit
wiſſenſchaftlich ausgebaut wurde.«

Dieſe Worte des Reichsforſtmeiſters heben das Weſentliche des
Dauerwaldgedankens klar hervor, ſie erfaſſen ſeinen vollſtändigen
Sinn und bringen ihn als Antitheſis und als Theſis deutlich zum Ausdruck;
ſie ſtimmen mit der Idee des Autors des Dauerwaldgedankens vollkommen
überein.

Aber das wird in der Wiſſenſchaft noch verkannt oder beſtritten; und
auch die forſtliche Praxis, ſo ſehr ſie auch die ebenſo einfache wie große
Idee ſich zu eigen gemacht haben mag, iſt doch erſt auf dem Wege, noch in
der Entwicklung und auf der Suche nach den bei der unendlichen Mannigfaltigkeit der Waldzuſtände dem Prinzip entſprechenden Formen.

So iſt es denn gerade für die Forſtliche Hochſchule zu Eberswalde, für
die Stätte, an der der Dauerwaldgedanke ſowohl entſtand, wie auch ſeine
größte Gegnerſchaft fand, ein teures und ſchönes Vermächtnis, den Dauerwaldgedanken wiſſenſchaftlich weiter zu prüfen und zu klären und — nach
dem Wunſche ſeines Autors — auch weiterzuentwickeln.

I. Die Organismusidee im allgemeinen

»Jeder Menſch muß nach ſeiner Weiſe denken, denn er findet auf ſeinem
Wege immer ein Wahres, oder eine Art von Wahrem, die ihm durchs Leben
hilft; nur darf er ſich nicht gehen laſſen; er muß ſich kontrollieren; der bloße
nackte Inſtinkt geziemt nicht dem Menſchen.« (Goethe.) — Aber wie oft
verſäumt er es, ſich zu kontrollieren! Wie oft wähnt er im Forſcherdrang,
daß die Wahrheit, die er gefunden hat und die er liebt, die einzige, die end-
gültige ſei, und daß ſie ſich mit einer anderen nicht vertrage. Wie un-
duldſam und fanatiſch werden Überzeugungen verfochten, und welchen
Aufſchub hat ſolche Beſchränktheit dem Fortſchritt der Wiſſenſchaft ſchon
verurſacht. Jahrzehnte und Jahrhunderte ſind ſchon verfloſſen, bis unüber-

brückbarer Widerstreit der Anschauungen sich als das polare Verhältnis
zweier Wahrheiten herausstellte, über dem sich auf höherer Ebene eine
neue, umfassendere Wahrheit erhob. Jede einzelne Erkenntnis ist ja nicht
nur ein Sandkörnchen, das einem schon vorhandenen Sandhaufen hinzugefügt wird und lediglich seine Menge vergrößert, sondern sie ist vielmehr
einem Baustein vergleichbar, der für das Gebäude der Wissenschaft eine
tektonische Bedeutung hat. Und gerade darin liegt ihre eigentliche wissenschaftliche Bedeutung. Denn das Streben nach Ganzheit aller Erkenntnis,
nach organischer Gliederung alles Wissens, nach dem System der Wissenschaft ist dem menschlichen Geist eigentümlich und macht das Wesen seiner
Wissenschaft, seiner geistigen Welt aus. Dieses Strebens wird er sich unmittelbar bewußt. Und wenn er mit all seinem Dichten und Trachten selbst
nur ein Teil der Natur, ein winziges Glied im gewaltigen Kosmos ist, sollte
allein bei ihm, sollte allein in der geistigen Welt das Streben nach Vollen-
dung, nach Entwicklung immer höherer Formen anzutreffen sein, oder zeigt
alles Lebendige und alle Materie denselben Zug und dieselbe Entwicklung?
Herrscht in der Welt ein Chaos, und wird die Materie plan- und sinnlos
hin und her bewegt, oder offenbart sich die Welt als werdender Organismus und manifestiert sich in ihr eine höchste Idee? Seit Jahrtausenden
beschäftigt die größten Denker diese Frage. Neue Erkenntnisse, Erfahrungen und Erlebnisse stellen sie immer wieder vor dieses Problem. Und
ihre Gedanken und Anschauungen setzen die Wissenschaft in Bewegung
und üben einen tiefgreifenden Einfluß auf das materielle, geistige und sittliche Leben der Menschheit aus. Auch der Forstmann steht vor diesem umfassenden Problem, wenn er sich überlegt, ob der vor ihm liegende Waldbestand ein organisches Gefüge ist oder die Summe von toten Stoffen
und verschiedenartigen Lebewesen in zufälliger, sinnloser Mischung. Da
führt ihn tieferes Nachdenken und Suchen hinaus aus den technischen
Alltagsgedanken, hinaus aus dem engen Kreis seiner forstwissenschaftlichen Überlegungen und läßt ihn teilhaben an den genialen Intuitionen
der größten Denker aller Zeiten.

»In den Wissenschaften ist es höchst verdienstlich, das unzulängliche
Wahre, was die Alten schon besessen, aufzusuchen und weiterzuführen.«
(Goethe.) Und gerade der Forstwissenschaft dürfte es bei ihrem gegenwärtigen Hauptproblem sehr heilsam sein, der Empfehlung zu folgen, die
der große Dichter und Denker in folgende Worte kleidete:

»Wie Sokrates den sittlichen Menschen zu sich berief, damit dieser ganz einfach
einigermaßen über sich selbst aufgeklärt würde, so traten Plato und Aristoteles
gleichfalls als befugte Individuen vor die Natur; der eine mit Geist und Gemüt sich
ihr anzueignen, der andere mit Forscherblick und Methode sie für sich zu gewinnen.
Und so ist denn auch jede Annäherung, die sich uns im ganzen und einzelnen an diese
Drei möglich macht, das Ereignis, was wir am freudigsten empfinden und was
unsere Bildung zu befördern sich jederzeit kräftig erweist.

Um sich aus der grenzenlosen Vielfachheit, Zerstückelung und Verwickelung der

modernen Naturlehre wieder ins Einfache zu retten, muß man sich immer die Frage
vorlegen: Wie würde sich Plato gegen die Natur, wie sie uns jetzt in
ihrer größeren Mannigfaltigkeit bei aller gründlichen Einheit erscheinen mag, benommen haben?

Denn wir glauben überzeugt zu sein, daß wir auf demselben Wege
bis zu den letzten Verzweigungen der Erkenntnis organisch gelangen
und von diesem Grund aus die Gipfel eines jeden Wissens uns nach
und nach aufbauen und befestigen können. Wie uns hierbei die Tätigkeit
des Zeitalters fördert und hindert, ist freilich eine Untersuchung, die wir jeden Tag an-
stellen müssen, wenn wir nicht das Nützliche abweisen und das Schädliche aufnehmen
wollen.«

Aber was haben die schönen und erhabenen Gedanken der Alten mit
den praktischen Problemen der Forstwirtschaft zu tun? so hören wir den
skeptischen Techniker fragen. Wird uns Platon etwa sagen, ob die Kiefer
unter Schirm wächst oder nicht? Was würde das für eine phantastische
Forstwissenschaft werden, die sich von den aktuellen Fragen der Waldwirtschaft lossagt, um sich in der 2300 Jahre vor uns gewesenen geistigen
Welt der Griechen zu verflüchtigen! — Der Schrecken fährt ihm in die
Glieder! Weg mit den philosophischen Spekulationen, weg mit den weltanschaulichen Phantasiegebilden, den wirklichkeitsfremden »grauen Theorien« und den unpraktischen »Ideen«! Die deutsche Waldwirtschaft hat
eminent praktische Aufgaben im Dienst des Volkes zu erfüllen, und das
kann sie nur, wenn sie die nackten Tatsachen der Wirklichkeit erkennt und zu
meistern versteht.

Solche und ähnliche Einwendungen hören wir nicht zum erstenmal.
Sie liegen in der Forstwissenschaft, der Nationalökonomie, der Medizin —
kurz in den praktischen Wissenschaften besonders nahe, die mit dem Leben
in ständiger und enger Berührung stehen und ihm unmittelbar zu dienen
bestimmt sind, von denen man auch mit Recht eine Stellungnahme zu
den aktuellen Fragen des Alltags erwartet. Aber allzu leicht wird dabei
übersehen, daß eine solche Stellungnahme — wenn sie wissenschaftlich und
nicht nur eine bloße Meinung sein soll — oft sehr tiefschürfende Vor-
arbeiten erfordert, daß zuvor schwierige theoretische Probleme gelöst werden müssen, die dem oberflächlichen Betrachter sehr weltfremd erscheinen
mögen, und daß methodologische Fragen auftauchen, deren Erörterung
den Laien wie nutzlose Spekulationen anmuten.

Recht haben jene Einwendungen nur gegenüber solchen Theorien, die
an sich schon richtig, jedoch noch unvollendet und unreif an eine praktische
Aufgabe herangetragen werden; recht haben sie gegenüber solchen philosophischen Erörterungen, die sich von dem eigentlichen Problem tatsächlich
losgelöst haben, und an denen niemand mehr etwas zu entdecken vermag, was
die gesuchte Erkenntnis fördern könnte; ganz zu schweigen von jenen un-
wissenschaftlichen schönen Worten und gelehrt klingenden Phrasen, die
doch nichts anderes sind als ein refugium ignorantiae, ein »wissenschaft-

liches«, ein »philosophisches« Mäntelchen für das Unvermögen, all die vorhandenen Erkenntnisse und wissenschaftlichen Ansichten in sich aufzunehmen und von einem höheren wissenschaftlichen Standpunkt zu prüfen, zu klären und weiter zu entwickeln.

Allzu berechtigt ist daher die Mahnung, die der große Denker am Schluß seiner obigen Worte ausspricht und deren Nichtbeachtung seine tiefe Einsicht in das organische Gefüge der Natur für ein volles Jahrhundert verschüttet hat unter den Phantasiegebilden romantischer Enthusiasten, die ganz vergaßen »sich zu kontrollieren« an den naturwissenschaftlichen Erkenntnissen ihres Zeitalters. — Und wie stand es damit im Dauerwaldstreit, drohte nicht auch hier der Überschwang den großen Gedanken zu begraben, und hat nicht auch die Kritik es versäumt, die eigenen mechanistischen Theorien an dem Organismusgedanken Möllers sorgfältig zu kontrollieren? Die Frage stellen, heißt sie bejahen. Wohl ist es ein Glück, daß sich in diesem Streit zwei universelle Erkenntnisideale begegnen, aus deren heißem Ringen sich für die Forstwissenschaft ganz sicher wertvolle Erkenntnisse ergeben werden. Ein Unglück aber ist es, wenn der bedeutungsvolle Widerstreit, dem klaren Bewußtsein entrückt, sich in kleine Einzelfragen auflöst und in unfruchtbare Stagnation gerät. Deshalb ist nichts wichtiger, als das Wesentliche des Dauerwaldgedankens immer wieder hervorzuheben und gegen die Kritik zu behaupten. Das Wesentliche aber ist der Organismusgedanke, wie er schon von den Alten entwickelt wurde und in der Geistesgeschichte des Abendlandes eine bedeutende Rolle spielte. Das wollen wir uns kurz vergegenwärtigen.

1. Geschichtlicher Werdegang

Die beiden Weltanschauungen, die sich heute im Dauerwaldstreit gegenüberstehen, wurden in ihren Grundzügen schon vierhundert Jahre vor unserer Zeitrechnung von Demokrit und Platon entwickelt. Demokrit begründete auf mechanistischen Grundvorstellungen das erste System des Materialismus, Platon schuf aus geistigen Grundvorstellungen und sittlichen Bedürfnissen heraus das erste System des Idealismus.

Für Demokrit war das Ursprüngliche, das wahrhaft Wirkliche, die Materie, die sich im leeren Raum bewegt, zufällig und ordnungslos. Erklärungsprinzip für alle Erscheinungen, der quantitativen wie der qualitativen, ja selbst der geistigen, war die ἀνάγκη, die mechanische Notwendigkeit, die Mechanik der Atome, die durch Stoß und Druck aufeinander einwirken und ihre Bewegung verändern. Und weil Druck und Stoß die eigentlichen Ursachen und das wahre Wesen aller Erscheinungen war, so galt ihm der Tastsinn als der ursprüngliche Sinn, während die übrigen Sinnesorgane nur ein beschränktes, ein spezifisches Wahrnehmungsvermögen besaßen. So sind im Weltbild des Demokrit die Erscheinungen nichts

anderes als das zufällige Zusammentreffen der Materie, das »ordnungs=
los Bewegte«. Was konnte es für den Menschen in einer solchen Welt der
Sinnleere für ein Lebensideal geben? Es war die εὐδαιμονία, die intel=
lektuelle Glückseligkeit des Individuums, die Einsicht in die mechanische
Notwendigkeit aller Erscheinungen. Aber ein so einseitiges theoretisches
Interesse an der Naturerklärung tat den Bedürfnissen seiner Zeit nicht
Genüge; es wurde von einer idealistischen Lebensanschauung überwunden,
um erst nach zwei Jahrtausenden wieder aufzutauchen und dann allerdings
auf einer höheren Ebene eine unerhörte Fruchtbarkeit zu entwickeln. Aber
hier schon spannt sich der Bogen zu den mechanistischen Anschauungen des
modernen Materialismus und Individualismus. Der Tastsinn, als der
ursprüngliche und vornehmste Sinn, kann als das Symbol jener rechen=
haften, nur auf das Quantitative gerichteten Einseitigkeit betrachtet wer=
den, die der Helsingforser Philosoph Hermann Friedmann[1] in seinem
genialen Werk über »Die Welt der Formen« aufgedeckt, für welche er die
Grundbegriffe der Haptik und der Metrik geprägt hat, und denen er,
anknüpfend an die Ideenlehre Platons, mit den entsprechenden Be=
griffen der Optik und Tektonik eben die Welt der Formen als die viel
mannigfaltigere und reichere Erscheinungswelt übergeordnet hat.

Das Weltbild des Platon zeigt uns den einheitlichen, wohlgeordneten,
vollkommensten und schönsten Kosmos, der Idee des »weltbildenden
Gottes«, des δημιουργός, entsprungen. Das wahrhaft Wirkliche darin sind
die Ideen, zu denen die Erscheinungen gleichsam wie ihre Schatten im
Verhältnis der Ähnlichkeit oder der Nachahmung stehen. Diese Ideen sind
die unkörperlichen Wesenheiten im Bereich der Erscheinungen, des
Denkens und des Wollens. Sie sind also das Wirkliche und Bleibende
im Wechsel der Erscheinungen, das Objekt der Wissenschaft im Wechsel der
Meinungen und der wahre Zweck im Wechsel des Begehrens. Und sie
haben einen Rang und bilden eine hierarchische Ordnung, an deren
Spitze die Idee des Guten, »die Sonne im Reich der Ideen« steht. Die
Ideen sind nicht nur geistige Gestalten, sondern zugleich auch die ordnen=
den Kräfte des Geschehens im Weltall. Das Erklärungsprinzip dieser
Weltanschauung ist daher die Ableitung des Einzelgeschehens aus dem
zweckvoll geordneten Ganzen. Aber die Erscheinungswelt, das erst
Werdende, ist noch nicht vollkommen und deshalb aus der göttlichen Zweck=
tätigkeit noch nicht ganz zu begreifen; zur Erklärung des Unvollkommenen
wird daher die Naturnotwendigkeit herangezogen. — So gibt uns also
die Philosophie Platons nicht nur den Gedanken einer organischen Welt=
ordnung, sondern in nuce auch jenen der Polarität des Weltgeschehens,
und wohl kein anderes System zeigt so offensichtlich die gestaltende Kraft
einer weltanschaulichen Idee wie dieses. Denn ausgehend von und wieder
hinstrebend zu dem Tugendbegriff seines Lehrers Sokrates sucht Platon

[1] Friedmann, Hermann: Die Welt der Formen. 2. Aufl. 1930.

das Geistige, das Sinn- und Zweckvolle nicht nur im menschlichen Bereich, sondern überall in der Natur. Die Erkenntnis der letzteren dient nicht der intellektuellen Glückseligkeit des Einzelnen, sondern sie hat praktischen Wert, ist die erste der vier Kardinaltugenden (Weisheit, Willensstärke, Selbstbeherrschung, Rechtschaffenheit) und dient als solche schließlich der Verwirklichung der Idee des Guten in der organischen Gemeinschaft des Staates. So enthält das platonische System nach den Worten Windelbands »vielleicht die großartigste Problemverschlingung, welche die Geschichte gesehen hat.«

Ihre volle wissenschaftliche Bedeutung erhielten aber die gewaltigen Intuitionen Platons, die vielfach eine nur künstlerische Darstellung in mythischer Bildlichkeit erfahren hatten, erst durch Aristoteles, den »Vater der Logik«, den Schöpfer klarer Begriffe und wissenschaftlicher Sprache. Sein Weltbild stimmt in den wesentlichen Zügen mit jenem des Meisters überein. Aber die Ideen, in seiner Sprache nun die Formen, sind nicht mehr selbständige Wesenheiten, sondern sie sind den Dingen immanent und verwirklichen sich in ihnen. Damit wird der Entwicklungsgedanke der Entelechie zur gestaltenden Idee seines Systems. Die Grundbegriffe dieses Systems sind Materie und Form. Dabei ist die Materie das nur Mögliche, das erst durch die Form verwirklicht wird und in Erscheinung tritt. Die Form ist — wie die Idee bei Platon — nicht nur die Gestalt der Materie, sondern zugleich auch die Ursache des Geschehens, die bewegende Kraft. Die reine Form, das erste Bewegende, die Ursache alles Geschehens ist unkörperlich, ewig, unveränderlich und selbst unbeweglich, es ist das wahrhaft Wirkliche, die Gottheit. Die bloße Materie andrerseits ist das, was nur bewegt wird ohne selbst etwas zu bewegen; was erst in Erscheinung tritt durch die Form. Zwischen diesen metaphysischen Grenzbegriffen des Systems liegt das ganze Weltgefüge, das von den einfachsten Gestaltungen der Materie hinreicht bis zu den höchsten Formen, derart, daß das, was dem Niederen gegenüber als Form erscheint, dem Höheren gegenüber als Stoff dient, und daß somit das Höhere stets das Niedere voraussetzt. Das Geschehen besteht dann darin, daß der Stoff durch die Form in neue Erscheinung tritt, in welcher sich das begrifflich erkennbare Allgemeine, das Wesen, im Besonderen verwirklicht. Diese Selbstverwirklichung des Wesens in seinen besonderen Erscheinungen nennt Aristoteles Entelechie oder bildlich »die Sehnsucht der Materie nach Gott«. Ἐντελεχεῖν heißt das Ziel, das Telos, in sich haben. Nach diesem Begriff erscheint das ganze Weltgeschehen nicht mehr durch Stoß und Druck gewissermaßen von unten verursacht, sondern nach und von oben sinn- und zweckvoll ausgerichtet, auf dem »Wege nach oben«, d. h. in der Entwicklung vom Chaos zum Kosmos begriffen. So ist die Welt der werdende Organismus, aber nicht mehr der durch die Einwirkung einer zweiten Welt der Ideen entstehende, sondern der sich aus sich selbst entfaltende, sich selbst verwirklichende Organismus. Damit hatte Aristoteles den endgültigen Begriff des Organismus, wenn auch nicht das Wort, geschaffen, der nunmehr aus der Geschichte der Wissenschaft nicht mehr wegzudenken ist. Das Erklärungsprinzip des Aristoteles ist dementsprechend — wie bei Platon — ein grundsätzlich teleologisches; er betrachtet die Natur gern nach Analogie eines Lebewesens oder des schaffenden Menschen, des bildenden Künstlers. Aber wie dieser in der Sprödigkeit des Stoffes, so finden die Zweckursachen gewisse mechanische Gegenwirkungen und Nebenursachen in der Materie. Die Verwirklichung durch die Form geschieht eben nur nach Möglichkeit des Stoffes, und so trägt das Erklärungsprinzip des Aristoteles den gleichen dualistischen Zug wie das seines Meisters Platon. Wie in dem System des Aristoteles das Bildliche zurücktritt hinter der klaren Sprache der Logik und dem begrifflichen, abstrakten Denken, so nähert sich auch sein Lebensideal demjenigen des Demokrit in manchem wieder an. Es ist die εὐδαιμονία, die Glückseligkeit, die der Mensch durch die Entfaltung seiner Natur, der Vernunft im Handeln und Denken, aber nicht als Individuum, sondern in der Gemeinschaft als ζῷον πολιτικόν erlangt. Unter den Tugenden aber, die Aristoteles in die ethischen des Handelns und die dianoetischen des Denkens unterscheidet, sind wieder die letzteren die höheren.

Mit dem aristotelischen System hat die antike Philosophie ihren Höhepunkt erreicht. Es ist nicht nötig, hier seine gewaltige geschichtliche Bedeutung näher zu betrachten. Die aber da glauben, daß große Weltanschauungen die Technik kaum berührten[1], die mögen sich erinnern, daß Aristoteles der Lehrer Alexanders des Großen war, und sie mögen sich selbst die Frage beantworten, ob die weltmächtige Entfaltung organisch-idealistischer Weltanschauung, wie sie uns im Reich Alexanders in der Ausbildung der Kriegstechnik, in der organischen Zusammenfassung und taktischen Verbindung aller Waffengattungen, wie sie uns in der Organisation und technischen Entwicklung des Münz- und Finanzwesens, in den gigantischen Systemen von Straßen und Kanälen, in der Eröffnung von Seewegen und den Städtegründungen größten Stils entgegentritt, allein aus einer noch so tiefen und glückseligen Erkenntnis der mechanischen Naturnotwendigkeiten hätte erwachsen können. —

Im Mittelalter nimmt die Kirche das organische Weltbild der Antike in sich auf. Der christliche Aristotelismus baut ein dreistufiges Reich des naturhaften, geschichtlichen und transzendentalen Seins auf, das Reich der Natur, das Reich der Gnade und das Reich der Herrlichkeit, von dem das höhere das niedere umfaßt und vollendet, in hierarchischer Ordnung, in reich gegliederter Einheit, in einem Organismus. Diese Anschauung gibt dem mittelalterlichen Leben sein charakteristisches Gepräge. Die organische Formentfaltung tritt uns nicht nur in der — im Vergleich mit dem antiken

---

[1] Vgl. Silva 25 (1937), S. 21.

Tempel — reicher gegliederten Architektonik der Kirchen entgegen, sondern auch in der wirtschaftlichen und sozialen Differenzierung und Gliederung des Volkes, in den Innungen, Gilden, Zünften, im ständisch-korporativen Staat und im Lehnswesen.

Aber mit der Renaissance beginnen sich die geistigen Bindungen des religiös-organischen Vorstellungskreises zu lockern. Die Wissenschaft löst sich vom Glauben, die Philosophie von der Theologie. Der Drang nach geistiger Freiheit führt zu den Vorbildern der Antike zurück; in einer zweihundertjährigen frühhumanistischen Epoche wird die Philosophie aus den Originalwerken der griechischen Denker erneuert und von scholastischem Beiwerk befreit; vor allem aber wird das wissenschaftlich-methodische Rüstzeug des Aristoteles rezipiert. Dann beginnt ein naturwissenschaftliches Zeitalter, das durch die Namen Kepler, Galilei, Bacon, Newton gekennzeichnet ist. Es bedeutet eine völlige Umkehr im naturwissenschaftlichen Denken. Der Geist Demokrits erhebt sich und an die Stelle des organischen tritt das mechanische Weltbild, an die Stelle der Zwecke die Gesetze. Die Erklärung der Natur aus dem Ganzen, seiner inneren Bindung, Ordnung und Gliederung, wird wegen ihrer von der Scholastik bis zur Unerträglichkeit gesteigerten Bildlichkeit und subjektiven Deutung verworfen und durch exakte Analyse der Erscheinungen, durch das Aufsuchen ihrer letzten Elemente ersetzt und durch das Experiment ergänzt. Nicht mehr der Zustand, die Gestalt, die Form steht im Brennpunkt des wissenschaftlichen Interesses, sondern der Vorgang. Und entsprach der Betrachtung der Form die Geometrie, so jener des Vorgangs nun die Arithmetik. Es wird gezählt, gemessen und gerechnet, und neue mathematische Methoden der analytischen Geometrie (Descartes), der Infinitesimal- und Differentialrechnung (Leibniz, Newton) werden in den Dienst streng methodischer Naturerkenntnis gestellt. Es ist das Zeitalter der mathematischen Naturwissenschaft. Das tektonische Denken ist durch das metrische verdrängt.

So fruchtbar sich aber auch die mechanische Denkweise im Bereich der Körperwelt erwies, so wurde sie doch von tieferen Denkern nicht als das Universalprinzip angenommen. Schon Descartes wollte sie nur als wissenschaftliche Verfahrensweise, nicht aber als metaphysisches Bild des wahren Seins gelten lassen.

Ganz besonders aber tritt bei Leibniz das Bestreben hervor, die mechanische und teleologische Weltanschauung zu vereinen und damit die wissenschaftlichen mit den religiösen Interessen zu versöhnen. Die mechanische Naturerklärung, deren begriffliche Ausgestaltung er selbst wesentlich förderte, wollte er auf die ganze Körperwelt angewendet wissen. Aber darin erschöpfte sich sein Weltbild nicht. Er sagte, daß zwar in den Körpern alles mechanisch geschehe, daß aber die allgemeinen Prinzipien dieses Mechanismus aus einer höheren Quelle flössen. Es sind ihm die

Naturgesetze tatsächliche Wahrheiten, die sowohl die Erscheinungs=
formen einer zweckmäßig waltenden Weltvernunft als auch das Mittel
zu ihrer Entfaltung darstellen. So weiß er die antiken Ideen mit der
modernen Naturwissenschaft in Einklang zu bringen. Wie die »Ideen«
Platons und die »Formen« des Aristoteles so sind die »Monaden« des
Leibniz die inneren Prinzipien und Kräfte der Dinge. Denn das wahre
Wesen der Substanz ist die »lebendige Kraft«, und die Erscheinungen sind
nur die Wirkungen dieser Kraft. So wird das Leben zum allgemeinen
Erklärungsprinzip. Es sind die lebendigen Kräfte, die in unendlicher
Mannigfaltigkeit in Erscheinung treten, aber alle das Bild des vollendeten
Universums in sich tragen und sich dahin zu entwickeln streben. Sie bilden,
wie die »Ideen« und »Formen«, eine ununterbrochene Stufenfolge und
ein allumfassendes Entwicklungssystem von den niedersten Monaden der
Materie bis zur höchsten, der Zentralmonade, der Gottheit. —

Die hohe wissenschaftliche Bedeutung dieser widerspruchsfreien Ver=
bindung der kausalen mit der teleologischen Betrachtungsweise hat Bern=
hard Jansen[1] einmal mit folgenden Worten dargelegt:

»Um die Naturphilosophie hat sich Leibniz durch das Rehabilitieren
der immanenten Teleologie ein unsterbliches Verdienst erworben. Die
Abgrenzung aber gar, wieweit die Zulässigkeit der Naturerklärung aus
Wirkursachen und wieweit aus Zweckursachen geht, dürfte unstreitig das
Glanzstück in Leibnizens System überhaupt sein; in ihrer klassischen For=
mulierung hat er alle Früheren, selbst einen Aristoteles und Thomas
von Aquin, überholt und ist von keinem Späteren, selbst nicht von Kants
Kritik der Urteilskraft überholt worden. Wie ein Adler übersteigt er in
stolzem Höhenflug die Niederungen des damaligen Mechanismus, der nur
Größe, Zahl, Maß, Gewicht und Bewegung kennt, und erhebt sich zu den
idealen Regionen platonisch=aristotelisch=thomistischer Weltbetrachtung. Er
führt wieder innere, spontan sich auswirkende Naturkräfte ein, läßt die
Naturdinge aus sich heraus Zwecke verwirklichen, läßt sie im Dienst höherer
Gedanken unbewußt arbeitende Werkzeuge sein ...

Erfahren sodann und kundig in all den exakten Arbeitsweisen und ver=
traut mit den überraschenden Erfolgen der jugendfrischen und sieges=
bewußten Naturwissenschaften, zieht er mit scharfem Griffel die Mar=
kungen zwischen der Domäne mechanischer und teleologischer Erklärung:
die einzelnen Vorgänge und Gesetze sind rein mechanisch aus ihren Wirk=
ursachen zu erklären; mag der Forscher auch von der Zweckbetrachtung als
der heuristischen Hilfsgröße ausgehen, er hat erst dann der mechanisch=
kausalen Erklärung genuggetan, wenn er das ganze Getriebe des Me=
chanismus aufgedeckt, all die Fäden der mechanisch nach Zahl, Größe,
Gewicht bestimmbaren Wirkursachen bloßgelegt hat. Dagegen ist das Welt=

---

[1] Jansen, Bernhard: Streiflichter auf das philosophische System Leibnizens.
Stimmen der Zeit. 92 (1917), S. 526—551.

gefüge, die Einordnung des Einzelnen in das Ganze und der harmonische Zusammenklang nur aus der Zweckbetrachtung verständlich. Ferner geht das Leben, alle seelische Betätigung, auf Verwirklichung von Zwecken und ist deshalb ohne teleologische Gesichtspunkte unerklärlich.

Die Zweckbetrachtung führt von selbst zur weiteren Darlegung der Eigenart des Organismus. So bei Aristoteles, Thomas, Kant. Ähnlich bei Leibniz ... Fast phantastisch könnte es klingen, wenn jeder Teil des Organismus wiederum Organismus sein soll und so weiter ins unendliche; und doch ist dieser Gedanke von gewissen Vertretern der modernen Zellentheorie wieder aufgebracht worden[1].« —

Kants Teleologie ist es nun vor allen, auf die die modernen Naturphilosophen, namentlich bedeutende Biologen unter ihnen, am allermeisten zurückgreifen. Von Ungerer[2] hat sie in einem besonderen Werk über die Teleologie Kants und ihre Bedeutung für die Logik der Biologie einer tiefschürfenden kritischen Bearbeitung unterzogen. — In diesem, unserem Zusammenhang kommt es lediglich darauf an, die grundsätzlich-methodische Stellung Kants zum Mechanismus — Organismus — Problem aufzuzeigen. Zunächst war ihm die Natur eine mathematisch-mechanische Ordnung. In seiner Schrift über »Die metaphysischen Anfangsgründe der Naturwissenschaft« schrieb er den bekannten Satz, »daß in jeder besonderen Naturlehre nur so viel eigentliche Wissenschaft angetroffen werden könne, als darin Mathematik anzutreffen ist[3].« Die Chemie war demnach keine eigentliche Wissenschaft, sondern nur »systematische Kunst oder Experimentallehre«, ja die Chemie konnte auch niemals zu einer eigentlichen Wissenschaft werden, weil die chemischen Erscheinungen grundsätzlich »der Anwendung der Mathematik unfähig« sind.

Wenngleich nun die mathematische Behandlung durchaus nicht notwendig eine mechanistische zu sein braucht — werden doch von hervorragenden Vertretern organismischer Anschauungen mathematische Methoden gefordert, die ihren besonderen Problemen adäquat sein sollen —, so war dies doch bei der klassischen Naturwissenschaft tatsächlich der Fall. Auch für Kant ist »die Naturwissenschaft durchgängig eine entweder reine oder angewandte Bewegungslehre[4]«. »Der Begriff der Materie wird auf lauter bewegende Kräfte zurückgeführt«, deren Einheit Kant schon vorausahnt. Aber die enge Begrenzung der eigentlichen, offenbar mechanistischen Naturwissenschaft führt ihn auch gleich zu der Erkenntnis ihrer Unzulänglichkeit, namentlich für die Erklärung der Lebenserscheinungen. Die Gesetze, die im Reich der Materie mit ihren Grundkräften

---

[1] S. 544 f.
[2] v. Ungerer: Die Teleologie Kants und ihre Bedeutung für die Logik der Biologie 1922.
[3] Kant: Die metaphysischen Anfangsgründe der Naturwissenschaft. S. 192/193.
[4] Ebenda S. 201 und 265.

der Attraktion und Repulsion herrschen, sind ihm so gewiß und erscheinen ihm so bedeutungsvoll, daß er in seiner »Naturgeschichte des Himmels« ausruft: »Gebt mir Materie, ich will eine Welt daraus bauen«, und er macht sich anheischig, diejenigen Ursachen zu bestimmen, die zur Errichtung des Weltsystems im großen beigetragen haben. »Aber«, so fährt er gleich fort, »kann man wohl von den geringsten Pflanzen oder Insekt sich solcher Vorteile rühmen? Ist man imstande zu sagen: Gebt mir Materie, ich will euch zeigen, wie eine Raupe erzeugt werden könne? Bleibt man hier nicht bei dem ersten Schritte, auf Unwissenheit der wahren inneren Beschaffenheit des Objekts und der Verwicklung der in demselben vorhandenen Mannigfaltigkeit stecken? Man darf es sich also nicht befremden lassen, wenn ich mich unterstehe zu sagen: daß eher die Bildung aller Himmelskörper, die Ursache ihrer Bewegungen, kurz der Ursprung der ganzen gegenwärtigen Verfassung des Weltbaues werden können eingesehen werden, ehe die Erzeugung eines einzigen Krauts oder einer Raupe aus mechanischen Gründen deutlich und vollständig kund werden wird[1].«

So bleibt für Kant der Organismus in der Welt der Mechanik ein Wunder und mit ihren Begriffen und Gesetzen unerreichbar. Es ist nicht zu hoffen, »daß noch dereinst ein Newton aufstehen könne, der auch nur die Erzeugung eines Grashalmes nach Naturgesetzen, die keine Absicht geordnet hat, begreiflich machen werde«. Zwar »liegt der Vernunft unendlich viel daran, den Mechanismus der Natur in ihren Erzeugungen nicht fallen zu lassen und in der Erklärung derselben nicht vorbeizugehen, weil ohne diesen keine Einsicht in die Natur der Dinge erlangt werden kann. Wenn man uns gleich einräumt, daß ein höchster Architekt die Formen der Natur, so wie sie von jeher da sind, unmittelbar geschaffen oder die, welche sich in ihrem Lauf kontinuierlich nach demselben Muster bilden, prädeterminiert habe: so ist doch dadurch unsere Erkenntnis der Natur nicht im mindesten gefördert, weil wir jenes Wesens Handlungen ... gar nicht kennen und von demselben als von oben herab (a priori) die Natur nicht erklären können ... Von der anderen Seite ist es eine ebensowohl notwendige Maxime der Vernunft, das Prinzip der Zwecke an den Produkten der Natur nicht vorbeizugehen, weil es, wenn es gleich die Entstehungsart derselben uns eben nicht begreiflich macht, doch ein heuristisches Prinzip ist, den besonderen Gesetzen der Natur nachzuforschen. Der Begriff von Verbindungen und Formen der Natur nach Zwecken ist doch wenigstens ein Prinzip mehr, die Erscheinungen derselben unter Regeln zu bringen, wo die Gesetze der Kausalität nach dem bloßen Mechanismus nicht zulangen[2].«

Besonders häufig knüpft die moderne Biologie an diese und ähnliche organische Anschauungen an, die Kant in seiner dritten Kritik, der »Kritik

----

[1] Kant: Naturgeschichte und Theorie des Himmels. S. 17.
[2] Kant: Kritik der Urteilskraft. S. 276.

der Urteilskraft« dargelegt hat. Da findet sich auch die oft zitierte allgemeine Definition des Organismus: »Ein organisiertes Produkt der Natur ist das, in welchem alles Zweck und wechselseitig auch Mittel ist. Nichts in ihm ist umsonst, zwecklos oder einem blinden Naturmechanismus zuzuschreiben[1].« Deshalb muß neben das mechanische Begreifen die Beurteilung unter dem Gesichtspunkt des Naturzweckes treten. »Denn dieser Begriff führt die Vernunft in eine ganz andere Ordnung der Dinge als die eines bloßen Mechanismus der Natur, der uns hier nicht mehr genug tun will ... Es mag immer sein, daß z. B. in einem tierischen Körper manche Teile als Konkretionen nach bloß mechanischen Gesetzen begriffen werden könnten, als Häute, Knochen, Haare. Doch muß die Ursache, welche die dazu schickliche Materie herbeischafft, diese so modifiziert, formt und an ihren gehörigen Stellen absetzt, immer teleologisch beurteilt werden, so daß alles in ihm als organisiert betrachtet werden muß, und alles auch in gewisser Beziehung auf das Ding selbst wiederum Organ ist[2].« — »Aber dieser Begriff führt nun notwendig auf die Idee der gesamten Natur als eines Systems nach der Regel der Zwecke, welcher Idee nun aller Mechanismus der Natur nach Prinzipien der Vernunft ... untergeordnet werden muß ... Es versteht sich, daß dieses Prinzip regulativ und nicht konstitutiv sei und wir dadurch nur einen Leitfaden bekommen, die Naturdinge ... nach einer neuen gesetzlichen Ordnung zu betrachten und die Naturkunde nach einem anderen Prinzip, nämlich dem der Endursachen, doch unbeschadet dem des Mechanismus ihrer Kausalität, zu erweitern[3].«

Die Idee der »lebendigen Kräfte« mit welcher sich Leibniz schon über die rein mechanische Vorstellungswelt erhob, tritt in dem metaphysischen Weltbild Kants mit gestaltender Kraft immer mehr hervor. Schon seine Erstlingsarbeit handelt »Von der wahren Schätzung der lebendigen Kräfte«. In seinen klassischen Werken gelangt das Prinzip der Kraft, d. h. der Kraftentfaltung von innen, zur vollen Entwicklung. Das Mechanische wird mehr und mehr zur niederen Erscheinungsform der frei waltenden, schöpferischen lebendigen Kräfte des Weltbildungsprozesses. So findet Kant, indem er den Horizont von der Natur zum Menschen spannt, den Einklang der Welt in der Autonomie der Natur wie in jener des Geistes. Dieser dynamische Zug gibt der Philosophie Kants ein charakteristisches Gepräge, und ist natürlich von weittragender Bedeutung für die naturwissenschaftliche, insbesondere die biologische Methodik. Wie vorsichtig aber Kant selbst die Konsequenzen seiner metaphysischen Anschauungen entwickelt, haben die obigen Zitate gezeigt.

Für die weitere Entwicklung der Naturphilosophie und -wissenschaft wird von ganz besonderer Bedeutung, daß der Geist des diskursiven Den-

---

[1] Kant: Kritik der Urteilskraft S. 239.
[2] Ebenda S. 240.   [3] Ebenda S. 242.

kens in innige Verbindung tritt mit dem Geiſt der Intuition. Schon mit Goethe und Kant beginnt das lebensvolle Doppelſpiel zwiſchen Dichtung und Wiſſenſchaft, beginnt die Befruchtung des kritiſch analyſierenden Verſtandes mit der ſchöpferiſch aufbauenden Phantaſie. War dem Dichter mathematiſche Naturwiſſenſchaft verhaßt, ſo wollte der Denker in der menſchlichen Vernunft die Intuition nicht wiſſen. Und doch verleiht die Kraft der Intuition in der Epoche der Romantik dem geiſtigen Leben einen Schwung und Auftrieb, wie ihn die Geſchichte der Wiſſenſchaft nur ſelten erlebt hat. Zwiefach iſt ihre Bedeutung: ſie liegt einmal im Schauen (nicht nur im ſynthetiſchen Denken) des Ganzen, im Verſtehen des Einzelnen aus dem Sinn des Ganzen und in ſeiner Bedeutung für das Ganze, im Erkennen der Teile als der Glieder des wohlgeordneten Ganzen. Zum zweiten liegt ſie in der erkenntnistheoretiſchen Wendung zum objektiven Idealismus und der ſpäteren Entwicklung zum Poſitivismus. Denn die Kantſche Erkenntnis ſtammt ja nicht aus dem Objekt, ſondern aus dem erkennenwollenden Subjekt. Die Einheit der Vernunfterkenntnis, die Kant einem Organismus vergleicht, war ja nicht in der Wirklichkeit entdeckt, ſondern vom Menſchen geſchaffen und in ſie hineingelegt, um ſich in ihr zurechtzufinden; ſie war eine ſubjektive Funktion des menſchlichen Urteils. Darin lag ja gerade die »Revolution der Denkart«, die kopernikaniſche Wendung in Kants Kritik der Vernunft.

Mit Schelling beginnt nun dieſe größte und fruchtbarſte Epoche der Naturphiloſophie. Kein Zeitabſchnitt in der Geſchichte der Wiſſenſchaft iſt wohl für den gebildeten Forſtmann ſo intereſſant wie dieſer. Und nichts kann das Verſtändnis des Dauerwaldgedankens mehr fördern und heller erleuchten, als wenn man Schelling und die Romantik in Parallele ſtellt zu Möller und der Dauerwaldbewegung, ihren weitgeſpannten Geiſt erfaßt und ihre Leiſtungen und Irrungen vergleicht.

Die Idee eines einheitlichen Zuſammenhanges der ganzen Natur einſchließlich des Menſchen wurzelt ja, wie wir ſahen, ſchon in den Vorſtellungen der griechiſchen Denker. Im ſiebzehnten Jahrhundert gewann ſie eine erneute Bedeutung. Dann machte ſie ſich Goethe zu eigen. Durch Kants Erkenntnis der Vernunft als eines Organismus empfängt ſie einen weiteren Auftrieb; denn wenn wir in einem Teil der Natur, in der menſchlichen Vernunft, ſinnvolle Ordnung entdecken und uns des Strebens nach ſolcher unmittelbar bewußt werden, ſo liegt es nahe, in der Natur überhaupt »ein Syſtem nach der Regel der Zwecke« zu ſuchen.

Dieſen Kantſchen und auch Fichteſchen Gedanken bringt nun Schelling zur vollen Entfaltung. »Dieſe Aufgabe erſchien«, nach den Worten Windelbands[1], »zugleich geradezu gefordert durch den Zuſtand der

---

[1] Windelband, Wilhelm: Lehrbuch der Geſchichte der Philoſophie. 13. Aufl. S. 503. 1935.

Naturwissenschaft, die wieder einmal auf dem Punkte angelangt war, wo die zerstreute Einzelarbeit nach einer lebendigen Gesamtauffassung der Natur begehrt. Und dies Verlangen machte sich um so lebhafter geltend als gerade der Fortschritt des empirischen Wissens die hochgeschraubten Erwartungen, die man seit dem 17. Jahrhundert auf das Prinzip der mechanischen Naturerklärung gesetzt hatte, wenig befriedigte. Die Ableitung des Organischen aus dem Unorganischen blieb, wie es Kant konstatierte, zum mindesten problematisch, eine genetische Entwicklung der Organismen auf dieser Grundlage streitig; für die in großer Bewegung begriffene Theorie der Medizin fehlte es noch an jeder Handhabe zu ihrer Einfügung in die mechanische Weltauffassung; nun kamen die Entdeckungen elektrischer und magnetischer Erscheinungen hinzu, deren zunächst rätselhafte Eigenart eine Subsumtion unter die Gesichtspunkte galileischer Mechanik damals noch nicht ahnen ließ«. — Wie sehr passen diese Worte auch auf die Forstwissenschaft zu Möllers Zeiten!

Wenn man von der Vorstellung der Einheit der Natur ausgeht, so muß ihre mechanische Betrachtung zu dem Ergebnis führen, daß nicht nur die anorganische, sondern auch die organische, insbesondere die menschliche Natur mit allen ihren körperlichen und geistigen Lebensäußerungen streng kausal determiniert, d. h. in ihrem Ablauf unentrinnbar eindeutig vorausbestimmt sind. Denkt man sich aber die Natur in zwei Welten, die tote und die lebendige, oder in drei Welten: Materie, Leben, Geist zerlegt, die einander überlagert sind, so führt das zu den größten Widersprüchen oder wie Ernst Krieck in seiner »Völkisch Politischen Anthropologie« drastischer sagt, zu den albernsten Konsequenzen. Das haben die großen Denker aller Zeiten auch schon klar empfunden und ihr heißes Bemühen darangesetzt, dieses Problem zu lösen und die Einheit der Welt zu finden.

Schelling unternimmt es nun, alle Erscheinungen dem »allgemeinen Leben der Natur« einzuordnen und alles Einzelne, sei es im Bereich der anorganischen oder der organischen Natur oder des Menschen samt seinen geistigen Lebensäußerungen, als Erscheinungsform und Ausdruck einer letzten bildenden, sich selbst entfaltenden Kraft, einer »ununterbrochen wirkenden Ursache«, einer »absoluten Ursache«, die er Weltseele nennt, anzusehen und so die ganze Natur »in einem allgemeinen Organismus« zu verknüpfen. Wenn Schelling hierbei die geistige Welt, die Kant nicht vom Standpunkt des Seins, also der theoretischen Vernunft, sondern des Sollens, also vom Standpunkt der praktischen Vernunft behandelt hatte, mit in die Einheit der Natur einbezieht, so nicht etwa deshalb, weil sie zunächst der Naturerkenntnis bedürfe und nur so der praktischen Vernunft erschlossen werden könne, sondern um die Idee einer umfassenden Einheit, die Idee des »allgemeinen Organismus« total anzuwenden und aus dieser lebendigen Ganzheit das Einzelne zu verstehen. Oder mit anderen Worten: »Daß alles in der Natur durch die ‚Idee einer Natur' bestimmt ist, soll nicht Ausdruck für eine Priorität der Naturerkenntnis sein, sondern die Priorität der Natur selbst in der Absicht zur Voraussetzung aller Beschäftigung mit ihr machen, daß jeweils das Ganze der Natur zum Maßstab des Einzelnen in ihr erhoben wird. Es bleibt spätere Frage, wie die geistige Welt gegenüber diesem Primat der Natur sich zur Geltung bringt. Zunächst ist es Schelling wirklich darum zu tun, das Denken in das Produzieren und Reproduzieren des Organismus einzugliedern und in ihm den ‚letzten Ausbruch' der allgemeinen Naturtätigkeit zu gewahren[1].«

Es war ja zu Schellings Zeit die Biologie erst in ihren allererſten Anfängen. Infolgedessen wurde das Erkenntnisproblem immer an dem Gegensatz von Natur und Geist akut. Heute, da die Geisteswissenschaften sich der mechanistischen Weltanschauung entwunden haben, ist die Biologie bei dieser Auseinandersetzung an ihre Stelle getreten, aber das Erkenntnisproblem ist dasselbe geblieben.

Die Grundgedanken seines naturphilosophischen Systems entwickelt Schelling in seiner Schrift »Von der Weltseele, eine Hypothese der höheren Physik zur Erklärung des allgemeinen Organismus«. — »Weltseele!« Das mag dem Mechanisten mystisch und wunderlich klingen. In der Tat ist sie ja nichts anderes als ein metaphysisches Postulat, dies aber auch keinen Deut mehr als die Begriffe Kausalität und Finalität! Wie die »höchste Idee« Platons und die »reine Form« des Aristoteles ist sie die ursprüngliche Kraft, die absolute Ursache, die sich in der Mannigfaltigkeit der Welt offenbart und sich zur Einheit, zur Welttotalität »organisiert«. Der Grundbegriff des Systems ist der Begriff des Organismus, als einer lebendigen Ganzheit, eines sich ständig von innen erneuernden Systems und schöpferisch betätigenden Prinzips. Denn »die Dinge sind nicht Prinzipien des Organismus, sondern der Organismus ist das Prinzipium der Dinge«. Dieser Grundbegriff involviert die beiden weiteren Begriffe der Polarität und Kontinuität. In Anlehnung an Kants Begriffe der Attraktion und Repulsion geht Schelling von den Begriffen der positiven und negativen Kraft aus, die sich auf einer höheren Ebene, in einer höheren Form zu harmonischer Einheit verbinden usw. bis zur höchsten Einheit, zur höchsten Individualität, zum allgemeinen Organismus der Welt, in welcher Bindung und Freiheit zugleich herrschen. »Die Natur soll in ihrer bindenden Gesetzmäßigkeit frei und umgekehrt in ihrer vollen Freiheit gesetzmäßig sein.« So liegt in der Polarität gewissermaßen das strukturelle, das eigentlich bildende Element des reich gegliederten allgemeinen Organismus mit seiner Einheit und gleichzeitigen Mannigfaltigkeit und außerdem der ununterbrochene Zusammenhang, die Konti-

---

[1] Knittermeyer, Hinrich: Schelling und die Romantische Schule, S. 141. 1929.

nuität des lebendigen Weltgefüges, die einer »allgemeinen Kontinuität aller Natursachen« entspricht und den einheitlichen Zusammenhang der anorganischen und organischen Welt bedeutet. Vor allem aber tritt die Kontinuität in der ständig in Fluß befindlichen Erneuerung und selbstschöpferischen lebendigen Entfaltung der Natur in allen ihren Teilen in Erscheinung. Denn »das Wesentliche aller Dinge ist das Leben« und Leben bedeutet ununterbrochenes, kontinuierliches Werden, bedeutet ständiges Emporringen neuer Einheit aus der Polarität scheinbar widerstrebender Kräfte. So ist der Entwicklungsgedanke auch hier, wie schon bei Aristoteles, ein wesentlicher Gesichtspunkt organischer Weltanschauung.

Es ist hier nicht beabsichtigt, Schellings System im ganzen zu entwerfen, sondern nur im Hinblick auf Möllers Dauerwaldgedanken die wesentlichen Züge seines Naturbildes zu zeigen. Und da ist die Ähnlichkeit doch augenfällig, und schon in den gleichlautenden Grundbegriffen kommt die Ideenverwandtschaft dieser beiden Männer zum Ausdruck. Aber die geschichtliche Betrachtung ist nicht dazu da, um in der Vergangenheit Gleiches oder Ähnliches zu entdecken und daraus wohl gar die ewige Wiederkehr aller Dinge zu folgern, sondern um sich mit dem Vergangenen auseinanderzusetzen und so das Urteil für die Probleme der Gegenwart und Zukunft zu schärfen. Das Weltbild interessiert ja nicht als solches, durch seine historische Entwicklung, phantasievolle Ausgestaltung oder dergleichen, sondern durch das, was es für die Wissenschaft leistet; und es ist wahr in dem Maße, als es sich in der wissenschaftlichen Erkenntnis bewährt und als fruchtbar erweist.

Stellen wir Schellings Naturphilosophie unter diese Frage, so finden wir, daß die Beantwortung heute eine gänzlich andere ist als vor einem halben Jahrhundert. Und diese Tatsache bietet wiederum für das Verständnis der verschiedenartigen Aufnahme und Beurteilung des Dauerwaldgedankens eine aufschlußreiche Parallele. — Der analysierende Geist des mechanistischen Zeitalters hatte die Lehre Platons hinter sich gelassen, daß man die Wahrheit einer Behauptung nur aus dem ganzen Sinnzusammenhang beurteilen soll. Er hatte, wie aus der antiken Naturlehre, z. B. des Aristoteles, so auch aus den Ansichten Schellings bei seinem intensiven Bestreben, in das Reich der empirischen Wirklichkeit vorzustoßen, all das Irrige und offenbar Falsche, all das Schiefe und Halbwahre herausgesucht und als solches dargelegt. Aber es wurde ihm nicht bewußt, daß diese Irrtümer und Entgleisungen Wahrheiten zweiter Ordnung betrafen und daß die größere Wahrheit viel tiefer lag. Er hatte das Goethewort nicht beherzigt: »Es ist so gewiß als wunderbar, daß Wahrheit und Irrtum aus einer Quelle entstehen; deswegen man oft dem Irrtum nicht schaden darf, weil man zugleich der Wahrheit schadet.«

Seit aber mit der Jahrhundertwende organische Denkart sich siegreich zu entfalten begann, sind jene tieferen umfassenderen Wahrheiten wieder in das Licht wissenschaftlicher Erkenntnis gerückt worden und die mechanistische Sammlung der vielen einzelnen, oft gar wunderlichen Irrtümer beiseite gelassen.

Hören wir deshalb einmal mit an, wie heute die wissenschaftliche Beurteilung und Würdigung des M ö l l e r so verwandten Geistes gehalten ist, und verfolgen wir noch etwas weiter, wie die Auswirkungen der Schellingschen Ideen gewesen sind. Das dürfte sich für das volle Verständnis des Dauerwaldgedankens und eine rechte Würdigung der Dauerwaldbewegung wohl als fruchtbar erweisen.

Mit wenigen Strichen hebt W i n d e l b a n d [1] die Grundgedanken S c h e l l i n g s klar hervor, würdigt ihren Aufbau, deutet aber auch ihre Schwächen an: Die von G o e t h e und früheren Denkern her auf Schellings Naturphilosophie einwirkenden Motive »führen dazu, daß ihr Zentralbegriff das L e b e n ist und daß sie den Versuch macht, die Natur unter dem Gesichtspunkte des O r g a n i s m u s zu betrachten und den Zusammenhang ihrer Kraftwirkungen aus dem Gesamtzweck der Erzeugung des organischen Lebens zu begreifen. Es soll die Natur nicht beschrieben, gemessen und kausal erklärt werden, sondern es soll der Sinn und die B e - deutung verstanden werden, die ihren einzelnen Erscheinungen in dem zweckvollen System des Ganzen zukommt. Die ‚Kategorien der Natur‘ sind die Gestalten, in denen die Natur sich selbst als objektiv setzt, sie bilden ein Entwicklungssystem, worin jede besondere Erscheinung ihren begrifflich bestimmten Platz findet. In der Ausführung dieser Idee war Schelling natürlich von dem Stande der naturwissenschaftlichen Kenntnisse seiner Zeit abhängig. Von dem Zusammenhange der Kräfte, von ihrer Umsetzung ineinander, worauf es ja für dies Interesse hauptsächlich ankam, hatte man damals nur sehr unvollkommene Vorstellungen, und der Philosoph zögerte nicht, die Lücken des Wissens durch Hypothesen auszufüllen, welche er der apriorischen Konstruktion des teleologischen Systems entnahm. In manchen Fällen haben sich diese Ansichten als wertvolle heuristische Prinzipien, in andern als Irrwege erwiesen, auf denen die Forscher zu brauchbaren Resultaten nicht gelangten. ... Die ‚Deutung‘ der Erscheinungen war freilich ein in wissenschaftlicher Hinsicht gefährliches Prinzip: sie öffnete der poetischen Phantasie und den geistreichelnden Einfällen die Tore der Naturphilosophie. Diese Gäste drängen sich schon bei Schelling, noch mehr aber bei seinen Schülern, wie N o v a l i s , S t e f f e n s , S c h u b e r t , herein. Eine traumhafte Natursymbolik treibt besonders in dem ‚magischen Idealismus‘ von Novalis ihr poetisch liebenswürdiges, aber philosophisch bedenkliches Spiel «.

---

[1] Windelband, Wilhelm: Lehrbuch der Geschichte der Philosophie. 13. Aufl. S. 503f. 1935.

Daß Schelling den Organismusgedanken auch auf das Denken und auf die Wissenschaft übertrug, sollte sich — wie Hinrich Knittermeyer in seinem Werk über »Schelling und die Romantische Schule« darlegt — als ganz besonders folgenreich erweisen. Denn damit »hören die Grenzen der Wissenschaft auf, unbewegliche Schranken zu sein, die die Aussicht auf die lebendige Einheit des Kosmos versperren. Indem die Naturphilosophie der Forschung auf diese Weise gleichsam Flügel gibt, bannt sie auf der andern Seite den Dogmatismus solcher Natursysteme, die wie die Atomistik das Begriffsgefüge einer Einzelwissenschaft unvermittelt auf das Ganze zu erstrecken trachten und damit die Natur zum Spielball beschränkter Theorien herabsetzen[1]«. Daß die Natur ebenso leicht zum Spielball umfassender Theorien werden kann, dafür liefert freilich die Literatur der Romantik genügend Beweise. Gegen den Irrtum ist eben keine Naturbetrachtung gefeit, am wenigsten einseitig individualistische oder universalistische. Aber dessen war sich Schelling wohl bewußt. Sein Denken ist, auch in bezug auf die Wissenschaft, viel zu sehr beherrscht von der Idee der Polarität, die später von der Romantik teils vergessen, teils verspottet wurde. »Ihm liegt daran die Wirklichkeit zu respektieren. Er will nicht über die Erfahrung hinwegschreiten, sondern die Erfahrung in ihrer verborgenen Innerlichkeit eröffnen. Daß bei diesem Vorgehen ihm Gewaltsamkeiten und mangelnde Kenntnis der Erfahrung nachzuweisen sein werden, liegt auf der Hand. Vielleicht ist man heute geneigt, etwas günstiger als vor 30 Jahren über die Unerläßlichkeit einer zusammenschauenden Naturphilosophie zu urteilen. Selbst im Faktischen hat sich manches zu Schellings Gunsten verändert[1]«.

Die rechte Würdigung solchen synthetisch-schöpferischen Geistes hebt Karl Joel[2] mit schwungvollen Worten hoch empor über das Kleben an den Irrtümern im Detail. »Die Einheit der Gegensätze wird ... erst fruchtbar als harmonische Entwicklung, als trichotomisch entfaltete Synthese. ... Die Differenzen sind nicht nur da, um in die Einheit zu versinken, sie durchdringen und entsprechen sich, und so phantastisch das Spiel der Analogien erscheinen mag, in dem Naturkräfte, Sinne, Gesteine, kurz alle Weltformen unter sich und mit Geistesformen korrespondieren sollen, sie sind ja alle zu nehmen als Figurationen, Instrumentationen des einen Themas: Wie alles sich zum Ganzen webt! Und als solche Harmonisierungen sind sie nicht nur schön (außer für Philister), sie mögen selbst im einzelnen alle falsch sein und bleiben doch im ganzen wahr als gewiß übertreibende Ausgestaltungen des dynamischen Weltzusammenhanges, des beziehungsreichen Ineinandergreifens der Weltpotenzen, und sie wurden dadurch ein gewaltiger Ansporn zumal für natur-

---

[1] Knittermeyer, Hinrich: Schelling und die Romantische Schule S. 93 und 79. 1929.

[2] Joel, Karl: Wandlungen der Weltanschauung II., S. 504. 1934.

wiſſenſchaftliche Entdeckungen des 19. Jahrhunderts und als
phantaſievolle Naturdeutung ein lockender Antrieb zur forſcherlichen Ver-
ſenkung in die ſo beziehungsvolle Welt. Denn es bleibt ja das Kennzeichen
der großen Naturforſcher gegenüber den kleinen unfruchtbaren, daß
jene die Rolle der Phantaſie aus eigener Erfahrung für die Entdeckung ebenſo hoch werten, wie dieſe ſie verachten und verſpotten, von der
Höhe nicht ihrer eigenen Leiſtung, ſondern der ihrer Zeit herab, deren Na-
turwiſſen ſie dabei weniger beherrſchen als Schelling das ſeiner Zeit.«

Phantaſievoll, ſchwärmeriſch und dichteriſch erhebt und entfaltet dann
allerdings die Romantiſche Schule mit dionyſiſchem Schwung den
Geiſt Goethes und Schellings. Von innen nach außen geht ihr Weg,
von der Bindung in Freundſchaft und Liebe hinaus zur Einheit des Uni-
verſums, zur »Welt-Anſchauung«. Im Gegenſatz zur analyſierenden und
individualiſierenden Aufklärung ſucht, ja erſehnt ſie Bindung, Gemein-
ſchaft, Einheit wie in der Familie und der Freundſchaft, ſo im ſozialen Staat
und der Menſchheit, empfindet ſie den Volksgeiſt und begründet Wiſſenſchaft vom Deutſchen Volk, entdeckt ſie die Einheit in den verſchiedenen
Zweigen der Kunſt, erſtrebt ſie in der Religion, erſchaut ſie den Allzuſam-
menhang im Sein und Werden, erzielt mit dem »Zauberſtab der Analogie« ungeahnte Fortſchritte, führt gegenüber der gänzlich unhiſtoriſchen
Aufklärung den Entwicklungsgedanken zum Siege und verherrlicht mit
Überſchwang die Mathematik als eigentliche Bindungswiſſenſchaft.

Es iſt in dieſem Zuſammenhang weder möglich noch nötig, die ungeheure
Fruchtbarkeit des romantiſchen Geiſtes, der ja über die »Schule« weit
hinausgreift und ſich von Goethe bis zu Schopenhauer und Nietzſche
erſtreckt, hier näher darzulegen. Es iſt dies ja gerade in neueſter Zeit von
Berufenen[1] wiederholt geſchehen. Aber mit welcher Macht der Organis-
musgedanke alle Zweige der Wiſſenſchaft erfaßt hat, das erſieht man nicht
nur aus der Anwendung der vergleichenden und der geſchichtlichen
Methode in allen Wiſſenſchaften, ſondern auch rein äußerlich ſchon an der
Anwendung des Organismusbegriffs auf den allerverſchiedenſten
Wiſſensgebieten.

Schelling hatte als erſter den Organismusbegriff auf den Staat
(als »objektiven Organismus der Freiheit«) angewendet. Dieſe Auf-
faſſung geht dann auf Adam Müller über und gibt ſeinen »Elementen
der Staatskunſt« das charakteriſtiſche Gepräge. H. Ahrens entwickelt eine
organiſche Staatslehre auf philoſophiſcher Grundlage. F. Müller ſchreibt
über den Organismus und den Entwicklungsgang der politiſchen Idee
im Altertum. Die Wiſſenſchaft hatte ja ebenfalls Schelling ſchon als
Organismus dargetan, ſo wie auch Kant ſchon mehrfach die Vernunfterkenntnis einem Organismus verglich. Burdach handelt dann vom

---

[1] Z. B. von Harnack in der Jubiläumsſchrift der Berliner Akademie; ferner
von Kluckhohn, Mehlis, Borries u. a.

Organismus menschlicher Wissenschaft und Kunst, J. Hillebrand vom Organismus der philosophischen Idee in wissenschaftlicher und geschichtlicher Hinsicht. Schlegel entdeckt in der griechischen Poesie eine dem theoretischen System entsprechende organische Entwicklung der Kunst, und Fr. A. Wolf findet bei den Griechen eine organische Volksbildung. W. v. Humboldt erfaßt den Organismus der Sprache, und Welcker spricht vom Organismus der Sage. Humboldt betont ferner die organische Gesetzmäßigkeit in der Entwicklung der Natur. Auch Savigny verknüpft eng das organische Prinzip mit dem Entwicklungsgedanken. Trendelenburg entwickelt philosophisch die organische Methode, und der Mathematiker J. Steiner unternimmt es, den Organismus in der Raumwelt aufzudecken.

Genug der Beispiele, die nur eine kleine Auswahl aus der viel weiter ausgreifenden Darstellung in Erich Rothackers »Logik und Systematik der Geisteswissenschaften« sind. Hervorzuheben ist indessen noch, daß in all diesen Beispielen der Organismus als idealistischer Terminus zur Anwendung kommt; als naturalistischer Ausdruck, als biologistische Analogie tritt er erst viel später in Erscheinung, z. B. in A. Schäffles »Bau und Leben des sozialen Körpers 1875/78«. — Jedenfalls ist festzustellen, daß das Organismusprinzip in der Wissenschaft des 19. Jahrhunderts eine bedeutende, wegweisende Rolle gespielt hat.

Aber wie gesagt, der phantasievolle Überschwang der Romantik hat gar manche Blüte getrieben, die vom Standpunkt exakter Naturerkenntnis verwunderlich war. Mochten ihre hochfliegenden Spekulationen im Allgemeinen, im Universellen, in der Totalität der Welt stimmen oder nicht, im Besonderen, im Individuellen, im Partikularen fließen sie hart zusammen mit sorgfältig fundierten Erkenntnissen der Naturwissenschaften, deren in zwei Jahrhunderten geschärfter Beweiskraft sie oft rasch erlagen. Und diese Irrungen, Erdichtungen, Entgleisungen waren die Fehler, die die mechanistisch-materialistische Naturwissenschaft allein nur sah und zu einer Anklage gegen die Romantik massierte, der sie auf diesem Gebiete alsbald vollständig erlag.

Nun ging es daran, aus den Naturwissenschaften alles organische, alles vitalistische, alles teleologische Denken radikal auszumerzen. Der Mechanismus triumphierte auf der ganzen Linie. Ja er verbreitete sich auch über die Geisteswissenschaften, sah auch hier nur Druck und Stoß, Ursache und Wirkung, spürte der Kausalität in allen Dingen nach und nirgends mehr der sinnvollen Entfaltung frei waltender, schöpferischer Lebenskräfte. Die Frage nach dem Zweck wurde allgemein als »romantisch« verpönt, ja auf dem Gebiet der Naturwissenschaft galt sie am Ausgang des 19. Jahrhunderts geradezu als untrügliches Kriterium völliger Unwissenschaftlichkeit. Welchen Einfluß diese Denkart auf unser gesamtes Kulturleben nahm, zu welchen Konsequenzen es schließlich in der Erziehung, in der Rechtspflege, im Strafwesen führte, und wie sich Rechenhaftigkeit und Mechanik im politischen Leben entfalteten und auswirkten, braucht nur angedeutet zu werden.

In jenem naturwissenschaftlichen Mechanismus aber wurzelte noch die Dauerwaldkritik, die den Organismusgedanken Möllers überhaupt nicht beachtete oder mit einer Rüge abtat.

Sollte sich aber jemals das mechanistische Weltbild, das auf naturwissenschaftliche Anschauungen gegründet war, als nicht wahr erweisen, so mußte das zuerst in demjenigen Bereich bemerkbar werden, der dem menschlichen Geist am nächsten lag, im Gebiet des menschlichen Gemeinschaftslebens, in der inneren und äußeren Kultur. So ist es leicht verständlich, daß als erste der Wissenschaften die Soziologie, unter dem Druck der sozialpolitischen Entwicklung, zur organischen Denkweise zurückkehrte. Die Nationalökonomie kam erst später dazu; sie beharrte noch jahrzehntelang bei der Ansicht, daß die Dynamik des Preismechanismus ganz von selbst alles zum besten kehre, und daß man also nicht nötig habe, sich über die »Aufgabe« der Wirtschaft oder über ihre »Produktivität« den Kopf zu zerbrechen.

2. Die Organismusidee in der modernen Biologie

Mit größtem wissenschaftlichen Ernst aber wurde diese Grundfrage von der Biologie in den letzten drei Jahrzehnten angepackt. Diese Wissenschaft mußte sich zunächst darüber klar werden, ob sie bei der Lösung ihrer Probleme mit physiko-chemischen Methoden auskommen werde und sich dann gewissermaßen als Ableger der Physik betrachten könne, oder ob sie vor eine Aufgabe gestellt sei, die von ganz besonderer Art sei und deshalb auch ihre eigenen Methoden erfordere. Bei solcher Besinnung auf die eigene Problematik sah sich die Biologie alsbald hineingezogen mitten in die lebhafte Erörterung der schwierigsten erkenntnistheoretischen Fragen. Und in diesem Streit erwuchsen ihr nun aus den eigenen Reihen eine Anzahl bedeutender philosophischer Vorkämpfer, die für die biologische Methodologie und Theorie Bahnbrechendes geleistet haben. Denn es war hier nicht das Bedürfnis nach phantasievoller Spekulation, was diese Biologen zu philosophischen Überlegungen führte, nicht die Ungeduld mit der all zu mühsamen Einzelforschung und ihrem langsamen Fortschritt, nicht das Bestreben, über diese hinweg mit leeren Begriffen ein umfassendes System zu bereiten; nein, ganz im Gegenteil: Es war die wissenschaftliche Überzeugung, daß man zuvörderst nach einem Kantschen Worte eine klare »Idee der Wissenschaft« haben muß, ihre Probleme und ihre Grundbegriffe klar und deutlich erfassen und ihre Methoden danach ausrichten muß, wenn eine stetige, solide, systematisch und methodisch einwandfreie Forschung möglich sein soll.

So begann denn die Emanzipation der Biologie vom Mechanismus mit der Kritik seines Prinzips in Anwendung auf das Lebendige. Was Kant darüber schon gelehrt hatte, war entweder in Vergessenheit geraten oder man hielt es für falsch, selbst in den Reihen der Kantianer; hatte doch z. B. Fries gesagt, daß Kant das Organische von dem Gesetz der Mechanik ausnehmen und an keinen »Newton des Grashalms« glauben wollte, sei »der größte Fehler, der noch in Kants Spekulation stehen geblieben« sei. Und wenn Schelling noch viel schärfer und in einem über den engeren Begriff der Biologie hinausgreifenden Sinne ausgesprochen hatte: »Aller Mechanismus vernichtet die Individualität, gerade das Lebendige geht nicht in ihn ein und ist ihm nichts[1]«, so galt das in der Blütezeit des Mechanismus als barer Unsinn. Man kann wirklich die Bedeutung einer großen Idee auch hier wieder am besten an der Folie des Zustands messen, den sie überwand: Der Mechanismus maßte sich doch an, vom Atom bis zum erhabendsten Gedanken alles aus dem gleichen materialistischen Prinzip zu erklären. Er war eben ein weltanschauliches Prinzip. Sein Symbol war die Laplacesche Weltformel, d. h. die These, daß ein Geist, welcher imstande wäre, in einem bestimmten Zeitpunkt sämtliche Massenpunkte und ihre Impulse zu erfassen von diesem »Weltquerschnitt« aus alles zukünftige und alles vergangene Geschehen genau berechnen könnte.

Aber dies titanische Bewußtsein hat einer allmählichen Ernüchterung weichen müssen; der mechanistische Absolutismus wurde durch eine sich dauernd verstärkende biologische Erkenntniskritik mehr und mehr erschüttert. »Es ist eine bedeutsame Tatsache, daß der moderne Mechanismus immer mehr dazu zu neigen scheint, den Physikochemismus als aussichtslos fallen zu lassen und zur Erklärung des Lebens in dieser oder jener Formulierung höhere, bloß im Organischen sich offenbarende Kräfte der Materie anzunehmen. Deutliche Hinweise finden sich bei Weismann, Roux und anderen führenden Mechanisten[2].« Im wesentlichen ist die Biologie zur Ansicht Schellings zurückgekehrt. Denn die mechanistische Betrachtungsweise hat sich in allen Fällen als untauglich für die Erklärung der eigentlichen Lebensvorgänge erwiesen. »Bisher ist es trotz aller Bemühungen und vorübergehenden Hoffnungen noch niemals gelungen, irgendeine zweifellos biologische Erscheinung restlos in Chemie und Physik aufzulösen[3]; vielmehr hat sich gezeigt, daß die physikochemische Erforschung der organischen Systeme immer nur wieder Physik und Chemie ergeben hat und daß dabei das charakteristische Organische, das einzufangen man ausgezogen war, noch stets wieder allen mechanistischen An- und Zu-

---

[1] Schelling: Über das Wesen deutscher Wissenschaft, abgedruckt in Klau, Gerhard: Schelling. Sein Weltbild aus den Schriften, S. 264. 1925.

[2] Oldekop, Ewald: Über das hierarchische Prinzip in der Natur, S. 61. 1930.

[3] Meyer, Adolf: Ideen und Ideale der biologischen Erkenntnis, S. 90. 1934.

griffen sich hat entziehen können.« »Es ist der grundlegende Einwand
gegen die vom dogmatischen Mechanismus betriebene physiko-chemische
Lebenserklärung, daß sie die eigentlichen Lebensprobleme überhaupt nicht
angreift, daß wir über das spezifisch Organische in ihr nichts erfahren —
abgesehen von der dogmatischen Behauptung, daß es ein solches nur als
täuschenden Schein gebe; daß sie uns keine aus einheitlicher Betrachtungsweise entspringende Erkenntnis, sondern nur eine Sammlung von Theorien
und Kenntnissen biete[1].« — Einen Vorgang biologisch verstehen, heißt
»seine Stellung im Ordnungsgefüge des Lebendigen erkennen[2]«, aber »das
Zusammentreffen von Kausalvorgängen zu einem hierarchischen Gefüge,
wie es uns das Organische zeigt, ist als Ergebnis eines Zufalls in der anorganischen Natur nicht nachweisbar[2]«. Karl Sapper[3] betrachtet auch
das anorganische Geschehen als zielstrebig geordnet und gibt damit eine
einheitliche teleologische Deutung der gesamten Natur. »Darnach gibt es
überhaupt keine mechanisch-passiven, ziellosen Vorgänge in der Natur, in
der leblosen so wenig wie in der lebendigen. Die Einheit der Natur kommt
so zu ihrem Recht; aber das Lebendige wird nicht nach dem Schema des
Leblosen, sondern das Leblose nach dem Schema des Lebendigen gedeutet.«
Ebenso hatte schon E. v. Hartmann[4] die Ansicht entwickelt: »Der mechanische Naturprozeß ist so, wie er ist, eingerichtet als Mittel zu einem supra-
mechanischen Geschehen (Leben), das sein Daseinszweck ist.« Eine solche
organisch-teleologische Betrachtung der ganzen Natur erschließt erst das
Verständnis des eigentlich Lebendigen. Aber deshalb ist selbstverständlich
die kausalgesetzliche Analyse keine überflüssige Aufgabe und ihre Ablehnung
nicht berechtigt, »bloß ist die Bestimmung der Kausalgesetzlichkeit kein Weg,
um das Wesen des Lebendigen zu erfassen[2]«. Aus den gleichen Gründen
hält es Knittermeyer für »aussichtslos, von der Chemie oder Physiologie her in das eigentliche Geheimnis des Organismus einzudringen. Die
chemischen Prozesse sind vielleicht als ‚unvollkommene Organisations-
prozesse‘ zu begreifen; das Tote in der Natur mag als ‚erloschenes Leben‘
sich auffassen lassen. Nimmermehr wird man aber umgekehrt den Versuch
wagen dürfen, das Tote zum Leben ‚hinaufzuläutern‘ und das Leben als
ein materielles Produkt zu erklären[5]«. Denn das »Leben schafft sich in
voller Souveränität die Mechanismen, nie geschah das Umgekehrte[6]«.

   Diese Zitate ließen sich noch beliebig vermehren. Sie zeigen deutlich

<hr>

[1] Bertalauffy, Ludwig von: Lebenswissenschaft und Bildung, S. 24. 1930.

[2] Rothschuh, Karl: Theoretische Biologie und Medizin, S. 63, S. 107,
S. 40. 1936.

[3] Sapper, Karl: Das Element der Wirklichkeit und die Welt der Erfahrung.
Grundlinien einer anthropozentrischen Naturphilosophie. 1924.

[4] v. Hartmann, Eduard: Die Weltanschauung der modernen Physik, S. 103.
1909.

[5] Knittermeyer, Hinrich: Schelling und die Romantische Schule, S. 95. 1929.

[6] Meyer, Adolf: Ideen und Ideale der biologischen Erkenntnis, S. 44. 1934.

ben grundsätzlichen Wandel im naturwissenschaftlichen Denken. Die mechanistische Titanik der letzten Jahrzehnte des vorigen Jahrhunderts ist verrauscht. Die mechanistische Biologie aber geht mit den Krücken organischer Begriffe wie Anpassung, Zweckmäßigkeit, Funktion, Störung, Norm, Regulation, Individualität, Organismus usw.

So bezeichnet Bernhard Bavink[1] die gegenwärtige Position der Wissenschaft vom Leben wohl sehr treffend, wenn er sagt: »Betrachten wir im Sinne einer ‚Metaphysik a posteriori‘ die heutige Biologie, so dürfte es klar sein, daß diese alles in allem genommen einer ‚organischen‘ Weltauffassung im Sinne Goethes erheblich näher steht, als noch vor 30, ja vor 20—10 Jahren erscheinen konnte, wo man noch allgemein in der Maschine den Prototyp alles Weltgeschehens sah.«

Mit der Wiederaufnahme organischer Betrachtungsweise war zunächst einmal entschieden, daß die kausalanalytische Methode allein nicht ausreicht, um das Organische zu verstehen. Zugleich bedeutete sie aber auch ein wissenschaftliches Programm der Biologie, nämlich die Aufgabe, eine ihrem Gegenstand entsprechende eigene Betrachtungsweise und Theorie zu entwickeln. Dazu mußten drei Hauptfragen beantwortet werden, die für die Bestimmung von Objekt und Methode der Biologie von grundlegender Bedeutung waren, nämlich:

1. Was ist das Organische? Was ist Organismus?

2. Wie kann das Organische erkannt werden?

3. In welchem Geltungsverhältnis steht die organische zur mechanischen Betrachtungsweise?

Diese Fragen sind in der Biologie in vollem Umfang in Angriff genommen und von zahlreichen Autoren in einer sehr umfangreichen Literatur behandelt worden. Ihre Erörterung befindet sich noch im ständigen Fluß, alles ist noch im Werden begriffen; und doch sind die organischen Ansichten und Erkenntnisse so weit entwickelt und konsolidiert worden, daß sie in mehreren Werken über »Theoretische Biologie« eine systematische Darstellung finden konnten. Die Forstwissenschaft ist über die Erörterung der ersten der drei obigen Fragen noch nicht hinausgekommen; auch Möllers Dauerwaldgedanke ist keineswegs eine fertige Theorie, sondern ein theoretisches und praktisches Prinzip und ein Anfang in beiderlei Sinne. Für seine weitere wissenschaftliche Behandlung kann es deshalb nur förderlich sein, wenn sie in Berührung kommt mit den einschlägigen Erörterungen der Biologie, die schon wesentlich weiter gediehen sind. Und das entspricht auch dem ausdrücklichen Wunsche Möllers.

Es kann in diesem Zusammenhang über die für die Entwicklung der Biologie so wichtigen und bedeutsamen Ansichten und Ideen hinweggegangen werden, die unter dem Namen Vitalismus oder, in Unterschei-

---

[3] Bavink, Bernhard: Ergebnisse und Probleme der Naturwissenschaften, S. 414. 1933.

bung von antiken Auffassungen, Neovitalismus zusammengefaßt werden und deren historisches Verdienst in der Widerlegung der »Maschinentheorie« des Lebens liegt.

Hier interessiert die Entwicklung des Organismusgedankens, und der tritt uns in verschiedenem Gewande und unter den verschiedensten Namen entgegen. Ganzheit, lebendiges System, Gestalt, Typus, Form, Ordnung, Plan: alle diese Begriffe stimmen in wesentlichen Merkmalen mit dem Organismusbegriff überein, wenngleich sie mit ihm auch nicht völlig identisch sind. Am größten ist die begriffliche Übereinstimmung zwischen den drei Ausdrücken Organismus, lebendiges Ganze, lebendiges System. Zwei wesentliche Merkmale bestimmen ihren gemeinsamen Inhalt: das tektonische und das dynamische Merkmal.

Die Vorstellung einer Tektonik alles Lebendigen, eines Gefüges, einer Ordnung, eines sinnvollen Zusammenhanges, einer Planmäßigkeit, einer Zweckmäßigkeit ist der oberste Gesichtspunkt organischer Betrachtungsweise, ein wesentliches Merkmal der aufgezählten Begriffe. Dieser Zusammenhang und diese Ordnung wird sowohl im räumlichen Nebeneinander als auch im zeitlichen Nacheinander erblickt. Die organische Betrachtungsweise ist also auf das Gefüge in seiner räumlichen und zeitlichen Dimension gerichtet.

Eine wichtige Eigentümlichkeit eines lebendigen Systems, eines Organismus ist die verhältnismäßige Selbständigkeit der Teile gegenüber dem Ganzen. Sie sind nicht nur Mittel, wie ein Rädchen in der Uhr, sondern auch Selbstzweck. Hier gilt die Definition Kants: Ein organisiertes Produkt der Natur ist das, in welchem alles Zweck und wechselseitig auch Mittel ist. Dadurch unterscheidet sich der Organismus vom Mechanismus, selbst von der sinnreichsten Maschine. Wie die Zelle innerhalb des Körpers ein gewisses Eigenleben führt: neu entsteht, wächst, sich vermehrt, stirbt; oder wie der einzelne Mensch in Staat und Volk sowohl Selbstzweck wie auch als Diener des Staates, Glied des Volkes Mittel für den höheren Daseinszweck von Staat und Volk ist, so ist auch im Wald der einzelne Baum, Strauch, Käfer, Pilz sowohl selbst Organismus wie auch Organ eines höheren Organismus, nämlich des Waldes. In dieser Eigentümlichkeit des lebendigen Systems liegt die Möglichkeit der lebendigen Entfaltung der Selbstergänzung, Regulation, usw. Und das führt unsere Betrachtung zum zweiten:

Das andere wesentliche Merkmal ist die Dynamik alles Lebendigen. »Der Organismus ist ein Vorgang.« Die Vorstellung des Geschehens und der Entwicklung, d. i. also die Vorstellung des Belebtseins, gehört untrennbar zum Begriff des Organismus. Bei Ganzheit und System ist das nicht ohne weiteres der Fall; eine statische Ganzheit, ein statisches System ist sehr wohl denkbar. Deshalb ist diesen Begriffen das Merkmal der Lebendigkeit, der Dynamik, ausdrücklich hinzuzufügen.

Die in der lebendigen Ganzheit, im Organismus in Erscheinung tretenden formalen Prinzipien sind: Polarität, Koinzidenz und Kontinuität. Sie sind nur aus dem Ganzen zu verstehen, das eine ohne das andere nicht zu erklären. Die Polarität erscheint im Organismus als die Ausgliederung der Einheit. Die Beziehung der Glieder zueinander ist nicht unüberbrückbarer Gegensatz, nicht Ausschließlichkeit, sondern eben polare Gegensätzlichkeit, d. h. das eine das andere erfordernd, um mit ihm in übergeordneter Einheit zum Ausgleich und Einklang, zu harmonischer Bindung zu kommen, in der coincidentia oppositorum. So ist die Koinzidenz ohne Polarität und wiederum diese ohne jene nicht zu denken. In der Koinzidenz werden die Gegensätze durch ein Kontinum verbunden, in einen Zusammenhang gebracht, in welchem die Kontinuität, der ununterbrochene stetige Zusammenhang, die räumliche und zeitliche Einheit von Koexistenz und Sukzession besteht.

So tritt lebendige Ganzheit in kontinuierlicher Harmonisierung und Differenzierung in Erscheinung; ihre Vorgänge sind ganzheitsbezogen, auf Ganzheit ausgerichtet, Ganzheit gestaltend und entfaltend. Lebendige Ganzheit ist werdender Organismus; sie lehrt uns die Ordnung der Welt, der Natur, der einzelnen Organismen, der einzelnen Zellen verstehen, worüber der Mechanismus nichts auszusagen weiß. Das Organismusprinzip ist also nicht beschränkt auf Pflanze, Tier und Mensch, sondern greift darüber hinaus, gilt für die ganze Natur, für das Weltall. »Vom Atom bis zum Fixsternweltall und von der Amöbe bis zum Menschen führt eine fast ununterbrochene Stufenleiter immer höherer und umfassenderer Ganzheitsbildungen[1].« Das Organismusprinzip gilt also insbesondere für die überindividuellen Einheiten der Pflanzen und Tiere in ihren vielfältigen, organischen Beziehungen untereinander und mit ihrer Umgebung, vor allem dem Boden. Es gilt für den Wald.

Ist aber »der Organismus identisch mit seiner Geschehnisordnung« so erhebt sich neben der Frage: was ist der Organismus? sogleich auch die Frage: wie ist seine Geschehnisordnung?

Auch hier tritt uns das Weltgesetz der Polarität wieder entgegen: das Naturgeschehen ist einerseits naturgesetzlich bedingt, obwohl nicht eindeutig determiniert, andererseits ist es ganzheitsbestimmt. Es ist mechanisch und organisch zugleich; es zeigt die Wirkungen von Ursachen, ist »resultant«, und es entfaltet sich selbstschöpferisch, ist »emergent«. Die kausale Bedingtheit zeigt die Möglichkeiten, die in der Formentfaltung, in der schöpferischen Gestaltung der Materie verwirklicht werden. Oder anders ausgedrückt: die Natur bedient sich frei schöpferisch der kausalbedingten Mittel.

Dieser Konzeption muß nun auch die Art und Weise entsprechen,

---

[1] Bavink, Bernhard: Ergebnisse und Probleme der Naturwissenschaften, S. 415. 1933.

in welcher das Organische wissenschaftlich erkannt wird. Da
das Lebendige, das eigentlich Organische immer nur in Verbindung mit
der Materie vorkommt, und diese nur durch die Koinzidenz mit der Form,
d. h. in einer bestimmten Ordnung, einer bestimmten Gestalt Wirklichkeit
ist und wird, so entspricht der belebten Natur auch in der Wissenschaft eine
polare Betrachtungsweise: die mechanische und die organische
Methode. Jede der beiden ist der andern gegenüber die umfassendere —
der scheinbare logische Widerspruch löst sich durch den Zusatz: — von ihrem
Blickpunkt aus. Das heißt: die Kausalgesetze einerseits lassen viel mehr
Möglichkeiten zu, als in concreto verwirklicht sind, sie umfassen außer den
konkreten organischen Erscheinungen auch noch andere Fälle oder mit
anderen Worten: die konkreten organischen Erscheinungen sind
keineswegs eindeutig kausal determiniert und deshalb auch nicht
rein kausal nach der »Weltformel« zu bestimmen. Die Formgesetze andererseits enthalten viel mehr, als aus der Kausalgesetzlichkeit ihrer sämtlichen
Komponenten ablesbar wäre. Die Form, die Gestalt ist nicht grundsätzlich
die Summe der Teile; das Ganze ist mehr als die Summe seiner Teile,
es kann ihr wohl sehr nahe kommen und unter Umständen sehr ähnlich sein,
es kann sich aber auch himmelweit von ihr unterscheiden. Ein Akkord, eine
Melodie ist mehr als die Zahl der Schwingungen ihrer Töne, ein Wort ist
mehr als die Summe seiner Vokale und Konsonanten, ein Gedanke mehr als
die Summe von Worten, ein Gemälde ist mehr als die Summe vieler Farben,
ein Volk ist mehr als eine Summe von Menschen, die Volkswirtschaft ist
mehr als die Summe der einzelnen Wirtschaftsbetriebe und ihrer Beziehungen untereinander, ein Waldbestand ist mehr als eine Summe von
Bäumen, Sträuchern, Kräutern, Tieren und Pilzen. Ja durch die Konfiguration der Komponenten, durch die formentfaltende, gestaltbildende
Tätigkeit der Natur entsteht neue Kausalität, entstehen neue Wirkungen,
die aus den früheren Kausalbeziehungen durchaus nicht vorauszusehen und
vorauszusagen waren, wenngleich sie nach ihnen möglich oder wie K. E.
Ranke allegorisch sagt: »erlaubt sein« mußten. Durch die formgestaltende
Verknüpfung von kausalen Sachverhalten zu neuen Einheiten entfaltet sich
die organische Natur, organisiert das Leben die anorganische, sog. »tote«
Natur und offenbart sich uns als stetig werdender Organismus.

Wie nun das Mechanische, das Kausalgesetzliche wissenschaftlich erkannt
wird, darüber ist hier kein Wort zu verlieren. Diese Methodik ist von den
Mechanisten zu hoher Blüte gebracht worden.

Wie aber das Organische, das Ganzheitsbezogene wissenschaftlich erkannt wird, das ist das aktuelle Problem der Gegenwart. Ich maße mir
nicht an, es hier seiner endgültigen Klärung und Lösung zuzuführen. Wohl
aber darf, ja muß der Versuch gemacht werden, die vielen tiefschürfenden
Gedanken, die von zahlreichen Autoren zu diesem erkenntnistheoretischen

---

[1] Ranke, K. E.: Die Kategorien des Lebendigen, S. 591. 1928.

Problem beigebracht worden sind, zu sammeln, ihre oftmals in sehr fein nuanzierter Formulierung verborgenen Gegensätze und Übereinstimmung zu klären und zu einer einheitlichen Auffassung weiterzuentwickeln.

Wenn das Organische durch seine Ganzheitsbezogenheit charakterisiert ist, so ist die Voraussetzung seines Erkennens, daß man die Ganzheit selber kennt. Erst dann wird es möglich, die einzelnen Erscheinungen als Glieder eines konkreten Ganzen, als sinnvolle Funktionen in einem bestimmten Entwicklungs= und Leistungszusammenhang zu verstehen. Etwas als eine Ganzheit erfassen, heißt aber selbst schon seine Ordnung, sein Gefüge, seine Gliederung erkennen; so könnte vielleicht der Einwand begegnen, daß hier das Ziel der Erkenntnis zugleich seine Voraussetzung sei, und daß man sich in einem Zirkel bewege. Dieser Einwand ist nicht ganz von der Hand zu weisen und jedenfalls für die praktische Forschertätigkeit sehr beachtenswert. Erkenntnistheoretisch ist er aber insofern nicht berechtigt als die Ganzheit nicht gleich von Anfang an bis in ihre feinste Ausgestaltung hinein, sondern zunächst nur in ihren groben Konturen erkannt wird. Jede Erkenntnis besteht bekanntlich in der Einordnung einer neuen Tatsache in einen schon vorhandenen theoretischen Zusammenhang, mechanische Betrachtungsweise ordnet neue Tatsachen in einen kausalen, organische Betrachtungsweise in einen finalen Zusammenhang ein. Also vollzieht sich fortschreitende Erkenntnis des Organischen dadurch, daß die anfänglich groben Konturen der Ganzheit immer mehr verfeinert werden, dadurch, daß der Forscher immer mehr Erscheinungen dem Ganzen eingeordnet findet. Die Betrachtungsweise, die nun dahin führt, ist teleologisch, d. h. auf das τέλος, das Ziel, den Zweck, die Ganzheit, die Individualität gerichtet, während die Betrachtungsweise des Mechanismus ätiologisch, d. h. auf die αἰτία, die Ursache gerichtet ist. Die Erkenntnis schreitet also bei diesen beiden Methoden in entgegengesetzter Richtung fort: die teleologische Betrachtung strebt zur Individualität, letzten Endes zur Individualität des Weltalls; die kausale Betrachtungsweise entfernt sich fortschreitend von der Individualität und sucht das in allen Dingen enthaltene Generelle. Das Objekt teleologischer Betrachtung, nämlich die formenreich gegliederte Ganzheit, hat somit durchaus heterogenen Charakter, das Objekt kausaler Betrachtung, die letzten nicht weiter zu zerlegenden Einheiten, die Atome, hat durchaus homogenen Charakter.

Dies nun ist von entscheidender Bedeutung für die Begriffsbildung: Alle wissenschaftliche Erkenntnis der Erfahrungswissenschaften geht von der Anschauung aus. Die Anschauung aber umfaßt die unübersehbare sinnlich=heterogene Mannigfaltigkeit. Daraus entfernt die kausalanalytisch verfahrende Naturwissenschaft alle heterogenen Bestandteile und fügt nur die wesentlichen homogen=quantitativen Merkmale zu ihren Begriffen zusammen. In diesem Sinn sagt Rickert[1], »daß die logische Vollkommenheit eines naturwissenschaftlichen Begriffs von dem Grade abhängt, in dem die empirische oder sinnliche Anschauung aus seinem Inhalt entfernt ist«. Andrerseits ist es der Zweck und die Aufgabe teleologischer Betrachtung, aus der sinnlich-heterogenen Anschauung gerade das Heterogene, das Qualitative, die Bedeutung, die Form zu entnehmen und in entsprechenden Begriffen wissenschaftlich zu erfassen. Das bedeutet, daß für sie, im Gegensatz zur kausal-analytischen Naturwissenschaft, die Anschauung eine zunehmende Bedeutung gewinnt.

Dies gilt schon für die Biologie, mehr dann aber noch für die Geisteswissenschaften. Diese können aber nicht — wie man oft wähnte — nach dem Vorbild von Physik und Chemie »exakt«, d. h. rein quantitativ-mathematisch betrieben werden. Das hatte bereits der geniale Friedrich List eingesehen, als er sich einmal einen »Justus Möser, den jüngeren, Doktor der unexakten Wissenschaften« nannte, und auch Treitschke, wenn er sagte, die Geisteswissenschaft könne »ihre letzten und höchsten Gedanken nur ahnen, nicht ganz erweisen« oder Harnack, der in der Geisteswissenschaft »nicht reine Wissenschaft, sondern ein Gemisch von Wissenschaft und Lebensweisheit« erblickte. Denselben Gedanken spricht auch Max Weber mit folgenden Worten aus: »Sicher ist unter allen Umständen eines: je allgemeiner das Problem ist, d. h. aber hier: je weittragender seine Kulturbedeutung, desto weniger ist es einer eindeutigen Beantwortung aus dem Material des Erfahrungswissens heraus zugänglich, desto mehr spielen die letzten höchsten persönlichen Axiome des Glaubens und der Wertideen hinein[2].« — Von den Geisteswissenschaften her können wir leicht zum Verständnis der erkenntnistheoretischen und methodologischen Besonderheiten gelangen, die die Biologie von der Physik und Chemie unterscheiden. Es handelt sich nämlich auch in der Biologie darum, das Quantitative in seiner Bedeutung für die Bildung, Erhaltung und Entfaltung einer lebendigen Ganzheit zu erfassen. Dabei »zeichnet die Idee des Ganzen ein Seiendes so aus, daß es wie durch die Wertbeziehung gleichsam ein Sinnvolles wird ... Die Organismusidee führt daher das Erkennen auf den Weg historischer Begriffsbildung[3].« Die Vorstellung der Ganzheit entnehmen wir aber immer wieder der lebendigen, der erlebten Anschauung.

Damit ist nun aber eine schwierige erkenntnistheoretische Frage angeschnitten: das Verhältnis von Anschauung und Denken. Denn darüber kann kein Zweifel sein, daß in die Wissenschaft nur begriffliches

---

[1] Rickert, Heinrich: Die Grenzen der naturwissenschaftlichen Begriffsbildung S. 192. 1929.

[2] Weber, Max: Der Sinn der „Wertfreiheit" der sozialen und ökonomischen Wissenschaften, Logos. Bd. VII (1917/18) S. 40 ff.

[3] Kroner, Richard: Das Problem der historischen Biologie, S. 22 u. 23. 1914.

Denken eingeht. Der menschliche Verstand ist, wie Kant uns lehrte, ein diskursiver, kein intuitiver Verstand. Aber dennoch hat die Intuition die größte Bedeutung für die Wissenschaft. Sie ist das unmittelbare Erleben der Wirklichkeit in ihrer ungebrochenen Ganzheit, d. h. gleichzeitigen Einheit und Mannigfaltigkeit, sowie in ihrer Innerlichkeit und Lebendigkeit. In der Intuition betätigen sich nämlich die drei Grundkräfte der menschlichen Vernunft: das Denken, Fühlen, Wollen, und zwar in organischer, d. h. ganzheitlicher Verknüpfung. Man ist sich erkenntnistheoretisch darüber im klaren, daß jedwede Begriffsbildung weltanschauliche Hintergründe hat. Auch ist der Erkenntniswert der Intuition vom Altertum bis zur Gegenwart, von Platon über Fichte, Schelling, Schopenhauer bis zu Rickert und neuestens E. Krieck anerkannt worden. Und wenn sie gerade auch in der Dauerwalddiskussion wiederholt betont wurde, so ist das ein Zeichen für das ganz richtige Gefühl der betreffenden Autoren, daß das in allem Organischen enthaltene heterogene Qualitative materiell-quantitativ nicht erfaßbar ist. Aber andererseits wäre es gänzlich verfehlt, wenn man die Intuition an die Stelle kausal-analytischer Betrachtung setzen oder sie derselben auch nur koordinieren wollte. Vielmehr ist die lebendige Anschauung, die Intuition, auch der mechanistischen Betrachtung vorgelagert, bloß entnimmt diese ihr andere Elemente, als es die organische Betrachtungsweise tut, die auf die qualitative Seite, auf die Bedeutung der Verknüpfung, der Konfiguration, der Form gerichtet ist und diese in adäquaten teleologischen Begriffen erfassen muß.

Die lebendige Anschauung also ist in beiden Fällen das Ursprüngliche. Die mechanische und die organische Betrachtung sind dann schon verstandesmäßig, nämlich mittels der Kategorien Kausalität bzw. Ganzheit begrenzte Aspekte der unschaulichen Wirklichkeit. Durch diese Verstandesfunktion entsteht aus der lebendigen Anschauung eine rein rationale Synthese, die zunächst unsicher ist und Hypothese heißt; wenn sie sich bestätigt, zur Theorie wird; im Falle sie aber durch neue Erfahrung widerlegt wird, durch eine andere, entsprechend berichtigte Hypothese ersetzt wird. Das ist also bei beiden Methoden ganz das Gleiche, bloß daß im einen Falle Kausalität, im anderen Falle Ganzheit leitender Gesichtspunkt ist.

Die methodologische Bedeutung der Anschauung ist demnach nicht in einem logischen Unterschied der Methoden selbst zu suchen, sondern vielmehr in dem mehr oder weniger starken Hervortreten der einen oder der anderen Betrachtungsweise bei ihrer polaren Verbindung zur Erforschung der Wirklichkeit. Denn da das Organische immer nur in Verbindung mit der Materie vorkommt, so muß die Forschung, um es zu erkennen, stets eine polare, nämlich die mechanische und die organische Betrachtungsweise verbindende sein. Je weniger nun ein bestimmtes Objekt geformt ist, je mehr es den Anschein einer bloßen Materie macht, um so weniger ist mit der organischen Betrachtungsweise auszurichten, um so mehr ist die kausalmechanische Betrachtungsweise am Platz. Handelt es sich dagegen um ein kompliziertes und zugleich differenziertes Gebilde, so tritt die mechanische Betrachtung hinter der organischen mehr und mehr zurück. Dabei gewinnt die lebendige Anschauung einen um so größeren Einfluß auf die wissenschaftliche Erkenntnis, je mehr sich diese der Individualität nähert. Die Gegenstände der Naturforschung bilden also ein Kontinuum, an dessen einem Ende die kausale Betrachtung und an dessen anderem Ende die finale Betrachtung überwiegend zur Geltung kommt, während sie nach der Mitte zu gleichwertiger erscheinen.

Wie gering übrigens die Reichweite der kausalgesetzlichen Naturerklärung ist, zeigt sich nach Bernhard Bavink[1] darin, »daß die enorm verwickelten Kohlenstoffverbindungen, aus denen die lebendigen Wesen bestehen, wie es scheint durch eben diese ihre ungeheure Verwickeltheit, an eine ,obere Grenze' der Chemie heranführen, jenseits deren es keinerlei eindeutig definierbare ,Moleküle' mehr gibt, wo vielmehr mit der Möglichkeit zu rechnen ist, daß fast jedes einzelne Molekül ein nur einmal oder einige Male vorkommendes ,Individuum' ist, oder doch mindestens die Wiederholung gleicher Moleküle schon sehr selten wird. Ein so maßgebender Kenner dieser Dinge wie Staudinger, der Erforscher der organischen ,Riesenmoleküle', ist sogar der Meinung, daß es ganz ausgeschlossen sei, bei dieser Fülle der möglichen Fälle überhaupt jemals so etwas wie ein ,Gesetz' festlegen zu können«.

Es leuchtet demnach ohne weiteres ein, daß mit kausalgesetzlicher Erklärung bei den eigentlichen Lebenserscheinungen nur sehr wenig auszurichten ist und daß sie insbesondere für das biologische Verständnis der Lebensgemeinschaften zum mindesten unzulänglich ist, weil sie sich immer in der Sphäre der anorganischen Bedingtheit hält und von hier den aussichtslosen Versuch macht, die schöpferische Entfaltung des Lebens zu verstehen. Daß das eine logische Unmöglichkeit ist, wird in der Biologie mehr und mehr eingesehen. Denn alles Lebendige ist zugleich Stoff- und Sinngebilde und kann deshalb niemals durch einseitige Betrachtung erklärt und verstanden werden. Vielmehr führt nur polare Betrachtungsweise zum Ziel: die Stoffgesetze der Physik und Chemie erklären nur die allgemeine Möglichkeit, Bedingtheit, Begrenztheit; die Form- und Sinngesetze der Morphologie im weitesten Sinne machen die konkrete Erscheinung verständlich. So wenig man aus dem Umstand, daß jemand 100 RM. für eine Erholungsreise zur Verfügung hat, erforschen kann, wohin er nun tatsächlich reisen wird oder gar reisen muß, selbst wenn man sich noch so viele Möglichkeiten und Reiseziele vergegenwärtigt, so wenig kann auf diese Weise irgendein anderes Sinn- und Zweckgeschehen verstanden und

---

[1] Bavink, Bernhard: Moderne Physik und Weltanschauung. Unsere Welt 28 (1936) S. 7.

vorausbestimmt werden. Dagegen ist es wohl kausal erklärlich, warum man diesem 100 RM.-Urlauber, wenn seine Heimat Berlin ist, nicht auf Sizilien begegnet. Oder ein anderes Beispiel: Die Volkswirtschaft kann in ihrer sinnvollen, der Versorgung des Volkes so zweckdienlichen Struktur und Ordnung niemals aus den Beziehungen der einzelnen Betriebe untereinander verstanden werden, selbst wenn man diese jemals vollständig erforschen könnte; das kann vielmehr nur von der Ganzheit der Volkswirtschaft, von ihrer konkreten Individualität her geschehen; wohl aber kann man im einzelnen die Bedingtheit einer konkreten Volkswirtschaft aufsuchen. Und ebensowenig kann auch ein Wald in seiner formenreichen, lebendigen Gestalt, in seiner Vitalität und Leistung aus den kausalgesetzlichen Beziehungen seiner letzten Bestandteile verstanden werden, selbst wenn sie ein Laplacescher Geist jemals vollständig erfassen und in eine Formel bringen könnte. Im Gegenteil, je weiter die Kausalbetrachtung in die Lebenserscheinungen eindringt, um so zahlreicher, unübersehbarer, verwickelter und verworrener werden die Tatsachen, die mangels einer organischen Betrachtung ohne jede Ordnung, ohne jede Form und Gestalt zu sein scheinen. Ganz richtig stellt z. B. Wittich[1] in einer Übersicht über den Stand und die Aussichten einer Mikrobiologie des Waldbodens fest: »Der scheinbar so einfache Stickstoffabbau erweist sich bei näherer Betrachtung als ein Vorgang von fast hoffnungslos komplexer Natur. Dabei handelt es sich hier doch nur um einen winzigen Ausschnitt aus dem Gesamtgebiet der Stoffumsetzungen, und zwar um denjenigen Ausschnitt, in den wir noch den besten Einblick haben.« — Ja man muß diese Ausführungen sogar noch verstärken: Die einseitige rein kausalgesetzliche Erklärung der organischen Natur ist nicht nur fast hoffnungslos, sondern absolut hoffnungslos, ebenso wie es eine einseitige, rein organische, teleologische Betrachtung wäre. Beide Methoden sind durchaus notwendig, wertvoll und unentbehrlich; sie müssen aber in polarer Bindung zur Anwendung kommen. Neben die mechanische muß die organische Betrachtung treten, wofür sich bei Wittich wertvolle Ansätze finden. Ein Forscher aber, der nur der mechanischen Methode folgt, verliert sich in einer unübersehbaren Fülle von unverbundenen Einzelheiten, das eigentlich Organische sieht er zuletzt gar nicht mehr. In dieser Beziehung hatte Goethe mit dem Ausspruch recht: »Mikroskope und Fernröhre verwirren eigentlich den reinen Menschensinn« und ebenso Ab. Meyer, wenn er sagt: »Spezialisten sind beneidenswert wegen der großen Fülle von Tatsachen, die sie haben aufspeichern dürfen, aber sie sind doch auch recht zu bedauern, da sie viel zu viel sehen und wissen, um überhaupt noch etwas Wesentliches erkennen zu können[2].«

---

[1] Wittich, W.: Stand und Aussichten einer Mikrobiologie des Waldbodens. Forstarchiv 9 (1933) S. 243—251.
[2] Meyer, Adolf: Ideen und Ideale der Biologischen Erkenntnis, S. 102. 1934.

Daß die organische Betrachtungsweise nicht gleich überall Verständnis und die Bereitschaft findet, sie zur Anwendung zu bringen, ist nicht gerade verwunderlich. In der Tat sind die mechanistische Begriffsbildung und Methode im Laufe von zwei Jahrhunderten sehr hoch entwickelt worden, und ihre gewaltigen Erfolge geben dem Jahrhundert der Technik und des Verkehrs das charakteristische Gepräge. Demgegenüber ist die organische Betrachtungsweise kaum über ihren Grundbegriff hinausgekommen, jedenfalls in der Forstwissenschaft nicht. Da liegt es nahe — und das hat natürlich auch die Dauerwaldpolemik nicht versäumt — die wissenschaftlichen Leistungen der beiden Methoden zu vergleichen. Aber es wurde dabei nicht gefragt, was haben die beiden Methoden für die Erklärung des eigentlich Organischen geleistet? Darauf kann man nämlich nur antworten: die mechanische Methode gar nichts, die organische Betrachtungsweise wenigstens einen klaren Grundbegriff und außerdem eine größere Anzahl teleologischer Begriffe, wie Funktion, Regulation, Anpassung, Zweckmäßigkeit usw., die als logische Fremdkörper in mechanistische Gedankengänge gleichsam eingebrockt sich immerhin als wertvolle heuristische Mittel für die kausale Forschung bewährt und trotz ihrer logisch nicht einwandfreien Verwendung die Notwendigkeit der Verbindung mechanischer und organischer Betrachtungsweise immer deutlicher gezeigt haben.

Im übrigen würde die Frage nach den bisherigen Erfolgen ja schließlich jede neue Methode unmöglich machen. So wendet Bernh. Bavink[1] einem Gegner der organischen Methode ganz treffend ein: »Ja wie soll denn jemals ein Erfolg festgestellt werden, wenn man schon die Problemstellung als solche verwirft und als absurd hinstellt? Es ist genau wie mit der Atomphysik zur Zeit Machs. Weil man damals in der Tat noch nicht viel ,Positives' über die Atome wußte, sondern einstweilen auf die Aufstellung mehr oder minder plausibler Hypothesen angewiesen war, erklärten die Positivisten die ganze Fragestellung nach den Atomen kurzerhand als solche für sinnlos, da sie sich auf Dinge bezöge, die man weder erfahren habe, noch erfahren könne.«

Andere Gegner der organischen Methode erkennen ihre Berechtigung wohl an, erblicken in ihr aber nur ein heuristisches Mittel, ein vorläufiges Hilfsmittel für die allein erklärende Kausalmethode. Daß diese Ansicht einer einseitigen mechanistischen Weltanschauung entspricht, die sich im Bereich des Biologischen und Geistigen als absurd erwies, wurde oben dargelegt. Zur Ergänzung sei hier noch eine wertvolle erkenntnistheoretische Stellungnahme Bernh. Bavinks[2] zu dieser Frage angeführt, in welcher er klarlegt, »daß der Zweckbegriff ... im Grunde

---

[1] Bavink, Bernhard: Moderne Physik und Weltanschauung. Unsere Welt 28 (1936) S. 1—11.

[2] Bavink, Bernhard: Ergebnisse und Probleme der Naturwissenschaften, S. 382 f. 1933.

genommen dem Kausalbegriff (und dem ‚Naturgesetz‘ u. a.) ganz gleich steht, welche ebensowenig, um E. Bechers Ausdruck zu gebrauchen, frei in der Natur herumlaufen. Beides sind ebenso wie noch andere Relationen, wie z. B. Größenvergleichung, Anordnung usw. zunächst Begriffe bzw. Kategorien (Denkformen, Schemata), mittels deren wir, die erkennenden Subjekte, die Wirklichkeit in ein geordnetes System bringen. Nach der Ansicht des Positivismus (Mach) sowohl wie des Idealismus (Neukantianer) sind sie nichts als dies, etwas Reales entspricht ihnen in der Wirklichkeit nicht. Demgegenüber haben wir schon früher uns der Ansicht des modernen kritischen Realismus angeschlossen, der in diesen Relationsbegriffen (Universalia) den Ausdruck realer Sachverhalte anerkennt, dies dann aber vom Zweckbegriff natürlich ebensogut behaupten muß wie vom Ursachenbegriff. Die Zweckmäßigkeit des Heliotropismus der Pflanzen oder des Baues eines Wirbeltierauges ist ganz ebenso ‚wirklich‘ wie das Lichtbrechungsgesetz oder die Erhaltung der Energie oder der kausale Zusammenhang zwischen Bakterien und Krankheiten. Es wird niemals eine Biologie geben, die darauf verzichten könnte, jene teleologische Betrachtungsweise der Dinge gleichberechtigt neben der kausalen zu betreiben. Von einer bloßen Vorläufigkeit ist dabei also gar keine Rede. Der Fehler der Mechanisten liegt in der unzulässigen Einengung des Begriffs der Wissenschaft auf die kausalmechanische Methode der Physik. Die Erfolge der letzteren hatten den Philosophen unserer klassischen Periode (auch Kant hat sich dem nicht ganz entziehen können) die Augen so geblendet, daß sie glaubten, physikalische Wissenschaft mit Realwissenschaft überhaupt gleichsetzen zu können und zu müssen. Dies war falsch. Wissenschaft ist jede logische Verknüpfung von Tatsachen und Gedanken, einerlei ob eine ätiologische oder eine teleologische. Wer genau im einzelnen dartut, inwiefern z. B. die Akkomodationseinrichtungen des Auges dem Zweck desselben entsprechen oder wie unglaublich sinnreich beispielsweise die Blüte der Palmlilie und die Lebensgewohnheiten der Yuccamotte aneinander angepaßt sind, der leistet genau ebensogut eine echt wissenschaftliche Arbeit wie derjenige, der die Ursachen des Gewitters ergründet oder entwicklungsmechanische Experimente macht. Es ist ein reines Vorurteil, daß nur der Kausalzusammenhang das Objekt der Naturwissenschaften bilde. Gibt es in der Natur Zweckzusammenhänge, so gehören diese ganz ebensogut zur Naturwissenschaft wie jene. Wer die Natur verstehen will, der muß auf beide sein Augenmerk richten, sonst wird er einseitig und verbaut sich selbst den Weg zum wirklichen Verständnis der Natur.«

Im Rahmen dieser Erörterung bedarf schließlich der Begriff der Ganzheitsbetrachtung noch einer Klärung, da er nicht selten falsch angewendet wird. Bei richtig verstandener Ganzheitsbetrachtung ist die Idee der Ganzheit, bei falscher Anwendung dieses Begriffs dagegen die Idee der Summe leitend. Oder mit anderen Worten: Ganzheitsbetrachtung im streng wissenschaftlichen, methodologischen Sinne sucht die Ordnung, die Planmäßigkeit, das Gefüge, die Gestalt der Ganzheit oder des Organismus, die Bedeutung der Teile für das Ganze, die organische Funktion der Glieder, die Zweckmäßigkeit, den Sinn zu erkennen. Die Betrachtung ist gewissermaßen nach oben, nach dem Zweck und Ziel, nach dem τέλος gerichtet, sie ist teleologisch. Da diese Betrachtung stets eine, wenn auch begrifflich noch so unsichere und unvollkommene, hypothetische Ganzheit voraussetzt, so kann man die Ganzheitsbetrachtung auch kennzeichnen als ein Verstehen des Einzelnen vom Ganzen her, also gewissermaßen von oben her. Dieser organischen Betrachtungsweise entspricht das im engeren Sinne »synthetische Verfahren«, welches die Koinzidenz der Erscheinungen, die Einheit der Mannigfaltigkeit, die Bindung oder den Einklang der Gegensätze in der höheren Einheit zu erkennen sucht.

Fälschlich meint man dagegen oftmals mit Ganzheitsbetrachtung die Betrachtung einer Summe von Erscheinungen, die Erfassung nicht nur einzelner, sondern aller Tatsachen, Beziehungen, Ursachen usw. In diesem Sinne spricht man auch bei einem Gegenstand komplexer Natur, wie z. B. beim Waldboden, von Ganzheitsbetrachtung, wenn man alle möglichen — Vollständigkeit ist ja niemals zu erreichen — Kausalzusammenhänge, »Faktoren«, vielleicht sogar in ihren wechselseitigen Beziehungen, erfaßt hat. Hierbei handelt es sich um eine Synthese im weiteren Sinne, ein mosaikartiges Zusammensetzen der Einzelheiten, die man durch Analyse gewonnen hat. Das ist aber keine richtige Ganzheitsbetrachtung, weil — oder jedenfalls solange — die organische Verbundenheit, die Einheitlichkeit und Ordnung des Mannigfaltigen dabei gar nicht in Betracht gezogen wurde.

Ganzheitsbetrachtung als heuristisches Mittel kausalanalytischer Forschung liegt dann vor, wenn der Forscher seiner lebendigen Anschauung zunächst die Vorstellung einer organischen Ganzheit entnimmt, diese Vorstellung aber sogleich umwandelt oder ersetzt in bzw. durch eine mechanische Hypothese eines Kausalnexus. Von diesem Moment an handelt es sich dann nicht mehr um Ganzheitsbetrachtung, sondern um Kausalanalyse; die Ganzheitsbetrachtung hatte vielmehr im Anfang nur den methodischen Zweck, den Kausalnexus nach einem bestimmten wissenschaftlichen Interesse zu begrenzen. — Es liegt darin allerdings schon eine Verbindung organischer und mechanischer Betrachtungsweise; sie liegt, wie wir sahen, am Anfang der wissenschaftlichen Betrachtung. Die andere Möglichkeit der Verbindung liegt am Ende des kausalanalytischen Gedankenganges, woselbst nämlich die analytisch gewonnenen Einzelheiten als Glieder einer Ganzheit vorgestellt und in ihrer Funktion, ihrer Bedeutung für das Ganze nunmehr im synthetischen Verfahren teleologisch betrachtet und erkannt werden.

So wird die organische Wirklichkeit in fortwährendem Wechsel von organischer und mechanischer Betrachtungsweise mehr und mehr erkannt. »Solche Doppelheit der Betrachtungsweise ist aber nicht etwa unberechtigt, sondern im Wesen der richtig verstandenen naturwissenschaftlichen Begriffsbildung begründet« (Rickert)[1]. — »Das Lebendige — selbst innerhalb endloser, unübersehbarer Zusammenhänge stehend und ihnen allen doch wieder als ein Einzelnes gegenübergestellt — hat die beiden Grundbeziehungen von Ursache und Wirkung und von Zweck und Mittel sich für sein bewußtes Leben gestaltet. Es würde nicht zwei so grundverschiedene Verknüpfungen des Erkennens ausgebildet haben, wenn es mit einer hätte auskommen können« (Ranke)[2]. —

Es hat Zeiten gegeben, in denen lebhaft darüber gestritten wurde, ob die deduktive oder die induktive Methode die richtige sei, und wiederum Zeiten, in denen man sich stritt, ob das synthetische oder das analytische Verfahren neue Erkenntnis erschließe. Man weiß heute, daß sich Deduktion und Induktion gegenseitig logisch erfordern, ebenso wie Synthese und Analyse. Und man wird einsehen müssen, daß das gleiche auch von organischer und mechanischer Betrachtungsweise gilt, sobald man organische Wirklichkeit erkennen will. Es zeigt sich hier wie dort die Polarität des diskursiven Denkens.

Literatur

Bei der Darstellung der Geschichte der Organismusidee habe ich mich hauptsächlich an Windelbands »Lehrbuch der Geschichte der Philosophie« 13. Aufl. 1935 gehalten. Ferner benutzte ich die betreffenden Abschnitte in E. Rothackers »Logik und Systematik der Geisteswissenschaften«, 1927 und in R. Euckens »Geistige Strömungen der Gegenwart« 1928.

In naturwissenschaftlicher, insbesondere biologischer Hinsicht habe ich in erster Linie Bernh. Bavinks »Ergebnisse und Probleme der Naturwissenschaften« zu nennen. Dieses glänzende Werk kann ich dem Forstmann gar nicht genug empfehlen. In seiner gradezu souveränen Beherrschung des ganzen Bereichs der Naturwissenschaften versteht es der Verfasser selbst die schwierigsten Probleme gemeinverständlich zu machen. Wie aus einem Guß ist hier der riesige Stoff der verschiedenen Naturwissenschaften zu einem einheitlichen Weltbild geformt. Es ist nicht das Werk eines Philosophen, der auch einmal das Gebiet der Naturwissenschaften durchwandert hat; sondern der Verfasser kommt selber von der mathematischen Physik her; um so bemerkenswerter ist es, daß er zu einem organismischen Naturbild gelangt ist. Die Bedeutung dieses Werkes tritt schon rein äußerlich darin in Erscheinung, daß es innerhalb drei Jahre fünf Auflagen, deren letzte auch schon wieder vergriffen ist, erlebte und eine weite Verbreitung in englischer Übersetzung auch im angelsächsischen Sprachgebiet gefunden hat. — Ferner L. v. Bertalanffy: »Theoretische Biologie« 1932 und »Das Gefüge des Lebens« 1937 und andere Schriften; K. E. Ranke: »Die Kategorien des Lebendigen« 1928; E. Oldekop: »Über das hierarchische Prinzip in der Natur« 1930; Fr. Alverdes: »Die Totalität des Lebendigen« 1935;

---

[1] Rickert, Heinrich: Die Grenzen der naturwissenschaftlichen Begriffsbildung, S. 418 f. 1929.

[2] Ranke, Karl E.: Die Kategorien des Lebendigen, S. 645. 1928.

Ab. Meyer: »Ideen und Ideale der biologischen Erkenntnis« 1934; K. Roth=
schuh: »Theoretische Biologie und Medizin« 1936; A. Thienemann: »Lebens=
gemeinschaft und Lebensraum« Naturw. Wochenschr. 17 (1918), »Limnologie«
1926 und andere Schriften; K. Vanselow: »Forstwirtschaft als Ganzheitspro=
blem« 1932.

In begrifflicher und methodischer Hinsicht vor allem H. Rickerts berühmtes Werk
»Die Grenzen der naturwissenschaftlichen Begriffsbildung« 5. Aufl. 1929, »Zur
Lehre von der Definition« 2. Aufl. 1915 und andere Schriften; R. Kroner: »Zweck
und Gesetz in der Biologie« 1913, »Das Problem der historischen Biologie« 1919.

Außerdem die im weiteren Text angeführten Schriften.

II. Der Dauerwaldgedanke

> »Das Weltall fängt an, mehr einem großen
> Gedanken als einer großen Maschine zu
> gleichen[1].«

Wenn ich mich nun Möllers Dauerwaldgedanken zuwende, um darin
die Organismusidee nachzuweisen und zu zeigen, welche Ausprägung sie
hier auf dem Gebiet der Forstwirtschaft im einzelnen erfahren hat, so werde
ich mich dabei natürlich in erster Linie an seine Schriften über Dauerwald=
wirtschaft halten, außerdem aber — namentlich zur Aufklärung zweifel=
hafter Stellen — auf seine sonstigen Schriften und Vorträge zurückgreifen,
wie auch auf seine Vorlesungen, die ich in den Jahren 1911 und 1912 ge=
hört habe. Denn wo es sich um eine neue wissenschaftliche Idee, um eine
Erneuerung wissenschaftlicher Prinzipien handelt, da kommt es leicht
einmal vor, daß ihre Darlegung mit dieser oder jener Inkonsequenz be=
haftet ist, die von der Kritik alsbald entdeckt und u. U. zur Abweisung der
ganzen Idee benutzt wird. »Der Irrtum ist viel leichter zu entdecken, als
die Wahrheit zu finden; jener liegt auf der Oberfläche, damit läßt sich wohl
fertig werden; dieser ruht in der Tiefe, danach zu forschen ist nicht jeder=
manns Sache« (Goethe). Und gerade bei einer grundlegenden Wahr=
heit ist es besonders wichtig, sie in voller Klarheit darzulegen und von
nebensächlichem Irrtum zu befreien. Das aber ist am besten zu erreichen,
wenn man die neue Idee aus der ganzen wissenschaftlichen Persönlichkeit
des Autors zu verstehen sucht. Es ist sicher kein Zufall, daß die entschie=
densten Widersacher der Dauerwaldidee Möller persönlich als Lehrer nicht
erlebt und mit ihm auch keine engere wissenschaftliche Berührung gehabt
haben, während dies bei denen zutrifft, die für diese Idee eingetreten sind.

Hiermit soll nun aber nicht etwa der Leser sanft auf bestimmte Irr=
tümer Möllers vorbereitet werden, die ich mich wohl gar bemühen wollte,
in Nebensächlichkeiten und Belanglosigkeiten umzuwandeln. Dies ganz
gewiß nicht. Vielmehr möchte ich mit diesen einleitenden Worten einmal
das gelegentliche weitere Ausgreifen bei der Darlegung Möllerscher An=

---

[1] Worte des berühmten englischen Physikers Jeans.

sichten und Gedanken von vornherein rechtfertigen, zum andern aber auch die Notwendigkeit und die Absicht zum Ausdruck bringen, das, was sich als wesentlich erwiesen hat, entweder selbst konsequent weiterzubilden oder eine solche Weiterbildung anzuregen. Dies ist eine wissenschaftliche Selbstverständlichkeit und entspricht übrigens dem ausdrücklichen Wunsche Möllers. Es versteht sich aber auch von selbst, daß die ursprüngliche Auffassung des Autors stets deutlich erkennbar bleiben muß und nicht in unzulässiger Weise mit anderen Ansichten vermengt und damit zur Unkenntlichkeit entstellt werden darf. —

Dauerwaldwirtschaft unterscheidet sich nach Möllers eigenen Worten grundsätzlich von aller bisherigen Forstwirtschaft durch die Auffassung des Waldes als eines Organismus. Hiermit steht und fällt der Dauerwaldgedanke. Wird nachgewiesen, daß der Wald kein Organismus ist, bzw. daß die Betrachtung des Waldes als Organismus irreführend oder unfruchtbar ist, so ist der Dauerwaldgedanke hinfällig. Wird nachgewiesen, daß die Auffassung des Waldes als Organismus in der Wissenschaft schon längst üblich und mit einem klaren und deutlichen Begriff bezeichnet war, so würde der Dauerwaldgedanke zwar als richtig, aber nicht als neu anerkannt werden können und der Begriff »Dauerwaldwirtschaft« als überflüssig angesehen werden müssen.

Also die organische Betrachtungsweise ist das Wesentliche des Dauerwaldgedankens. Sie bezieht sich vor allem auf den Wald als natürlich-biologisches Objekt der Wirtschaft. Hier nun ergibt sich die erste Notwendigkeit, die Organismusidee weiter zu denken, als es gewöhnlich geschieht. Wie die Kausalbetrachtung nach immer weiter zurückliegenden Ursachen forscht und ihr Erkenntnisideal in einer letzten allgemeinen Ursache erblickt, so sucht die organische Betrachtungsweise nach immer höheren, übergeordneten organischen Zusammenhängen und strebt der Erkenntnis des geordneten Kosmos zu. Betrachtet man also einen Bestand oder Wald unter dem Gesichtspunkt organischer Verknüpfung seiner Teile, so führt diese Betrachtungsweise zwingend zu der Frage, in welchem organischen Gefüge der betreffende Bestand oder Wald nun seinerseits wieder als Glied figuriert. Das können natürliche Ganzheiten sein, zu denen er gehört; der Bestand z. B. als Glied des Waldes, der Wald wiederum als Glied einer typischen Landschaft, diese wiederum als Glied eines Landes, Erdteils usw. es können außerdem auch kulturliche Ganzheiten sein: der einzelne Bestand als Glied des Betriebes, der Betrieb als Glied des Wirtschaftszweiges, dieser wiederum als Glied der ganzen Volkswirtschaft usw.

Die Vorstellung einer solchen hierarchischen Ordnung führt zu der Auffassung, daß jeder einzelne Organismus sowohl Zweck wie auch Mittel ist, sowohl selber Organe hat, wie auch selbst in einem höheren, umfassenderen Organismus Organ ist, für diesen eine Bedeutung besitzt und eine Funktion, eine Aufgabe zu erfüllen hat. Die organische Auffassung des Waldes und der Waldwirtschaft führt also zu der Erkenntnis, daß nicht nur der Wald ein natürlicher Organismus, sondern daß auch der Bestand und der ganze Forstbetrieb ein kulturlicher Organismus ist, der als Glied des umfassenderen Organismus der Volkswirtschaft eine bestimmte Funktion hat. Die Anerkennung dieser Funktion als Aufgabe des Forstbetriebes ist somit nichts anderes als der Ausdruck und das Ergebnis organischer Betrachtungsweise. Will man die Organismusidee im Dauerwaldgedanken erfassen, so muß man sich klar machen, daß sie die Verknüpfung des Forstbetriebs in das organische Gefüge der Volkswirtschaft und die dieser Bindung entsprechende Zielsetzung mit umfaßt.

Das Hauptinteresse bei Möllers organischer Betrachtung des Waldes ist zweifellos auf die biologische Ganzheit des Waldes gerichtet. Daß er aber auch die wirtschaftlichen Beziehungen unter demselben Gesichtspunkt betrachtet, wenn auch nicht ausdrücklich als Organismus bezeichnet, darüber kann nach zahlreichen Stellen seiner Schriften, wie überhaupt nach seiner allgemeinen forstwissenschaftlichen Einstellung kein Zweifel sein.

Jedenfalls ist der Begriff der Dauerwaldwirtschaft ohne Einbeziehung des wirtschaftlichen Zwecks und der wirtschaftlichen Zielsetzung gar nicht zu verstehen. Die Außerachtlassung dieses maßgebenden Gesichtspunktes der Dauerwaldwirtschaft hat dann auch einzelne Kritiker zu der wunderlichen Auffassung gelangen lassen, die Dauerwaldwirtschaft wolle möglichst den Urwald nachbilden.

Wir wollen uns daher zunächst mit der wirtschaftlichen Zielsetzung in Möllers Dauerwaldgedanken befassen.

1. Die wirtschaftliche Zielsetzung und ihre unmittelbaren Folgerungen

Es war für Möller von jeher charakteristisch, daß er den Waldbau als eine praktische Aufgabe ansah, die einerseits auf die Verwirklichung eines bestimmten wirtschaftlichen Zwecks gerichtet ist, andererseits durch bestimmte natürliche und wirtschaftliche Verhältnisse bedingt ist. Das ist ja nun bei anderen Waldbaulehrern auch wohl der Fall, aber doch nicht in dem Maße wie bei Möller. Wir finden Vertreter des Waldbaus, deren wissenschaftliches Interesse in der Hauptsache auf die naturwissenschaftlichen Grundlagen des Waldbaus gerichtet ist, aus denen sich dann die waldbauliche Technik als »angewandte Naturwissenschaft« ergibt; wir finden andere Waldbauvertreter, deren Arbeit mehr im waldbautechnischen Bereich liegt. Bei beiden Gruppen wird das wirtschaftliche Interesse mehr oder weniger als eine cura posterior angesehen, die, wenn der Waldbau naturgemäß verfährt und so zum technischen Erfolge führt, keine Schwierigkeiten mehr bereiten kann. Dabei wird aber zweifellos übersehen oder wenigstens unterschätzt, daß der Waldbau vor ganz verschiedenen technischen Aufgaben

steht, je nachdem, ob er in möglichst kurzen Umtrieben das Wirtschaftsziel
möglichst großer Rentabilität oder in langen Umtrieben das Wirtschaftsziel
einer möglichst großen Produktivität, d. h. einer möglichst großen Holzwerterzeugung zu erfüllen hat. Es versteht sich, daß in Forstbetrieben, in
denen keine klare Vorstellung vom Wirtschaftsziel herrscht, auch keine
klaren Vorstellungen von den technischen Betriebszielen herrschen können. Unter solchen Verhältnissen kann man sich dann auch leicht über die
Bedeutung der wirtschaftlichen Zielsetzung hinwegtäuschen. Für die wissenschaftliche Behandlung waldbaulicher Fragen muß aber auf jeden
Fall dieser eigentliche und letzte Zweck des praktischen Waldbaus klargestellt
sein, ehe an die Untersuchung und Darlegung der zweckmäßigsten waldbaulichen Technik herangegangen werden kann.

Das hatte Möller klar erkannt, und es war — zu seiner Zeit jedenfalls,
d. h. in den Jahren vor dem Weltkrieg — etwas durchaus Ungewöhnliches,
daß eine Waldbauvorlesung so ostentativ unter eine wirtschaftliche
Zielsetzung gestellt wurde, wie von ihm.

Das Wirtschaftsziel, das der Waldbau zu erfüllen hat, war die möglichst große Holzwerterzeugung. Möller begründete es mit volkswirtschaftlichen Argumenten aus den sachlichen Bedürfnissen des deutschen
Volkes. Die beste Formulierung seiner Gedanken hatte er in der Zielsetzung der Preußischen Staatsforstverwaltung gefunden, wie sie unter
Leitung der beiden Verwaltungschefs von Hagen und Donner gegolten
hatte und in den drei Auflagen des von ihnen verfaßten, offiziellen Werkes
über »Die forstlichen Verhältnisse Preußens« immer wörtlich wieder-
kehrte. Ganz ähnliche Ziele verfolgten damals übrigens auch die anderen
deutschen Staatsforstverwaltungen.

Welche Bedeutung Möller dieser Zielsetzung beilegte, geht aus der
Tatsache hervor, daß er diese — wie er sagte: — »goldenen Worte« auf
einer eingerahmten Tafel drucken und im Waldbauhörsaal anbringen ließ.
Sie hatten folgenden Wortlaut:

»Die Preußische Staatsforstverwaltung bekennt sich nicht zu den Grundsätzen des nachhaltig höchsten Bodenreinertrags unter Anlehnung an eine Zin-
seszinsrechnung, sondern sie glaubt, im Gegensatz zur Privatforstwirtschaft,
sich der Verpflichtung nicht entheben zu dürfen, bei der Bewirtschaftung
der Staatsforsten das Gesamtwohl der Einwohner des Staats ins Auge zu
fassen, und dabei sowohl die dauernde Bedürfnisbefriedigung in Beziehung
auf Holz und andere Waldprodukte, als auch die Zwecke berücksichtigen zu
müssen, denen der Wald nach den verschiedensten anderen Richtungen hin
dienstbar ist. Sie hält sich nicht für befugt, eine einseitige Finanzwirtschaft,
am wenigsten eine auf Kapital und Zinsengewinn berechnete reine Geld-
wirtschaft mit den Forsten zu treiben, sondern für verpflichtet, die Staatsforsten als ein der Gesamtheit der Nation gehörendes Fideikommiß so zu
behandeln, daß der Gegenwart ein möglichst hoher Fruchtgenuß zur Be-

friedigung ihres Bedürfnisses an Waldprodukten und an Schutz durch den Wald zugute kommt, der Zukunft aber ein mindestens gleich hoher, möglichst aber ein gesteigerter Fruchtgenuß von gleicher Art gesichert wird.«

Soweit die Tafel. In dem Werke selbst folgt dann der gerade heute sehr bemerkenswerte, unserer nationalsozialistischen Auffassung vom Geld als Maßstab schon durchaus entsprechende Satz:

»Nur insofern das Geld den Wertmesser aller materiellen, also auch der aus der Waldproduktion hervorgehenden Güter, darstellt, ist der in Geld ausgedrückte möglichst hohe nachhaltige Reinertrag an Waldprodukten als das Hauptziel der Preußischen Staatsforstwirtschaft zu bezeichnen.«

Die Anbringung dieser Tafel im waldbaulichen Hörsaal der Forstakademie Eberswalde war eine Herausforderung einer ganzen Generation von Anhängern der Bodenreinertragslehre, die nicht nur die betriebswirtschaftlichen Lehrstühle an den übrigen fünf forstlichen Hochschulstätten besetzt hielten, sondern auch in den anderen Disziplinen der Forstwissenschaft, namentlich im Waldbau, anzutreffen waren. Was Wunder, daß dieser Akt nicht gerade gnädig beurteilt wurde.

Dies war Möllers erster Zusammenstoß mit der mechanistischen Auffassung der Forstwirtschaft. Denn das war doch das Wesentliche an der Bodenreinertragslehre, daß sie sich um die organische Funktion der Forstwirtschaft im Organismus der Volkswirtschaft gar nicht kümmerte, sondern sich lediglich an die Preise hielt, in ihnen einen untrüglichen und ganz allgemeingültigen Ausdruck der volkswirtschaftlichen Bedeutung erblickte, deshalb die Preise aller Waren und Dienstleistungen über einen Kamm schor, den Forstwirt volkswirtschaftlich für ebenso wichtig oder unwichtig hielt wie einen »Seifen- und Pomadenfabrikanten« — wie Pfeil schon spottete —, kurz: daß sie die Forstwirtschaft dem Rentabilitätsgesetz, d. h. dem allgemeinen Preismechanismus unterstellte, welcher nach damaliger Ansicht ganz von selbst dafür sorgt, daß die Produktionsfaktoren Boden, Kapital und Arbeit derjenigen Verwendung zugeführt werden, die volkswirtschaftlich am wichtigsten ist, ohne daß man sich über die »Aufgabe« der Forstwirtschaft oder eines einzelnen Forstbetriebs den Kopf zu zerbrechen brauchte. Eine solche Einstellung aber sah Möller als sinnlos an; denn die Erwirtschaftung eines bestimmten Rentabilitätsprozentes, also eines rein formalen Ergebnisses, ohne Rücksicht darauf, was der Forstbetrieb und die Forstwirtschaft überhaupt für die Bedürfnisse des Volkes und den ganz konkreten Sachbedarf der Volkswirtschaft leistet, konnte nach seiner organischen Auffassung nicht Sinn und Zweck der Waldwirtschaft sein.

Etwa ein Jahr vor seiner ersten Dauerwald-Arbeit brachte Möller diese grundsätzliche Frage der Forstwirtschaft noch einmal zur Sprache und zwar in der besonderen Form eines »Offenen Briefwechsels« mit Geheimrat Schwappach. Möller und Schwappach repräsentieren in der Tat zwei verschiedene forstliche Welten, der erstere die organische, der letztere die mechaniſtiſche; jener vertrat den Grundſatz höchſter Produktivität, dieſer den Grundſatz höchſter Rentabilität. Möller betrachtete den Forſtbetrieb als einen organiſchen Teil der Volkswirtſchaft mit ganz beſtimmten ſachlichen Funktionen, Schwappach erblickte in ihm in erſter Linie ein privat- und erwerbswirtſchaftliches Inſtrument, deſſen volkswirtſchaftliche Bedeutung erſt in zweiter Linie und zwar mit dem Maßſtab der Rentabilität zu meſſen ſei. Dieſe beiden forſtlichen Welten finden ihren draſtiſchen Ausdruck in den oben zitierten »goldenen Worten« einerſeits, die ſich Möller zu eigen machte, und in den Rentabilitätsunterſuchungen Schwappachs andererſeits, mit denen er ſeine Kiefern-Ertragstafel (1908) krönte und in denen als rentabelſte Umtriebszeiten 50-, 40-, ja ſelbſt 30jährige Umtriebszeiten für unſere produktivſten Böden berechnet werden. Es liegt eine gewiſſe Tragik darin, daß die ſo wertvolle Ertragsforſchung Schwappachs in forſtpolitiſch ſo abwegige, übrigens auch methodiſch fehlerhafte Spekulationen ausmündete.

So ging nun ſelbſtverſtändlich auch in den Dauerwaldgedanken das von Möller ſtets ſo nachdrücklich betonte Wirtſchaftsziel möglichſt großer Holzwerterzeugung[1] ein: »Um dies Ziel zu erreichen, brauchen wir einen hohen Holzvorrat, einen höheren, als wir jetzt haben. Wenn man dieſen allmählich anzuſammeln für fehlerhaft erklärt, und auch Teile des noch vorhandenen Vorrats lieber verſilbern will, weil die angeblich höhere Verzinſung dieſes augenblicklichen Gelderlöſes für wichtiger und dem Geſamtwohl Deutſchlands zuträglicher gehalten wird als die nachhaltig abſolut höhere Holzwerterzeugung im Staatswalde, ſo ſteht man auf dem Grunde der Reinertragslehre, kann aber damit nie zum Dauerwaldbetrieb und zu einem geſunden Waldweſen in unſerem Sinne gelangen. Hier ſcheiden ſich die Wege. Welcher von beiden für das Geſamtwohl des Staates der richtige ſei, klar und beſtimmt zu entſcheiden, das iſt die große verantwortungsſchwere Aufgabe der höchſten Inſtanz. Möge ihr beſchieden ſein, ſtets den rechten Weg zu finden und ihm zu folgen. Der weiland Oberlandforſtmeiſter von Hagen hat ſeinen Standpunkt ſeinerzeit in feſten, klaren Worten mit guten und ſicheren Gründen dargelegt, und lange Zeit iſt Preußen wahrlich nicht zu ſeinem Schaden ihm gefolgt« (II 82).

Damit iſt Dauerwaldwirtſchaft ganz klar und eindeutig zum Widerpart der Geld- und Rentabilitätswirtſchaft nach der Bodenreinertragslehre erklärt worden[2]. Eine »Verſöhnung der beiden ſeither gegeneinander laufen

---

[1] Möller: Kiefern-Dauerwaldwirtſchaft. Z. f. F. u. J. 52 (1920) S. 28.
Derſelbe: Kiefern-Dauerwaldwirtſchaft. II. Z. f. F. u. J. 53 (1921) S. 82.
[2] Mit Recht wirft Dengler (Silva 1922, S. 346) die Frage auf, ob man Chr. Wagners Blenderſaumbetrieb als Dauerwaldbetrieb anſehen dürfe, wenn das Ziel einer möglichſt großen Holzwerterzeugung, ohne Rückſicht auf die Größe des Vorrats, auch zum Weſen der Dauerwaldwirtſchaft gehöre. Denn Chr. Wagner habe in ſeinem grundlegenden Werk (Räumliche Ordnung S. 298) ganz ſcharf ausgeſprochen: »Wir ſtellen uns hier voll auf den Boden der Reinertragslehre.« — Das iſt richtig,

ben ökonomischen Richtungen«, wie sie Martin als Vertreter der Rein=
ertragslehre in Dessau anregte, hat Möller strikt abgelehnt. Er versicherte
zwar seine wärmste Sympathie für Geheimrat Martin und betonte seine
Bereitwilligkeit, dessen beabsichtigte Arbeiten stets gern zu unterstützen,
fuhr dann aber fort: »Das hat aber nichts damit zutun, daß zwischen mir
und dem Grundgedanken der Reinertragslehre keine Versöhnung möglich
ist; das muß gesagt werden« (Dessau 145).

Und in der Tat wäre ein solches Kompromiß nichts anderes als eine
Preisgabe des organischen Prinzips gewesen. Denn das Wirtschaftsziel
würde dann nicht mehr als Funktion und sachliche Aufgabe gegenüber einer
höheren Ganzheit, einem übergeordneten Organismus betrachtet werden
können, sondern als ein Formalprinzip, das gewissermaßen von unten
mechanistisch=regulativ wirkt.

Das Wirtschaftsziel möglichst großer Holzwerterzeugung ergibt sich also
aus der organischen Betrachtung der Waldwirtschaft als Glied der Volks=
wirtschaft; es ist ein maßgebender Gesichtspunkt der Dauerwaldwirtschaft.
Wir finden daher diese Zielsetzung auch in enger Verknüpfung mit der
Forderung, die biologisch=organische Einheit des Waldes zu erhalten. Mehr=
fach kehrt mit denselben oder ganz ähnlichen Worten die Formulierung
wieder: »das gesunde, für unsere Zwecke nachhaltiger möglichst hoher Holz=
werterzeugung geeignete Waldwesen« (Dg. 34, 36).

Selbstverständlich ist das Wirtschaftsziel möglichst großer Holzwerterzeu=
gung nicht als Bruttoziel aufzufassen. Dieser Einwand liegt wohl nament=
lich dem Bodenreinerträgler nahe, der bekanntlich ein besonders günstiges
Verhältnis des Ertrags zum Aufwand erstrebt und zu dem letzteren auch
den forstlichen Zinsfuß als Kostenfaktor rechnet. Aber Möller hat gegen=
über Trebeljahr klargestellt, daß die höchste Holzwerterzeugung durchaus
nicht »ohne Rücksicht auf die Kosten« stattfinden soll. Er sagte: »Ich meine,
daß wir mehr wie je Veranlassung haben, an Kosten bei der Waldwirtschaft
zu sparen, insbesondere an allen Kosten, welche nicht unserem Ziele zugute
kommen — und in erster Linie hätte ich von meinem Standpunkte die

gesagt hat Chr. Wagner das, aber gewirtschaftet hat er nicht danach; jedenfalls hat
er den Holzvorrat, auf den es hier ankommt, nicht auf die dem »forstlichen Zinsfuß« ent=
sprechende Größe herabgesetzt. — Auch theoretisch hat er einen Ausweg nach dem
Waldreinertragsprinzip gesucht, den er in der Abhandlung: »Bodenreinertrag und
Waldreinertrag. Gedanken zu einer Vermittlung zwischen den beiden sich streitenden
Wirtschaftsrichtungen.« (A. F. u. J. 100 (1924), S. 120—128) zeigt. Das Ergebnis ist
gerade in diesem Zusammenhange bemerkenswert. Er fragt am Schlusse der Abhand=
lung: »Wie sähe nun also die forstliche Reinertragswirtschaft aus?« und antwortet:
»Merkmale: Vollste Pflege und Anspannung aller erzeugenden Kräfte des Forst=
betriebs zu höchster nachhaltiger Kraftentfaltung bei sparsamster Bemessung des Auf=
wands (,Dauerwaldwirtschaft')« (S. 127). Das ist kein Rentabilitätsziel mehr, son=
dern ein ausgesprochenes Leistungsziel. Und so hatte Chr. Wagner auch stets ge=
wirtschaftet. Bemerkenswert ist auch der Satz: »Die beste Umtriebszeit und ihr Vorrat
bleiben vorläufig unbekannt« (S. 127).

Kosten für die Forsteinrichtungsanstalten gespart —; sparen müssen wir auch mit der Arbeitskraft aller Forstbeamten, insofern wir sie der produktiven Tätigkeit im Waldbau zu= und der zwar nötigen, aber unproduktiven Schreibarbeit durch möglichste Vereinfachung unseres gesamten Schreibwerks abkehren; nicht aber sparen dürfen wir an all den Ausgaben, die nötig sind, um auf der uns noch gebliebenen Staatswaldfläche so viel des unentbehrlichen kostbaren Holzes zu erzeugen, als dort wachsen kann« (II 82).

Auch aus anderen Stellen seiner Schriften geht klar hervor, daß er den Aufwand nach der Höhe des Ertrags bemessen will. So sagt er z. B. zum Durchforstungsturnus: »In Wirklichkeit hängt die Frage der Häufigkeit pflegender Durchforstungshiebe ebenso wie fast aller Fortschritt forstlicher Technik vom Werte des Holzes ab. Ist dieser groß genug, um nachzuweisen, daß die vermehrte geistige und körperliche Arbeit im Walde zu vermehrter Produktion führt, welche die Arbeit mehr als bezahlt macht, so wird und muß sie geleistet werden« (Dg. 17). Ebenso will er die Intensität der Vorratskontrolle nach dem Wert des Holzes geregelt wissen (Dg. 76).

Auch auf die Zeit soll die Dauerwaldwirtschaft Rücksicht nehmen. So soll z. B. künstliche Kultur gewählt werden, um eine »schnellere Bestandsergänzung« (Dg. 58), als sie durch natürliche Besamung erwartet werden kann, zu erreichen oder um »ohne allzu großen Zeitverlust das kranke Waldwesen zu heilen« (Dg. 61).

Das Wirtschaftsziel größter Holzwerterzeugung erfordert unter den gegebenen forstlichen Verhältnissen, namentlich des Privatwaldes, unmittelbar eine quantitative und qualitative Erhöhung des Vorrats. »Daß mit Überschreitung eines gewissen Vorratsmaßes der Zuwachs zurückgehen muß« (Dg. 68), war natürlich Möller wohl bekannt. Er legte zutreffend dar, daß die Zielsetzung der Dauerwaldwirtschaft »ganz von selbst eine zu große Vorratsanhäufung unmöglich macht«, daß also eine unwirtschaftliche, »die volle Entfaltung der Erzeugungskräfte lähmende Vorratsanhäufung gar nicht stattfinden kann« (Dg. 73). Nach seiner ersten Abhandlung über Kiefern=Dauerwaldwirtschaft konnten vielleicht Zweifel über die Frage der Vorratsgröße bestehen, denn da war unter den obersten Geboten der Dauerwaldwirtschaft gefordert: möglichst hohes Zuwachsprozent bei möglichst hohem und wertvollem Vorrat und damit die höchste Leistung der Waldwirtschaft (I 41). Da Möller stets das Ziel größter Holzwerterzeugung im Sinne gehabt hat, so konnte die Steigerung des Zuwachsprozentes und des Vorrats natürlich nur als Mittel zum Zweck gemeint und für ihn nur soweit von wirtschaftlichem Interesse sein, wie »damit« die höchste Leistung der Waldwirtschaft erzielt werden kann. Das hat Möller dann auch in seinem »Dauerwaldgedanken« (S. 74) ganz klargestellt: »Die höchstmögliche Erzeugung fordert als unwandelbare Vorbedingung bestimmte Produktionsmittel; man kann also nicht die höchstmögliche Erzeugung mit den möglichst geringen Produktionsmitteln erstreben. Die erste Forderung raubt der zweiten den Sinn«. Wenn Möller dennoch von der »Heranbildung eines höchstmöglichen Vorrats« (Dg. 72) spricht, so nur deshalb, »weil fast nirgends in unseren Wäldern der dazu (scil. zur größten Holzwerterzeugung) genügende Vorrat tatsächlich vorhanden ist[1]«, und weil es deshalb »richtig und notwendig ist, zunächst[2] die Steigerung des Vorrats in die erste Linie zu rücken« (Dg. 72)[3].

Ebenso unmittelbar folgt aus dem Wirtschaftsziel die Forderung inten= siver Bodenpflege. Das fordert allerdings jeder Waldbauer. Allein Möller betont nun mit größtem Nachdruck immer wieder den bedeut= samen Einfluß, den die wirtschaftliche Behandlung auf die Ertragsfähigkeit des Bodens nimmt. Pointiert bringt er das in dem Satz zum Ausdruck: »Die Bodenklassen schaffen wir uns durch geschickte oder ungeschickte Be= handlung; sie sind nichts Gegebenes, Unabänderliches« (Dessau 91), und fährt dann fort: »Muß ich mich nun wehren gegen den Einwurf, ich hielte also einen Südhang auf Muschelkalk, einen Nordhang auf granitischem Gestein, einen Alluvialboden im Überschwemmungsgebiet, dies alles für waldbaulich völlig gleichwertig mit den Bärenthorener jungglazialen Hoch= flächensanden? Ich denke nein« (Dessau 91).

Aber unter Hinweis auf die Erfolge intensiver Bodenpflege in Bären= thoren und auf die Veränderungen der Bodenklassen, über welche unsere Betriebswerke berichten, versucht Möller klar zu machen, »wie unselig die Vorstellung ist, es gäbe in Wirklichkeit verschiedene durch die Natur geschaffene und durch nichts zu verändernde Boden= klassen, und ein Bestand, der als 30jähriger von der Versuchsanstalt der IV. Bodenklasse zugewiesen war, müsse seine Entwicklung auch für das wei= tere Bestandesleben so gestalten, wie die Zahlen der Ertragstafeln es für die IV. Bodenklasse angeben« (Dessau 91). Der Boden ist für Möller nicht das »tote Postament«, auf dem die Lebensgemeinschaft der Bäume, Sträu= cher, Kräuter, Tiere und Pilze sich entfaltet, sondern er ist ein Teil des Waldorganismus, lebt mit diesem und verändert sich mit ihm. Es liegt des= halb ein Widersinn darin, »daß man einen Boden klassifiziert nach dem, was gerade augenblicklich als Produkt menschlicher Bewirtschaftung darauf= steht, also nach der Höhe des aufstehenden Bestandes, nach einem durch menschliche Einwirkungen veränderlichen Maßstabe« (Dessau 91).

Das Ziel einer möglichst großen Holz=Werterzeugung erfordert ferner eine stetige intensive Einwirkung auf die natürliche Produktion, um die= jenigen Holzqualitäten herauszubilden, die den menschlichen Bedürfnissen am meistem entsprechen. Wenn es also nicht nur auf eine möglichst große

---

[1] Möller: Zusätze zur »Betriebsregelung im Dauerwalde« (v. Wendroth). Z. f. F. u. J. 54 (1922), S. 24.

[2] Auf S. 68 übereinstimmend: »vorläufig«.

[3] Der Möller von Dengler unterstellte Gedanke »Je mehr Vorrat, desto mehr Zuwachs« (Salzburg 150) und die daran geknüpfte Kritik sind also abwegig.

Holzmenge ankommt, die allenfalls auch der Urwald allein ohne Mit=
wirkung des Menschen hervorbringen kann, sondern auf ganz bestimmte
Qualitäten und Eignungen, kurz auf den wirtschaftlichen Wert dieser
Holzmengen, und wenn dieser Wert möglichst groß sein soll, so ist inten=
sivste Arbeit im und am Walde die unerläßliche Vorbedingung für die
Erreichung dieses Zieles. Dauerwaldwirtschaft ist daher zufolge ihrer Ziel=
setzung höchst arbeitsintensive Wirtschaft, und »so wird von dem Forst=
beamten der Zukunft ein bisher ganz unbekanntes Maß persönlicher Hand=
und Kopfarbeit gefordert, an die auch nur zu denken in der ‚einfachen Kiefern=
heide‘ bisher völlig außer dem Bereich forstlicher Erwägungen lag « (I 33).
Den Gedanken an diese Anforderungen verfolgt Möller bis zu den Fra=
gen der Verwaltungsorganisation, des Ausbildungswesens und der Aus=
lese des forstlichen Nachwuchses.

Dauerwaldwirtschaft kostet »in erster Linie Arbeit und Verständ=
nis « (Dessau 145). Bei der Betrachtung der Bärenthorener Wirtschaft
legte Möller der intensiven Arbeit des Besitzers die größte Bedeutung
bei; er begann seine Ausführungen mit folgenden Worten: »Was hat
also Herr von Kalitsch getan? Da ist zu allererst im allgemeinen das
Wichtigste zu sagen und an die Spitze zu stellen: Er hat dem Walde seine
stetige unermüdliche eigene Arbeit während all dieser Jahre gewidmet.
Seine Arbeit ist es, die den Erfolg brachte; er zeigt uns, was die wirkliche
persönliche, ich darf sagen tägliche Arbeit eines Forstkünstlers wert ist,
welche Werte diese Arbeit selbst in der ödesten Kiefernheide hervorzaubern
kann: Nur durch unsere vermehrte, verständnisvoll eingesetzte Arbeit
dürfen wir hoffen, das vorgesteckte Ziel zu erreichen, das Mehr an Holz=
wertertrag von unserer Waldfläche. Setzen wir diese Einsicht in die Tat um,
ein jeder an seiner Stelle, in seinem Walde, dann ist uns die Erreichung
des Zieles sicher; dann, aber nur dann, werden wir den Bedarf an Holz
ohne das Ausland uns von der heimischen Erde gewinnen können «
(Dessau 86).

Aber dies Ziel ist nicht erreichbar ohne die » Stetigkeit des gesunden
Forstbeamtenkörpers «. Für einen solchen gibt uns weder die Sekunda=
reife jedes Försteranwärters noch das Abiturientenexamen jedes Ober=
försteranwärters heutzutage eine Gewähr. Scharfe, rücksichtslos geübte
Auslese durch Fachexamina, welche die Fähigkeiten prüfen, auf welche
es für jede Stellung ankommt, das ist, was helfen kann. Und da wir im=
mer ein Überangebot haben, so dürfen wir die Forderungen so hoch span=
nen, bis nur so viel Anwärter übrig bleiben, wie wir brauchen « (Dg. 63).

Das Ziel höchster Holzwerterzeugung fordert aber nicht nur Quali=
tätsarbeit vom Forstmann, sondern auch vom Waldarbeiter. An
die Stelle des früher im Walde nur wenige Monate beschäftigten Ge=
legenheitsarbeiters muß, da Qualitätsarbeit geleistet werden soll, der ge=
schulte ständige Waldarbeiter treten. » Es wird in Zukunft kein Revier

geben, in dem die Waldarbeiter für Hauungen und Kulturen nur während einiger Monate beschäftigt werden, und das Wort unseres alten verstorbenen Ehrenmitgliedes Neh: am besten hat's die Forstpartie, die Bäume wachsen ohne sie, wird seinen früher wohl begründeten Sinn verlieren[1]«. — »Der Dauerwald kennt keine Perioden, am wenigsten solche, während deren im Walde nichts zu arbeiten wäre« (Dessau 93).

So ergibt sich also aus dem Wirtschaftsziel der Dauerwaldwirtschaft die Forderung der Erhaltung, Pflege und Steigerung der drei Produktivkräfte des Waldbodens, des Holzvorratskapitals und der Waldarbeit im weiteren Sinne. Diese Produktivkräfte weit vorausschauend in den Zustand höchstwertiger Leistungsfähigkeit zu bringen ist eine zwingende Konsequenz der Zielsetzung. Und diese Einsicht führt dann zu einem vollständigeren Nachhaltigkeitsbegriff, als ihn die Forstwissenschaft bisher kannte, die sich der Sorge um qualitative Waldarbeit enthoben glaubte und sich am Holzvorrat oder gar nur an der bestockten Holzbodenfläche orientierte. Ein organischer Betrachtung entspringender Nachhaltigkeitsbegriff muß sich aber auf die gleichmäßige Sicherung der drei Produktivkräfte des Bodens, des Kapitals und der Arbeit erstrecken. Wir stehen am Anfang einer Zeit, die uns das sehr eindringlich lehren wird. —

Es gibt keinen gebildeten Forstmann, der die Möglichkeit einer wesentlichen Ertragssteigerung der deutschen Forstwirtschaft bestreiten wollte. Über das Maß gehen die Meinungen allerdings ziemlich weit auseinander. Das ist aber durchaus verständlich; denn jeder hat mehr oder weniger die ihm genauer bekannten besonderen Verhältnisse seines eigenen Reviers und der benachbarten Forsten im Auge. Von Einfluß sind auch die Vorstellungen von der allgemeinen wirtschaftlichen Entwicklungstendenz, welche maßgebend ist für die Entwicklung der Holzpreise und den wirtschaftlich zulässigen Aufwand, welche also als Voraussetzung und Bedingung des Fortschritts auf dem Gebiete der Forstwirtschaft anzusehen ist. Den Optimisten werden die Erfolge der Bärenthorener Wirtschaft vielleicht zu übertriebenen Hoffnungen verleiten; den Pessimisten wird die jahrzehntelang gehörte Mitteilung, daß keine Art der Durchforstung die Gesamtmassenleistung eines Bestandes zu steigern vermag, zu einer ähnlichen Beurteilung auch der sonstigen betriebswirtschaftlichen Maßnahmen führen.

Es ist ferner ganz selbstverständlich, daß die Möglichkeit der Ertrags-

---

[1] Auch Wiebecke erblickte in einem mit Sorgfalt und Geduld herangezogenen Waldarbeiterkorps »das wichtigste Instrument des Waldes« (Dessau 125), und in seiner großen Abhandlung über den »Ostdeutschen Kiefernwald, seine Erneuerung und Erhaltung« gehört das Kapitel: »Der Waldarbeiter« (Z. f. F. u. J. 44 [1912], S. 591—619, 672—697, 758—778 und 45 [1913] S. 2—18) wohl zu dem Besten, was er geschrieben hat.

steigerung nicht in allen Forsten gleich groß ist. Die natürlichen und wirt=
schaftlichen Bedingungen sind nicht nur in den einzelnen Betrieben höchst
verschieden, sondern weisen auch für die Hauptbesitzgruppen große Unter=
schiede auf. Am meisten läßt sich der Ertrag zweifellos im Privatwald
steigern, am wenigsten im Staatswald.

Landforstmeister Dr. König, einer der besten Kenner des Staats= und
Privatwaldes, hatte im Jahre 1921 das forstpolitische Ziel aufgestellt,
auf unserer gesamten deutschen Waldfläche je Hektar 1 fm Derbholz,
also im Durchschnitt 29 v. H. der bisherigen Leistung, mehr zu erzeu=
gen. Das bedeutet

für den Staatswald   eine Ertragssteigerung von 22 %
 „ „   Gemeindewald   „   „   „ 30 „
 „ „   gebundenen Privatwald   „   „   „ 26 „
 „ „   freien Privatwald   „   „   „ 48 „

Dies Ziel hat sich Möller zu eigen gemacht und es da=
mit wohl als erreichbar hingestellt. Im übrigen hat er immer
betont, daß das Wirtschaftsziel möglichst große Holzwerterzeugung sein
muß.

Gerade in der Privatforstwirtschaft gibt es zahllose Betriebe, deren
Leistung weit über den obigen Durchschnittssatz hinaus gesteigert werden
kann. Dafür war Bärenthoren ein eindrucksvolles Beispiel, das die deut=
schen Forstleute begeistert hat, an die Arbeit zu gehen.

2. Der Wald als Organismus
a) Der Wald als natürlicher Organismus
1. Die Entstehung der Vorstellung vom Wald als Organismus

In der Auffassung des Waldes als Organismus liegt der
Angelpunkt des Dauerwaldgedankens.

Man wird dieser Auffassung schwerlich gerecht, wenn man das Wort
Organismus philologisch analysiert, seine Herkunft von dem griechischen
Wort ὄργανον = Werkzeug in Erinnerung bringt und daraus dann weitere
Schlußfolgerungen zieht. Ja, man würde wegen der eigenartigen Ge=
schichte dieses Wortes bei dem geraden Gegenteil dessen landen, was der
Begriff Organismus bedeutet. Denn das Wort ὀργανικός = organisch
wurde auf den von Aristoteles geschaffenen Organismusbegriff ur=
sprünglich nicht angewendet, sondern hatte den Sinn von werkzeuglich,
und es kann, wie Eucken sagt, an manchen Stellen bei Aristoteles kaum
anders als mit »mechanisch« übersetzt werden. »Diesen Sinn behält das
Wort unverändert durch Mittelalter und Neuzeit hindurch bis in das
18. Jahrhundert. ... Erst die deutsche Blütezeit mit ihrem Verlangen
nach einer Beseelung und eigenen Bewegung der Natur hat dem Aus=
druck organisch das Merkmal des Lebendigen hinzugefügt und dies

vorangestellt[1].« Und damit deckte das Wort erst den von Aristoteles entwickelten Begriff.

Viel besser wird die Auffassung des Waldes als Organismus dem gebildeten Forstmann ideologisch nahe gebracht durch die Namen derjenigen Männer, in deren naturwissenschaftlichen und biologischen Vorstellungen der Dauerwaldgedanke wurzelt. So hat Möller selbst die Entstehung seiner Idee geschildert. Diese Männer waren Roßmäßler, Ramann, Brefeld (der das Interesse auf Darwin lenkt), Borggreve, A. v. Humboldt (auf den die Forschung in Brasilien zurückführt), Gayer, Mayr, Wagner, Düesberg. Jeder von ihnen hat zu der Erkenntnis beigetragen, die Ramann in seinem Abschiedswort als das Wesentliche in Möllers Lehre bezeichnete, zur Erkenntnis der »biologischen Einheit des Waldes in seinen gesamten Beziehungen zum Standort und seiner Organismenwelt«[2].

Diese Auffassung hatte Möller schon vor Beginn seiner forstlichen Laufbahn aus Roßmäßlers »Der Wald« kennengelernt, und er glaubte selber, daß dieses Werk vielleicht entscheidend für sein forstliches Leben geworden sei. Hierin war bereits der innige Lebenszusammenhang zwischen dem Waldboden und den Waldbäumen geschildert und der Boden in den Waldbegriff einbezogen (Dg. 6). Ramanns bodenkundliche Vorlesungen und Lehrwanderungen führten dann den jungen Studenten zum wissenschaftlichen Verständnis dieses Zusammenhanges, die von Darwin beschriebenen Wechselbeziehungen der Organismen vertieften es weiter, Borggreve machte die biologischen Einsichten für die Beurteilung forstwirtschaftlicher Fragen fruchtbar. Und dann kam das Erlebnis eines dreijährigen Aufenthalts im Urwalde Brasiliens und mehrmonatiger Wanderungen durch die Waldungen Nordamerikas. Die dortige Forschertätigkeit zeigte ihm auch die wissenschaftliche Bedeutung der schon vom alten Plinius geforderten, von Alexander von Humboldt durch die vergleichende Methode mit neuem Sinn belebten Betrachtungsweise, die »das Einzelne auf dem Hintergrund des Ganzen richtig anzuschauen und in seinem Wert zu schätzen erlaubt«. Aus solcher biologischen Ganzheitsbetrachtung des Waldes erwuchs schon damals die Überzeugung, daß »jeder Kahlschlag, wo es auch immer sei, verworfen werden müßte«. Dann sah Möller als junger Oberförster, wie durch regelmäßige Kahlschläge herrliche Kiefern-Buchen-Mischbestände vernichtet und durch oft kümmerlichste Kiefernsaaten und -pflanzungen ersetzt wurden; er sah die vielen Schäden der Schütte, der Rüsselkäfer, der Segge, das Überhandnehmen einer Vegetation von Gräsern, Schlagunkräutern, Beerkräutern, Heide, die katastrophale Vermehrung der Insekten und Pilze. Er sah damit das lebendige Waldwesen vernichtet. So

---

[1] Eucken, Rudolf: Geistige Strömungen der Gegenwart, S. 121. 1928.
[2] Z. f. F. u. J. 40 (1923), S. 2.

wandte Möller dann sein ganzes Interesse denjenigen Waldbaulehrern und Schriftstellern zu, welche den Kahlschlag grundsätzlich verwarfen. Vor allen dem Klassiker Gayer, aus dessen »Gemischten Wald« er uns in der Waldbauvorlesung oft ausführlich zitierte; ferner den neueren Autoren Mayr, Wagner, Düesberg, und er suchte den waldbaulichen Grundsatz zu formulieren, der das allen Bestrebungen Gemeinsame, »ohne Bindung an irgendeine bestimmte Waldform« (Dg. 16) ausdrückt und fand ihn in dem Streben nach der Stetigkeit des Waldwesens, nach der Kontinuität des Waldorganismus.

Die Vorstellung des Waldes als eines innigen Lebenszusammenhanges zwischen dem Boden und allen darin und darauf lebenden Organismen, die Vorstellung des Waldes als eines organischen, d. h. lebendigen Ganzen, eines sinn- und zweckvoll geordneten Gefüges fand Möller schon bei Roßmäßler, der den Wald schilderte als »ein tausendfach zusammengesetztes Ganzes, an welchem jedes Glied seine bestimmte Stelle einnimmt« (Dg. 6). In diesem Satze — findet Möller — ist »aufs beste ausgedrückt, was man mit einem richtig verstandenen Worte als Lebewesen bezeichnen kann« (Dg. 6). Damit ist der naive Einwand von vornherein abgewiesen, daß der Wald kein dem menschlichen, tierischen oder pflanzlichen Organismus homologes Gebilde sei. Als solches faßt ihn Möller natürlich nicht auf, wenn auch der sinn- und zweckvolle Zusammenhang der Teile mit dem Ganzen hier wie dort gegeben und ein Vergleich in dieser Beziehung durchaus zulässig und aufschlußreich ist.

Gar mancher Forstmann, der in kausal-mechanischer Naturanschauung erzogen war, und gerade derjenige, der hierin eine besonders gediegene Bildung hatte, konnte kein Verständnis für den Ausdruck »Waldwesen« finden und sah nicht ein, welche Berechtigung dieser Ausdruck neben dem einfachen und klaren Wort »Wald« haben sollte. Das ist sehr erklärlich. Denn jene Naturanschauung lehrt uns im Walde wohl die zahllosen und höchst verwickelten Kausalzusammenhänge erkennen, aber nimmermehr deren zweckvolle Ordnung; dazu ist die Kausalbetrachtung — wie schon Kant lehrte — aus logischen Gründen nicht imstande. Aber zweckvolle Ordnung der Vorgänge ist eine charakteristische Lebenserscheinung, beim Individuum so gut wie bei überindividuellen Ganzheiten. Da nun Möller mit Roßmäßler »dem Walde als solchem ein Leben zuschrieb« (Dg. 10), da er ihn also nicht als Summe, als Aggregat, sondern als Organismus betrachtete, so bezeichnete er ihn als Lebewesen, als lebendiges Waldwesen und kurz als Waldwesen und brachte mit dem zusätzlichen Wort »Wesen« eben die biologische Einheit zum Ausdruck, die in dem herkömmlichen wissenschaftlichen Waldbegriff nicht enthalten war, ja, wie wir sehen werden, sogar in der Kritik bestritten wurde.

2. Was gehört alles zum Waldwesen oder zum Waldorganismus?

Auf den Seiten 26 und 27 seines »Dauerwaldgedanken« gibt Möller eine anschauliche Schilderung der Zahl und Bedeutung der mannigfaltigen Glieder des Waldorganismus. »Wenn schon ohne Bäume kein Wald zu denken ist, so besteht er doch sicher nicht aus Bäumen allein. Außer den Holzpflanzen gehören zum Walde alle Pflanzen der sog. Bodenflora. Der gesamte Raum, den die Kronen der Bäume von ihren äußersten Verzweigungen an umschließen, bis tief in den Boden hinein, soweit sich die äußersten Wurzelenden und Verzweigungen erstrecken, und alles was in diesem Raum sich befindet, lebt und webt, das gehört zum Walde« (Dg. 26). Die Vogelwelt, der Wildbestand, die ganze sonstige Fauna, die artenreiche Flora, die Pilze und die Mikroorganismen des Bodens: »Jedes Glied aber hat seine bestimmte Stelle und Bedeutung, und alle stehen zueinander in den mannigfachsten, uns nur zum Teil erkennbaren Beziehungen« (Dg. 27). Übereinstimmend führte Möller in Dessau bei der Darlegung der grundsätzlichen Auffassung der Dauerwaldwirtschaft aus: »Sie sieht in dem Walde ein einheitliches, lebendiges Wesen mit unendlich vielen Organen, die alle zusammenwirken und miteinander in Wechselbeziehung stehen. In dem Raum zwischen den obersten Kronenspitzen und zwischen den äußersten Wurzelverzweigungen im Boden ist dieses Wesen beschlossen, und alles, was in diesem Raum sich befindet, lebt und webt, gehört dem Organismus an. Dieses Waldwesen ist gedacht von ewiger Dauer« (Dessau 93).

Sehr wesentlich für den Dauerwaldgedanken ist die Einbeziehung des Bodens in den Organismusbegriff. Diese Anschauung steht in grundsätzlichem biologischen Gegensatz zu jener Vorstellung, die in den sehr gebräuchlichen Wendungen »Wald und Boden« oder »Beziehungen zwischen Wald und Boden« zum Ausdruck kommt. Für Möller ist der Boden Glied einer organischen Ganzheit, Teil eines lebenerfüllten Raumes, »nicht das starre, unveränderliche, tote Postament, auf dem sich der Wald als etwas von ihm zu Trennendes erhebt, beide sind miteinander verbunden und beeinflussen sich in lebendiger, dauernder Wirkung gegenseitig, wie die Organe eines Organismus« (Dg. 7). Der Boden wird also nicht mehr als die bloß äußere Existenzbedingung der Lebensgemeinschaft Wald betrachtet, sondern als ein Teil des Waldorganismus selbst, der wie der ganze Organismus lebt, arbeitet und sich verändert. Möller wird nicht müde, dies immer wieder nachdrücklichst zu betonen. »Wir können uns nicht klar genug machen, daß der Boden, soweit er für die Holzerzeugung des Waldes in Betracht kommt, soweit er zum Waldwesen gehört, nichts unabänderlich Gegebenes, vom Walde Unabhängiges ist, sondern daß er ein Organ unseres Waldwesens ist, durch dieses beeinflußt und verändert wird, wie er seinerseits rückwirkend die Entwicklung der Holz-

pflanzen bestimmt« (Dg. 30). Und in seiner Dessauer Rede weist er darauf
hin, »wie unselig die Vorstellung ist, es gebe in Wirklichkeit verschiedene
durch die Natur geschaffene und durch nichts zu verändernde Boden=
klassen« (Dessau 91). Diese Vorstellung wurzelt in der überlieferten
mechanistischen Einteilung der Natur in eine anorganische, tote und eine
organische, lebendige Natur. Möller überwindet diese Auffassung mit
dem Organismusbegriff, sieht in dem Boden nicht nur die äußere,
statisch=kausale Bedingtheit der Entfaltung des Waldlebens,
sondern begreift ihn in die biologisch=dynamische Einheit des Waldorganis=
mus ein. Mit Recht hebt Hesmer[1] hervor: »Es ist das bleibende Ver=
dienst der Dauerwaldbewegung, auf die Beziehungen zwischen Wald und
Boden immer wieder nachdrücklichst hingewiesen zu haben.« Jawohl, und
es sind die eigentlich biologischen Beziehungen, die der Dauerwald=
gedanke erfaßte, jene Beziehungen, die den Boden zum Bestandteil des
Waldorganismus integrieren.

Seit Möller diese biologische Auffassung des Waldes in seinen Dauer=
waldschriften vertrat, hat die gleiche Naturbetrachtung auch in der sonstigen
Biologie und Naturphilosophie an Boden gewonnen. Sehr eindrucksvoll
vertritt sie Ernst Krieck in seiner jüngst erschienenen »Völkisch=Politischen
Anthropologie«, worin er sagt: »Es gibt hier keinen toten Schau=
platz nach Art der Bühne, auf der ein Schauspiel aufgeführt wird: der
Schauplatz hat vielmehr in der Natur am selben Leben teil wie der Schau=
spieler selbst. Die organische Welt ist kontinuierlich in die ‚anorganische‘
verwoben durch Ernährung, Stoffwechsel, Sinnestätigkeit, Wachsen, Ver=
gehen, Atmen, Wurzeln, Tod, Verwesung, Humus. Ein großer Teil der
‚anorganischen‘ Welt geht in ständigem Wandlungsprozeß der Natur in
‚organisches Leben‘ ein und wieder von ihm aus, also durch den Lebens=
prozeß hindurch: Luft, Wasser, Gase, Mineralien aller Art. Viele der vor=
handenen Mineralien sind in ihrer Struktur Ergebnisse des Lebens=
prozesses. Womit das Lebendige der Ort für den beständigen Gestalt=
wandel des Toten wäre? Womit sich also Leben als etwas Artfremdes
über seinen Schauplatz erhöbe? Nein, das Große, das Ganze ist vielmehr
der Ort, in dem und aus dem sich das Kleine, Einzelne wandelt durch Ge=
burt, Wachsen, Vergehen, Tod und Wiedergeburt. ‚Lebewesen‘, ‚Organis=
men‘ sind Glieder, Gliederscheinungen eines höheren Ganzen, das mit
ihnen gleicher Art, gleichen Wesens ist. Die Erde, der Schauplatz des
Lebens ist selbst Ausdruck, Gestalt vom Leben, ist selbst·
Organismus. Es gibt keine anorganische Natur, es gibt keine tote,
mechanische Erde. Die große Mutter ist dem Leben wiedergewonnen.«

Diese Worte könnten gerade so gut der Feder Möllers ent=
stammen.

---

[1] Z. f. F. u. J. 65 (1933), S. 508.

3. Organismus als dynamische Einheit

Wenn der Wald als Organismus, als ein Lebewesen betrachtet wird, so ist damit der Blick auf das lebendige, d. h. das geordnete Geschehen gerichtet. Organismus bezeichnet also nicht einen Zustand, nicht etwas Statisches, sondern ein Geschehen, ein unaufhörliches Werden, etwas Dynamisches. »Der Organismus ist ein Vorgang« (Jennings). »Das Organische ist mit seiner Geschehnisordnung identisch[1]« und »kein Einzelkennzeichen, aber auch nicht ihre Summe erfaßt das Charakteristische des Lebensgeschehens, sondern das Leben kann und muß stets als Geschehnisganzes gefaßt werden[1]«. Deshalb wird es niemals möglich sein, das Leben durch einen bestimmten Zustand, durch dingliche Eigenschaften, durch Dingbegriffe zu definieren, sondern es kann nur durch Geschehnisordnung, funktionale Merkmale, durch Relationsbegriffe gekennzeichnet werden. Und das ist auch — wie wir sehen werden — für den Begriff der Dauerwaldwirtschaft von grundlegender Bedeutung. Aber auch die dynamische Bestimmung des Lebens ist ein schwieriges, vielleicht unlösbares Problem. »Das vielleicht Letzte«, — sagt Ad. Meyer — »das wir heute über das Leben ganz allgemein sagen können, ist dies, daß alles Leben ein beständiges Ringen und Auseinandersetzen irgendeines Subjektes mit seinem jeweils besonderen Objekt ist[2].«

Solche dynamische Auffassung der Lebenserscheinungen hat auch Möllers biologisch-waldbauliches Denken stets beherrscht. In seinen Vorlesungen gab er uns eine lebendige Vorstellung von der dem Waldorganismus innewohnenden Aktivität, so etwa wie er sie im Jahre 1913 auf der Tagung des deutschen Forstvereins in Trier schilderte: »Das organische Leben, dessen Früchte wir ernten wollen, sollen und müssen, ist nicht auf den oberen uns zunächst in die Augen fallenden Teil des Waldorganismus, auf den Kopf beschränkt, es wirkt und atmet, löst und schließt chemische Verbindungen, lockert und zertrümmert selbst festes Gestein, senkt und hebt Wasser und Nährstoffe mit genau so bedeutsamer Kraft und Regsamkeit am und im dunklen, dem menschlichen Auge nicht ohne weiteres offenliegenden Boden. Zu einem Waldorganismus, der nach Maßgabe der örtlichen Bedingungen Höchstleistung liefern soll, gehören nicht nur Wesen aus den Gattungen Pinus, Picea, Quercus, Fagus, sondern ein Gramm des Bodens unter diesen, wenn sie in einem Walde stehen, beherbergt Hunderttausende und Millionen anderer lebender Wesen aus Tier- und Pflanzenwelt, die alle leben und sich vermehren, die abhängig sind in ihrem Gedeihen von der oberirdischen Waldvegetation aber nicht mehr, wie umgekehrt diese von jenen beeinflußt wird, also abhängig ist. Der Organismus kann nur mit Höchstleistung arbeiten, wenn alle seine Teile gesund und funk-

---

[1] Rothschuh, Karl: Theoretische Biologie und Medizin, S. 24 und 28. 1936.
[2] Meyer, Adolf: Ideen und Ideale der Biologischen Erkenntnis, S. 1. 1934.

tionsfähig sind. Eine große kahle Fläche im Walde zu hauen, ist ein Mord des Waldorganismus. Mit dem Oberirdischen verschwindet — sicher nachweisbar im Laboratorium — die unterirdische wohltätige Lebewelt. Eine Kahlschlagfläche ist kein Wald mehr, auch nicht nachdem sie mit dem Waldpflug bearbeitet und mit Kiefern besät ist, ein oder mehrmals — man kann, um nach berühmten Mustern zu reden, dies Verfahren unter Umständen beliebig oft wiederholen, bis man endlich zur Pflanzung übergeht, die in 10 Jahre lang fortgesetzten Nachbesserungen einen kümmerlichen Kusselbestand erzeugt, der 15 bis 20 Jahre nach dem Schlage anfängt, den Boden zu decken, und in weiteren 20 Jahren, wenn alles gut geht, von der gütigen Mutter Natur in einen Zustand übergeführt wird, der dann allmählich anfängt, den Namen Wald wieder zu verdienen« (Trier 53).

In seinem »Dauerwaldgedanken« kommt dann die dynamische Auffassung an vielen Stellen zum Ausdruck: »Der Wald verändert den Boden, er schafft sich seinen Boden, er beeinflußt ihn, aus dem er wieder seine Nahrung entnehmen soll« (Dg. 6).

Ausführlich befaßt sich Möller mit der Vorstellung einer »Bodenkraft« (Dg. 28/31) und wendet sich nachdrücklich gegen die einseitige kausal-mechanische Auffassung, die in dem Worte: »Die Zuwachsleistung ist ein Faktor (!) der Bodenkraft« zum Ausdruck kommt. Er lehrt auch hier wieder die biologische Erscheinung der »Bodenkraft« als funktionales und dynamisches Geschehen im Waldorganismus zu verstehen. Der Bestand mit seinem Zuwachs steht nicht in einer statischen, einseitigen Abhängigkeit vom Boden, sondern in einem wechselseitigen dynamischen Zusammenhang. Damit soll selbstverständlich — wie Möller in Dessau zum Überfluß noch bemerkt — nicht bestritten werden, daß die natürlichen Bedingungen für die Entfaltung des Lebens örtlich und regional sehr verschieden günstig sind, und daß dies waldbaulich von großer Bedeutung ist. Aber mit dieser allgemeinen Feststellung, die jedem Forstmann seit langem geläufig ist, ist das eigentliche biologische Problem überhaupt noch nicht berührt, nämlich die Frage, ob das Leben einseitig kausal bedingt ist oder ob es seine Bedingungen rückwirkend selbst umgestaltet; mit anderen Worten, ob der Boden und der Standort überhaupt eine konstante Wirkursache, eine gleichbleibende Kraftquelle oder eine veränderliche Gegebenheit ist. Die heutige Biologie beantwortet diese Frage so: Das Leben ist nicht nur passiv bedingt, sondern gestaltet auch selbst schöpferisch seine Lebensbedingungen. Das Leben — nicht nur der Mensch! — gestaltet, bildet, formt, organisiert fortwährend die anorganische Natur; es entfaltet sich als werdender Organismus. Der Mensch kann diesen Vorgang und diese Entwicklung fördern, er kann sie aber auch durch grobe zerstörende Eingriffe wieder weit zurückwerfen.

Diese biologische Erkenntnis hat eine weittragende waldbauliche Bedeutung. Sie wird den Forstmann namentlich vor biologisch verfehlten Maßnahmen mit ihren nachhaltigen wirtschaftlichen Folgeschäden bewahren. Sie ist das Ergebnis der organischen Betrachtung des Waldes als biologisch-dynamische Einheit und kann nur mittels dieser Betrachtung weiter vertieft werden. Die einseitige, selbst sorgfältigste Untersuchung, Beschreibung und Klassifikation der Waldböden, so wertvoll sie für den Waldbau auch ist, kann für sich allein niemals zur Einsicht in diese biologischen Zusammenhänge führen. Das wird nun neuerdings mehr und mehr Allgemeingut der Forstwissenschaft. Möller aber lehrte das schon vor 30 Jahren, als die Reinkultur der »finanziell günstigsten Holzart« noch sehr hoch im Ansehen stand; er lehrte es dann mit derselben Eindringlichkeit wie 1913 in Trier wieder in seinem »Dauerwaldgedanken«, aber stieß auch dann noch, wie wir sehen werden, auf statische und einseitige, kausal-mechanische Vorstellungen und Kritik.

Die statische und kausal-mechanische Betrachtungsweise hat entschieden dazu beigetragen, die »Bodenkraft« als eine einseitige, isolierbare Eigenschaft des Bodens aufzufassen, die sich geologisch, mineralogisch, physikalisch, chemisch eindeutig bestimmen lasse. Wenn Möller dem gegenüber die funktionale Bedeutung des Bodens im Waldorganismus und ihre Veränderlichkeit betonte, so hat er damit zugleich in bezug auf einen waldbiologischen Zusammenhang ganz klar und deutlich zum Ausdruck gebracht, was durch logische Untersuchung des Kraftbegriffs seit langem geklärt war. Schon Herbart hatte vor hundert Jahren gesagt: »Die Wesen sind nur in ihrem ,Zusammen' Kräfte«; dasselbe meint E. Mach mit der Negation: »Isolierte Ursachen gibt es nicht«. Daraus folgt aber die Auffassung der funktionalen Bedingtheit und der wechselseitigen Abhängigkeit der Erscheinungen voneinander. »Die Kraft im Sinne der Naturwissenschaft gehört mit zu den ,Erscheinungen', sie ist eine Form, wie das kategoriale Denken Gegenstände möglicher Erfahrung bestimmt und begreift ... Sie ist kein besonderes Ding, sondern das Verhalten von Dingen zueinander« (Eisler). Nach H. Vaihinger ist Kraft nur eine nützliche Fiktion und nach E. Mach haben die Begriffe Kraft und Ursächlichkeit »einen starken Zug von Fetischismus« und sind besser durch den Begriff der Funktion zu ersetzen. Das gilt auch für die Forstwissenschaft, und in diesem Sinne bemerkt Möller sehr richtig: »Die Bodenkraft nützt uns nichts für die Zuwachsleistung, wenn die Organe fehlen, welche jene Kraft verwerten sollen« (Dg. 30). — Man könnte in diesem Zusammenhang besser sagen: in welchen allein sie in Erscheinung treten kann.

Die wichtigsten und allgemeinen Lebensfunktionen sind Bildung und Erhaltung. Daher sieht Möller die natürliche Verjüngung als Lebensfunktion des gesunden Waldwesens an und den Verlust oder den Rückgang der Verjüngungsfähigkeit als eine Entartung oder Erkrankung des Waldorganismus, welche zu künstlichen Kulturmaßnahmen zwingen. »Ist einmal das gesunde Waldwesen in erwünschter Mannigfaltigkeit seiner Arten vorhanden, so ist natürliche Verjüngung nichts weiter als eine Lebensäußerung des Waldes, und künstliche Kultur kommt gar nicht mehr in Frage« (Dg. 57). Dies letztere ist allerdings eine übertriebene Formulierung des an sich richtigen Gedankens, die insofern auch mit anderen Stellen der Dauerwaldschriften — wie wir sehen werden — in Widerspruch steht.

Die Betrachtung der natürlichen Verjüngung als Lebensfunktion des gesunden Waldwesens führt weiter zu der Auffassung des Waldes als »eines lebendigen Wesens ewiger Dauer«, die Möller an mehreren Stellen seines »Dauerwaldgedankens« zum Ausdruck bringt (Dg. 4, 22, 53). Das Wort: lebendiges Wesen enthält das dynamische Moment, das Möller in Dessau noch mehr hervorhebt, nachdem er den Inbegriff des Waldorganismus geschildert hat: »Dieses Waldwesen ist gedacht von ewiger Dauer. Es lebt, arbeitet und verändert sich« (Dessau 93).

So haben wir also den Wald als eine biologische, d. h. dynamische Einheit sowohl in seinem räumlichen Nebeneinander, wie in seinem zeitlichen Nacheinander vor Augen. Aber der Wald ist nicht nur Organismus, er ist in vielen Stücken auch Aggregat oder besser: er ist noch Aggregat. Denn der Wald ist ein beständig werdender Organismus, er ist auf dem Wege vom Chaos zum Kosmos, in der Entwicklung zu immer höherer organischer Form. Das Leben ringt sich in ihm aus den Gegensätzen heraus und herauf zum Einklang und zur Harmonie, es ringt sich herauf zu formenreicher Lebensordnung, für welche die Mechanistik den Begriff des ‚biozönotischen Gleichgewichts‘ geprägt hat, einen Begriff, dem das Tektonische und Plastische der reich entfalteten Lebensformen völlig entgeht, und der ein klassisches Beispiel »metrischen Denkens« ist.

Das Lebensgeschehen im Walde bildet Lebensformen aus, schafft »Differenzierung und Zentralisation« (Haeckel), strebt gleichsam einem höheren Ziele, einem höheren Telos zu und wird deshalb auch als teleoform oder teleoklin beschrieben. Dies aber wäre widersinnig, wenn der Wald schon ein vollendeter Organismus wäre. Das ist er offenbar nicht. Und es gibt sehr große graduelle Unterschiede in der organischen Verfassung der Wälder. Unter günstigen Lebensbedingungen ist die Formen- und Typenbildung, ist der Gestaltcharakter, sind Zentralisation und Differenzierung viel weiter ausgebildet als unter ungünstigen Verhältnissen. Ein Vergleich der üppigen Wälder, z. B. Württembergs und Badens mit jenen etwa der Niederlausitz zeigt das auf den ersten Blick. Deshalb wurde auch dort, wie überhaupt in dem fruchtbareren Süddeutschland, der Kahlschlag viel eher und viel mehr als Vernichtung des organischen Waldgefüges empfunden und begriffen als in dem ärmlichen

Nordostdeutschland, wo der Gestaltcharakter des Waldes, insonderheit des Kulturwaldes, wenig in Erscheinung tritt. Aber ein fundamentaler Irrtum ist es zu glauben, daß hier organische Ordnung und Formentfaltung keine biologische und waldbauliche Bedeutung haben. Die gegenteilige Ansicht ist das Grundthema des Dauerwaldgedankens.

Wenn Möller also mit den Worten Roßmäßlers sagt, daß der Wald ein Ganzes sei, an welchem »jedes Glied seine bestimmte Stelle« (Dg. 6, 26, 27) einnimmt, so ist das nicht wörtlich zu nehmen und gilt nur insofern, als eben der Wald ein Ganzes ist und als das Einzelne eben den Charakter und die Funktion eines Gliedes hat. In welchem Maße das der Fall ist, das wissen wir noch nicht, und das ist ja gerade das große waldbiologische Problem. Daß der Wald nicht ein fertiger, sondern ein werdender Organismus ist, daß sich in dem lebendigen Geschehen nicht eine vollendete, sondern eine werdende Ordnung ausprägt, das zeigt der Kampf ums Dasein, den die einzelnen Teile ständig mit der Umwelt und untereinander führen. In ihm erblickt Möller den wichtigsten Angriffspunkt waldbaulichen Handelns. Aber betrachten wir diesen Lebensprozeß zunächst einmal unabhängig von seinen Ausführungen.

Der Kampf ums Dasein und damit zusammenhängend die Anpassung erhalten nämlich ein höchst verschiedenes Gesicht und eine geradezu diametral entgegengesetzte biologische Bedeutung, je nachdem sie unter organisch-teleologischem oder mechanisch-kausalem Gesichtspunkt betrachtet werden. Die organische Betrachtung des Kampfes ums Dasein ist auf sein positives Ergebnis, auf die Polarität des Lebendigen gerichtet, sieht nicht bloß den Untergang des einen und das Überleben des anderen Individuums als Folgen bestimmter Eigenschaften derselben, sondern sie sieht in dem Vorgang einen Bildungsprozeß, sieht Entwicklung und Entfaltung von mehr Leben, d. h. von höherem und formenreicherem Leben als beherrschendes Prinzip. »Aus den Zeitumständen ist es abzuleiten, daß man gerade während der individualistischen Ära einen von allen gegen alle geführten ‚Kampf ums Dasein‘ in die belebte Natur hineinsah und daß man diesen Kampf sogar für das oberste dort herrschende Prinzip erklärte« (Alverdes[1]). Man sah darin einen nur zwischen den Individuen stattfindenden Selektionsprozeß und gewahrte nicht, daß innerhalb jedes Individuums sich der gleiche Kampf ums Leben abspielt. Den »Kampf der Teile im Organismus« entdeckte 1881 der Hallenser Anatom Wilh. Roux, der Begründer der Entwicklungsmechanik; aber es vergingen Jahrzehnte, bis man — wie das zitierte Wort Ab. Meyers zeigt — in diesem beständigen Ringen und Auseinandersetzen die wesentlichste Lebenserscheinung erkannte. So sagt auch

___

[1] Alverdes, Friedrich: Die Totalität des Lebendigen, S. 2f. 1935.

Bertalanffy[1]: »Es ist gerade das Wesen der biologischen Systeme, des Einzelorganismus so gut wie der Biozönose, daß sie sich, wie Roux es ausdrückte, erhalten im ‚Kampf der Teile‘. Wenn z. B. eine Hydra Knospen bildet, so liegen dieselben im Wettstreit um das Baumaterial, das jede an sich zu reißen strebt; im hungernden Organismus werden minder ‚lebenswichtige‘ Gewebe von den ‚lebenswichtigsten‘ aufgezehrt; bei der Regeneration oder der Metamorphose werden rücksichtslos Gewebe oder ganze Organe im Dienste des Ganzen eingeschmolzen. Diese Einheit, die im Kampf der Teile besteht, und wie sie in jedem biologischen System, sei dieses nun ein Einzelorganismus oder eine überindividuelle Lebenseinheit, gegeben ist, mag als ein Gleichnis jenes tiefen metaphysischen Problems betrachtet werden, das ein Heraklit und ein Nicolaus von Kues zum Ausdruck zu bringen suchten, als sie das Wesen der Welt in der coincidentia oppositorum erblickten, in der Einheit der Gegensätze, die in ihrem Kampfe das große Ganze bedeuten und erhalten.«

Aber so war die Auffassung nicht, die mit den Ideen Darwins, Spencers und Haeckels das ausgehende 19. Jahrhundert beherrschte. Groß war freilich daran die naturwissenschaftliche Fundierung des Entwicklungsgedankens, vergänglich aber die Erklärung von unten und von außen. Wenn der Kampf ums Dasein das Nichtpassende vernichtet und das Passende bloß erhält, dann ist gar nicht einzusehen, wie damit die schöpferische Entfaltung des Lebens erklärt werden soll. Dann rasselt eben das Leben — natürlich auch das geistige — in den Ketten der »ehernen Naturgesetze«, aber von schöpferischer Entfaltung und von Freiheit wird kein Hauch mehr verspürt. Dann strandet die Naturwissenschaft bei der Kausalerkenntnis: »Der Mensch ist, was er ißt« (Feuerbach). So paßt er sich an, so passen sich alle anderen Lebewesen an und müßten sich folgerichtig der anorganischen Natur mehr und mehr angleichen, und die vollkommenste Anpassung wäre schließlich der Tod. Mit Recht hat man gegen die Definition Spencers, das Leben sei eine »beständige Anpassung innerer Relationen an äußere« eingewendet, sie passe nicht für das Leben, sondern für das Sterben.

Jene mechanistische Betrachtungsweise war eben einseitig und nicht polar; sie zeigte nur die äußere Bedingtheit, nicht auch die innerhalb derselben aufstrebende Entfaltung; sie zeigte nur die Kausalgesetze, aber nicht deren formenreiche Verknüpfung zu lebendigem Geschehen; sie zeigte nur das Gegeneinander, nicht auch das Füreinander; zeigte die »Heteronomie der Zwecke« nicht auch die »Harmonie der Zwecke«, ihre einheitliche Ordnung und Gestalt.

Dies aber ist eine wesentliche Lebenserscheinung, gleichsam das Ziel alles Lebensgeschehens. Treffend definiert K. Rothschuh mit Vl. Ruzickas Worten: »Der Organismus ist eine lebende Einheit, dessen Ein-

<hr>

[1] von Bertalanffy, Ludwig: Das Gefüge des Lebens, S. 59. 1937.

heitlichkeit und Gestaltcharakter das Resultat der gegenseitigen Selbstregulation der grundlegenden Lebensprozesse ist, welche seine Organisation ausmacht[1]«. Aus dieser Organisation erwachsen neue Kräfte und erhöhte Vitalität. »Denn gerade die charakteristischen Leistungen eines Ganzen werden erst durch die Konstituierung eben dieses Ganzen möglich und lassen sich auf keine Weise schon im vorhinein aus Leistungen der Teile ablesen[2].« ... »Isoliert vermag das Individuum immer nur Bruchteile von dem zu vollbringen, was es in der Gemeinschaft leistet« (Alverdes)[2]. Das gilt nicht nur für die menschliche Gesellschaft, sondern für alle überindividuellen Ganzheiten als symbiontische Erscheinungen. Für Ad. Meyer ist daher »Symbiose der charakteristischste Lebensprozeß überhaupt. Überall, wo es sich im organischen, psychischen und sozialen Leben um Organisation und Aufbau neuer und ‚höherer‘ Organisationen handelt, ist die Symbiose der bestimmende und beherrschende Grundvorgang[3]«.

Die biologische Bedeutung der nicht nur passiven, sondern aktiven, dynamischen Anpassung tritt in der Wiederherstellung einer gestörten Lebensordnung, einer gestörten organischen Form oder Formation besonders augenfällig in Erscheinung. »Eine solche Selbstergänzung von Teilen eines lebendigen Ganzen zur Vollständigkeit seines Planes, d. h. seiner entwickelten Gestalt, kommt allem Lebendigen ganz allgemein zu. Variabel ist nur ihr Grad, d. h. ihre Reichweite. Das Vermögen dazu kann ... äußerst verschieden sein. Dieses Vermögen ist ein Können, eine Fähigkeit, aber nicht etwa eine Kraft im Sinne der Ursachenwelt. Sie bedeutet Gestaltenkönnen zu einer ganz bestimmten Gestaltung, ist zielgebundene, vorschauende Verknüpfung. Die Zusammenhänge mit der Ursachenverknüpfung beschränken sich auf die Bedingungen. Wie alle lebendige Tätigkeit hat sie einen Bedingungsbereich und steht auch mit dem Ganzen der Ursachenwelt insofern im Zusammenhang, als sie auf bestimmte Einwirkungen von außen hin eintritt, auf die das Lebendige eben mit dieser Tätigkeit ‚antwortet‘« (Ranke)[4].

Wenden wir uns nunmehr wieder Möllers Dauerwaldgedanken zu, so finden wir in seiner Betrachtungsweise

erstens den Gesichtspunkt der äußeren (kausalen) Bedingtheit,

zweitens den Gesichtspunkt der Anpassung, und zwar den einer dynamischen Anpassung, die er mit besonderer Deutlichkeit in den Beziehungen zwischen Bestand und Boden aufweist, und

drittens den historischen Gesichtspunkt der Entwicklung, indem er über-

---

[1] Rothschuh, Karl: Theoretische Biologie und Medizin, S. 109. 1936.
[2] Alverdes, Friedrich: Die Totalität des Lebendigen, S. 21 und 66. 1935.
[3] Meyer, Adolf: Ideen und Ideale der biologischen Erkenntnis, S. 96. 1934.
[4] Ranke, Karl E.: Die Kategorien des Lebendigen, S. 598. 1928.

einstimmend mit Borggreve den Organismus als etwas Gewordenes, also auch weiterhin Werdendes auffaßt.

Es ist bezeichnend, daß Möller aus Darwins berühmtem Werk über »Die Entstehung der Arten« und zwar aus dem vom »Kampf ums Dasein« handelnden 3. Kapitel gerade die Schilderungen solcher Beziehungen zwischen verschiedenen Tier- und Pflanzenarten zitiert, die nach der Ausdrucksweise E. Bechers den Charakter »fremddienlicher Zweckmäßigkeit« und einer einheitlichen Lebensordnung haben. In neueren theoretischen und logischen Untersuchungen ist wiederholt auf die methodologische Bedeutung hingewiesen worden, die die Verknüpfung kausaler und teleologischer Betrachtungsweise in Darwins Lehre von der Entstehung der Arten hat. So namentlich in der bedeutenden Arbeit Rich. Kroners[1] über »Das Problem der historischen Biologie«. Darin heißt es: »Ließe sich die Zweckmäßigkeitsbeurteilung mit der Abstammungslehre, d. h. mit der sog. historischen Betrachtung in der Biologie irgendwie verbinden, so wäre erst das in der Organismusidee enthaltene logische Moment des Historischen in seine Rechte eingesetzt. Es ist das einzigartige Verdienst Darwins, diesen Schritt getan zu haben. Wir befinden uns hier an einem Knotenpunkt logischer Probleme. Darauf beruht auch die Schwierigkeit, den logischen Sinn der Darwinschen Theorie richtig zu deuten.« Und an einer weiteren Stelle: »Wenn die Anpassung selbst zum Erklärungsmittel für die Umwandlung der Arten gemacht werden könnte, so wäre zugleich die gesetzmäßige Notwendigkeit und der als zweckmäßig zu beurteilende Verlauf des Prozesses der Umwandlung erkannt. Diese Verknüpfung scheinbar einander widerstreitender logischer Tendenzen ist Darwin in seiner Theorie gelungen, weshalb die einen behauptet haben, Darwin erkläre die Entstehung der Arten auf rein mechanische Weise, die anderen, er bediene sich des Gedankens teleologischer Kräfte. Daß beide Deutungen falsch sind, braucht hier nicht mehr ausführlicher bewiesen zu werden.«

Daß nun der Anpassungsbegriff Darwins — wie wir gesehen haben — mechanistisch war, und daß die Selektionstheorie aus diesem Grunde versagen mußte, ist eine Sache für sich. Hier interessiert lediglich die methodologische Tatsache der Verknüpfung kausaler und teleologischer Betrachtungsweise. Damit war in der Tat ein bedeutender Schritt vorwärts getan und im Prinzip schon die erkenntnistheoretische, in der Biologie unerläßliche Forderung erfüllt, die unter zahlreichen anderen, z. T. schon erwähnten Autoren namentlich Oldekop[2] sehr klar in dem Satz zum Ausdruck bringt: »Das seinem Wesen nach einheitliche, uns aber unfaßbare Lebensgeschehen zerfällt für unser Anschauungsvermögen notwendigerweise in die einander durchdringenden polaren Aspekte

---

[1] Kroner, Richard: Das Problem der historischen Biologie, S. 32 und 33. 1919.
[2] Oldekop, Ewald: Über das hierarchische Prinzip in der Natur, S. 39. 1930.

des Mechanistischen und des Ganzheitlichen; somit sind wir gezwungen, wenn wir uns der unfaßbaren Einheit nähern wollen, sie uns gewissermaßen Stück für Stück zusammenzusetzen durch ständig abwechselnde Anwendung bald der ganzheitlichen, bald der mechanistischen Betrachtungsweise.«

Diese polare Betrachtungsweise ist für Möllers Auffassung des Waldes als Organismus wesentlich und ohne sie, d. h. mit einer nur organischen oder einer nur mechanischen Betrachtungsweise, kann man nicht zum richtigen Verständnis des Dauerwaldgedankens gelangen.

4. Organismus ist mehr als Biozönose

Daß der Wald eine Lebensgemeinschaft ist, wird niemand bestreiten; aber was für eine? darauf kommt es an!

Auch Möller hat natürlich gewußt, daß der Wald eine Lebensgemeinschaft ist. In seinem »Dauerwaldgedanken« schildert er ausführlich, wie er die ersten Anregungen zur Beobachtung der zwischen den Organismen bestehenden Wechselbeziehungen in den Vorträgen und Lehrwanderungen Borggreves erhalten habe, und daß insbesondere Borggreves geistreiche Schrift: »Heide und Wald. Spezielle Studien und generelle Folgerungen über Bildung und Erhaltung der sog. natürlichen Vegetationsformen oder Pflanzengemeinden« (Berlin 1875) einen nachhaltigen Eindruck auf ihn gemacht und ihn auf Alex. von Humboldt und auf die ökologische Pflanzengeographie hingelenkt habe. »Jede Pflanzengemeinschaft, also auch den Wald, lehrte Borggreve zu verstehen als geworden, als bedingt durch die Umwelt und von den Wechselwirkungen der Organismen . . . (Dg. 9).«

Wenn nun Möller diesen ihm sehr wohl bekannten Begriff nicht zum Grundbegriff seines Dauerwaldgedankens machte, so einfach deshalb nicht, weil er nicht paßte und nicht genügte, d. h. weil er denjenigen Sachverhalt nicht erfaßt, der für den Organismusbegriff wesentlich ist. Möller hatte eine viel zu gute wissenschaftstheoretische Bildung, als daß er irgendeinen ähnlichen oder verwandten Begriff hernahm und ihm einen neuen Sinn und eine neue Bedeutung beilegte. Er sagt hierzu in seinem »Dauerwaldgedanken« selber einmal: »Wenn jemand einen neuen Ausdruck in die Literatur des Faches einführt und ihm eine Erklärung gibt, so entspricht es literarischer Übung ebenso wie dem natürlichen Empfinden für Recht und Billigkeit, daß man, wofern man den neuen Ausdruck benutzt, ihn auch mit demselben Sinne verbindet, den der Urheber ihm gegeben hat (Dg. 23).«

Welches ist nun der Sinn des Begriffs Lebensgemeinschaft oder Biozönose? Der Begriff wurde in die Wissenschaft eingeführt durch den Kieler Professor der Zoologie Karl Möbius, der im Jahre 1877 ein Buch über »Die Auster und die Austernwirtschaft« veröffentlichte. Darin heißt es:

»Die Wissenschaft besitzt noch kein Wort für eine solche Gemeinschaft von lebenden Wesen, für eine den durchschnittlichen äußeren Lebensverhältnissen entsprechende Auswahl und Zahl von Arten und Individuen, welche sich gegenseitig bedingen und durch Fortpflanzung in einem abgemessenen Gebiet dauernd erhalten. Ich nenne eine solche Gemeinschaft Biozönosis oder Lebensgemeinde[1].«

Danach steht also fest, daß der Begriff Biozönose nur die Gemeinschaft der Lebewesen erfaßt und nicht auch den Boden, auf dem und in dem sie leben und mit dem sie ein geordnetes Ganzes, eine biologisch-dynamische Einheit bilden. Darin liegt ein wichtiger Unterschied zwischen dem Biozönose- und Organismusbegriff. Wichtiger ist aber folgendes:

Jeder wissenschaftliche Begriff ist ein teleologisches Gebilde und wird gekennzeichnet nicht, oder jedenfalls nicht nur durch die Sache und die Sacheigenschaften, auf die er sich bezieht, sondern durch den Erkenntniszweck, den er erfüllen soll. Wir haben also zu fragen: Kam es Möbius darauf an, die Lebensgemeinschaft der Austernbank als biologische Einheit teleologisch zu verstehen, die funktionale Bedeutung jedes einzelnen Gliedes für das organische Ganze unter dem Gesichtspunkt der Zweckmäßigkeit zu beurteilen, — oder kam es ihm darauf an, die Lebensgemeinschaft nach ihrer artmäßigen Zusammensetzung zu beschreiben, sie in ihrer äußeren Bedingtheit zu betrachten und kausal zu erklären? Oder mit anderen Worten: Steht der Begriff Biozönose bei Möbius im Zusammenhang einer organisch-teleologischen oder einer mechanisch-kausalen Betrachtung?

Es wäre ja geradezu ein Wunder, wenn im Jahre 1877, also zu einer Zeit, in der der Zweck als wissenschaftlicher Gesichtspunkt aufs höchste verpönt und geradezu als Kriterium der Unwissenschaftlichkeit gebrandmarkt wurde, eine naturwissenschaftliche Untersuchung von diesem Gesichtspunkt beherrscht gewesen sein sollte. Daß er in einer Arbeit nicht ganz zu vermeiden ist, die sich mit Wirtschaft, also mit bewußter Gestaltung des Lebens, mit bewußter Ordnung und Nutzbarmachung naturgesetzlicher Zusammenhänge, befaßt, liegt auf der Hand.

Aber durch einzelne Ausblicke auf die Zweckmäßigkeit wird eine Untersuchung noch nicht zu einer organisch-teleologischen. Der namentlich in der Physiologie aus leicht begreiflichen Gründen häufig anzutreffende Hinweis, daß ein bestimmter, kausal-analytisch erklärter Vorgang einem bestimmten Zwecke dient, macht diese Wissenschaft noch nicht zu einer organisch-teleologischen; so wenig wie die Benutzung der Zweckmäßigkeit als heuristisches Mittel für eine Kausalerklärung dies tut. Es ist eine Selbsttäuschung, wenn man das letztere Verfahren dahin deutet, daß es die Zweckmäßigkeit in Kausalzusammenhänge auflöse und auf solche re-

---

[1] Möbius, Karl: Die Auster und die Austernwirtschaft, S. 76. 1877.

duziere. Das ist nicht möglich und ein absoluter Widersinn, denn kausale und teleologische Betrachtung sind logisch grundverschiedene Arten der Verknüpfung von Tatsachen.

Der Umstand, daß alles Lebendige einerseits kausal bedingt ist und sich nur in den Grenzen der Naturgesetze entfalten kann, und daß andrerseits innerhalb dieser Grenzen Beziehungen, Formen, Gestalten nach einer bestimmten Ordnung, Plan- und Zweckmäßigkeit entstehen, gibt dem Forscher die Möglichkeit, es sowohl unter dem Gesichtspunkt der Ursächlichkeit als auch unter dem Gesichtspunkt der Zweckmäßigkeit zu betrachten. Diese Betrachtungsweisen fördern und ergänzen sich wohl, aber sie können sich gegenseitig nicht ersetzen; die Glieder der einen Reihe lassen sich mit jenen der anderen Reihe nicht auswechseln. Man kann z. B. die Gesten eines Redners kausal-physiologisch erklären, aber damit wird man niemals ihren Sinn erfassen. Analog kann man auch andere Lebenserscheinungen kausal erklären, ohne damit die geringste Einsicht in ihre funktionale Bedeutung für das organische Ganze zu gewinnen.

Es ist aber ferner noch zu bemerken, daß Zweckmäßigkeit und Ganzheit nicht identisch sind, und daß deshalb die teleologische Betrachtung nicht eine bloße Umkehrung der kausalen Betrachtung ist. Die einzelne Zweckmäßigkeit kann man sich allerdings als umgekehrte Kausalität vorstellen, und darauf beruht im wesentlichen unsere Technik; aber auf die Ganzheit, auf biologische Einheit, auf den Organismus angewendet muß diese Vorstellung bei der Einsicht haltmachen, daß Ganzheit ein Gefüge von »umgekehrten Kausalbegriffen« ist und daß sich gerade dies Gefüge, diese sinn- und zweckvolle Ordnung — wie schon Kant lehrte — nicht kausal aus den Einzelursachen erklären läßt, sondern nur vom Ganzen her verstanden werden kann. Das ist das Wesentliche der organischen oder Ganzheitsbetrachtung.

In neuerer Zeit hat das Rich. Kroner in der schon genannten logischen Untersuchung über das Problem der historischen Biologie ausführlich und klar dargelegt, indem er sagt: »Der Organismus ist die Idee eines Ganzen, dessen Teile organisiert, d. h. durch die Idee des Ganzen bestimmt sind. Am besten läßt sich die Beziehung der Teile zum Ganzen durch den Zweckbegriff zum Ausdruck bringen, obwohl dieser Begriff keineswegs dem logischen Sachbestande, den er ausdrücken soll, adäquat ist[1].« ... »Der Organismus ist nicht ein beliebiger quantitativer Ausschnitt aus dem Naturganzen, sondern er repräsentiert das Naturganze an sich selbst, er ist eine Totalität. Das Besondere wird, sofern es organisch ist, nicht einem Gesetze oder einer allgemeinen Regel unterworfen gedacht, sondern es wird in seiner Besonderheit zu einer Einheit zusammengefaßt, die in der Idee des Organismus ihren begrifflichen Ausdruck findet[1].« ... »Das Naturganze läßt sich als Mechanismus nicht begreifen, weil das mechanische

[1] Kroner, Richard: Das Problem der historischen Biologie, S. 22 und 24. 1919.

Idealbild des Erkennens keine Totalität abzubilden vermag. Das Besondere in ihm ist immer nur das Besondere eines Allgemeinen und nur durch das Allgemeine beherrscht, nicht aber in seiner Besonderheit vom Begriffe erfaßt und im Begriffe geeint. In dem Wettstreite des Mechanismus und Organismus um die Idee des Naturganzen muß also der Organismus — bei aller Problematik, die in seiner Idee enthalten ist — den Sieg davontragen. Der Naturbegriff kann sich nicht im Mechanismus, er kann sich nur im Organismus vollenden. Der Mechanismus besitzt dazu keine Kraft, weil seine Idee den Organismus ausschließt[1].«

Da alles im Organismus vorsichgehende Geschehen, wie das im Naturganzen sich abspielende, auch ein mechanisches ist, so hindert nichts, die speziellen Mechanismen, die sich im Organismus vorfinden, mechanisch zu erklären. »Nie aber wird das spezifisch Organische auf solche Weise erklärt oder gedeutet werden. Organisch ist das Organische ja nur, insofern es gerade nicht mechanisch ist. Organisch ist das organische Geschehen, insofern es als Teilgeschehen auf das organische Ganze bezogen, insofern es als lebendiges Geschehen aufgefaßt wird[1].«

Kehren wir nun zu der obigen Frage zurück: Ist bei K. Möbius die soeben genauer bestimmte organische Betrachtungsweise anzutreffen? so kann diese Frage nur verneint werden. Wäre sie angewendet worden, so hätte sie folgerichtig zur Einbeziehung des Bodens und der Bodenverfassung in die organische Ganzheit führen müssen und hätte den Autor vor gewissen Irrtümern bewahrt, die typisch mechanistisch sind. Als wesentlichste Lebenserscheinung der Biozönose findet Möbius das »Gleichgewicht« sowohl der Lebewesen untereinander wie auch zwischen den Lebewesen und ihren Lebensbedingungen. »Jede Veränderung irgendeines mitbedingenden Faktors einer Biozönose bewirkt Veränderungen anderer Faktoren derselben. Wenn irgendeine der äußeren Lebensbedingungen längere Zeit von ihren früheren Mitteln abweicht, so gestaltet sich die ganze Biozönose um; sie wird aber auch anders, wenn die Zahl der Individuen einer zugehörenden Art durch Einwirkungen des Menschen sinkt oder steigt, oder wenn eine Art ganz ausscheidet oder eine neue Art in die Lebensgemeinde eintritt[2].« Dann weiter: »Alle lebendigen Glieder einer Lebensgemeinde halten mit ihrer Organisation den physikalischen Verhältnissen ihrer Biozönose das Gleichgewicht, denn sie erhalten sich und pflanzen sich fort gegenüber allen Einwirkungen äußerer Reize und gegenüber allen Angriffen auf das Fortbestehen ihrer Individualität. Obgleich jede Art anders organisiert ist, in jeder also andere Kräfte zur Bildung und Erhaltung der Individuen zusammenwirken; obgleich daher jede Art ihr eigenes organisches Äquivalent hat, so besitzen doch

---

[1] Kroner, Richard: Das Problem der historischen Biologie, S. 26 und 27. 1919.
[2] Möbius, Karl: Die Auster und die Austernwirtschaft, S. 76. 1877.

alle dieselbe Sättigungskraft für die Gesamtheit der äußeren Lebensbedingungen ihrer Biozönose. Alle Arten müssen daher eine Abweichung
der Lebensbedingungen von dem gewöhnlichen Maße mit entsprechenden
Wirkungen ihrer Kräfte beantworten; daher steigern alle zugleich
ihre Lebenstätigkeit oder mindern sie zugleich. Macht günstige
Witterung die eine Art fruchtbarer, so erhöht sie auch die Fruchtbarkeit der übrigen Arten[1].« — Die letzten beiden Sätze, die offenbar
unrichtig sind, lassen besonders deutlich die kausale und mechanische Auffassung erkennen. Noch mehr tritt sie in folgenden, ebenso irrigen Ausführungen in Erscheinung: »Jedes biozönotische Gebiet hat in jeder Ge-
nerationsperiode das höchste Maß von Leben, welches es zu bilden und zu
erhalten imstande ist. Aller daselbst vorhandene organisierbare Stoff wird
von den dort erzeugten Wesen völlig in Anspruch genommen. Daher sind
wohl an keinem belebungsfähigen Orte der Erde noch organisierbare Stoffe für Urzeugungen übrig[1].« — Da gibt es
also für die Idee des werdenden Organismus nichts zu erfassen, denn alles
ist gewissermaßen schon fertig, das Lebendige steht im »Gleichgewicht« mit
der anorganischen Natur und jede Änderung derselben wirkt sich einseitig
in kausal determinierter Weise aus. Von der schöpferischen Aktivität des
Lebendigen ist keine Rede.

Mit diesen Feststellungen kann und soll das wissenschaftliche Verdienst
des Autors nicht geschmälert werden, er hat uns zweifellos der Erkenntnis
biologischer Einheit ein großes Stück näher gebracht. Aber einmal erfaßte
er mit dem Begriff der Biozönose nicht den ganzen biologischen Sachverhalt, und zum andern betrachtete er diesen Sachverhalt einseitig
kausal und mechanisch. Man kann sich den Begriff der Biozönose und
des biozönotischen Gleichgewichts sehr gut in die Form einer algebrai-
schen Gleichung gebracht denken, in welcher auf der einen Seite die verschiedenen Lebewesen und auf der anderen Seite die nach Möbius
»gleichförmig wirkenden Naturkräfte« stehen, die Glieder jeder Seite durch
viele Pluszeichen miteinander verbunden; darin läßt sich dann das »biozönotische Gleichgewicht« durch die von Möbius erwähnten Veränderungen veranschaulichen. — Den Organismusbegriff so zu symboli-
sieren wäre eine Unmöglichkeit. Hier zeigt sich deutlich der Unterschied metrischen und tektonischen Denkens.

Bis auf den heutigen Tag wird der Begriff Biozönose im Sinne seines
Autors K. Möbius angewendet. In dem neuesten Buch von Berta-
lanffys[2] über »Das Gefüge des Lebens« findet sich die Definition: »Eine
Biozönose stellt ein sich in einem beweglichen Gleichgewicht erhaltendes
Bevölkerungssystem dar, das sich bei gegebenen ökologischen Verhältnissen
einstellt.« Auch hier erfaßt der Begriff Biozönose nur die Bevölkerung,

---

[1] Möbius, Karl: Die Auster und die Austernwirtschaft, S. 80f. und 83. 1877.
[2] von Bertalanffy, Ludwig: Das Gefüge des Lebens, S. 58. 1937.

deren Dasein rein passiv bedingt ist durch die »gegebenen« ökologischen Verhältnisse. Der Organismusbegriff dagegen sieht die Biozönose und ihren Biotop als eine organisch-dynamische Einheit und die ökologischen Verhältnisse nicht nur als Gegebenheit, sondern als etwas vom Leben fortwährend Gestaltetes an. Jene Auffassung beruht im Grunde auf der überlieferten Zerlegung der Natur in zwei scharf geschiedene Hälften, die tote und die lebendige, und außerdem auf der einseitigen kausalen Betrachtungsweise, die alles gleichsam von unten erklärt, das Zusammengesetzte aus den Teilen, das Höhere aus dem Niederen. Wie sie den Kulturmenschen vom allein guten Affenmenschen ableitete, so auch das Leben aus den physikalischen und chemischen Gesetzen. Und so suchte man auch die Biozönose vom Standort her zu begreifen.

H. Gams bezeichnet daher in einer durch klare und scharfe Begriffsbildung hervorragenden Arbeit über »Prinzipienfragen der Vegetationsforschung[1]« die Biozönosen wiederholt ganz zutreffend als topographische Einheiten und nicht als ökologische Einheiten. Bezeichnend für diese Auffassung ist auch, daß Friedr. Dahl, einer der Hauptforscher auf dem Gebiete der Biozönotik, nach topographischen Gesichtspunkten drei Gruppen von Lebensgemeinschaften unterschied: solche die eine lebende oder abgestorbene Pflanzenart zur Grundlage haben (Phytobiozönosen), solche die eine lebende Tierart zur Grundlage haben (Zoobiozönosen) und solche, die auf leblose Körper angewiesen sind (Allobiozönosen)[2]. Bezeichnend ist ferner, daß — wie Gams bemerkt — der Begriff Biozönose seit Möbius fast ausschließlich von Tierökologen benutzt worden ist[3]. Demgegenüber macht Gams mit Recht geltend[3]: »Eine Behandlung der Zoozönosen ohne Berücksichtigung der Phytozönosen geht kaum an, aber auch bei ausschließlicher Berücksichtigung der Phytozönosen sei man sich stets dessen bewußt, daß diese Scheidung durchaus willkürlich ist und nicht in der Natur der Sache begründet liegt.« Ferner bezeichnet Gams[3] als eine weitere »infolge der bisherigen Auffassung arg vernachlässigte Aufgabe« die Feststellung der Korrelationen zwischen den ökologischen Einheiten, die die Biozönosen zusammensetzen. Darauf aber kommt es ja gerade der organischen Betrachtung an; sie will diese Korrelationen nicht nur kausal nachweisen, sondern vor allem ihr lebendiges Gefüge und ihre biologische Bedeutung erkennen. Wenn also bisher ihre Erforschung arg vernachlässigt war, so zeigt das eben, daß das eigentliche Erkenntnisobjekt organischer Betrachtung noch gar nicht erfaßt war.

---

[1] Vierteljahrsschrift der Naturforschenden Gesellschaft in Zürich 63 (1918), S. 293 bis 493.

[2] Nach Thienemann, August: Lebensgemeinschaft und Lebensraum. Naturwiss. Wochenschr. N. F. 17 (1918), S. 297.

[3] Gams, H.: Prinzipienfragen der Vegetationsforschung. Zit. a. S. 436, 437, 455.

Damit glaube ich genügend dargelegt zu haben, daß der Begriff Biozönose einen anderen Sinn hat als die organismischen Begriffe
Gestalt, lebendiges System, lebendige Ganzheit, Organismus.
Es sind eben zwei grundverschiedene Auffassungen der Lebenserscheinungen, die Bertalanffy[1] zusammenfassend folgendermaßen formuliert:
»Ganzheitliche Betrachtungsweise gegenüber analytischer; Systemauffas-
sung gegenüber der summativen; dynamische Auffassung gegenüber der
statischen und maschinellen; Betrachtung des Organismus als einer primären Aktivität gegenüber der Auffassung von der primären Reaktivität des
Organischen.« Es leuchtet ein, daß für die von Möller ins Auge
gefaßten Lebenserscheinungen oder schärfer ausgedrückt: für
die Art ihrer Beziehungen der wissenschaftliche Begriff (nicht
die bloße Wortbedeutung) Biozönose nicht zutreffend war.

Sehr bemerkenswert ist nun, daß sich diese Erkenntnis gerade auch auf
dem Ursprungsgebiet dieses Begriffes durchgesetzt hat, auf dem Gebiet
der Hydrobiologie oder enger begrenzt: der Limnologie, d. h. der
Biologie der Binnengewässer. Es ist klar, daß, wenn Begriffe falsch oder
unvollkommen sind, sich dies spätestens bei ihrer praktischen Anwendung
zeigen muß. Forstwirtschaft und Fischerei sind die beiden wichtigsten und
ständigen Anwendungsgebiete der Biozönotik; kein Wunder, daß sowohl
die Forstwissenschaft wie die Limnologie den Biozönose-
Begriff als unzureichend erkannte und den Organismusbegriff einführte.

Der bekannte Hydrobiologe Professor Aug. Thienemann erkannte
auf seinem Arbeitsgebiet — etwa zur gleichen Zeit wie Möller — die
biologische Bedeutung organischer Gefüge; er betrachtete den See als
einen dreistufigen Lebensbereich und erfaßte die biologisch-organische
Gleichartigkeit der Stufen mit dem Organismusbegriff. Er nannte
das einzelne Lebewesen einen Organismus erster Ordnung, die Lebensgemeinschaft oder Biozönose einen Organismus zweiter Ordnung und die
biologische Einheit von Lebensgemeinschaft und Lebensraum oder von
Biozönose und Biotop einen Organismus dritter Ordnung. »Jeder See
stellt eine Lebenseinheit dar, deren einzelne Teile in innigem Zusammenhang stehen. Er ist ein Mikrokosmos, dessen Gesetze zu erforschen eine
Hauptaufgabe der Hydrobiologie ist, ein Organismus höherer Ordnung,
dessen Organe in engster Wechselwirkung stehen.«... »Gerade das
Wechselspiel zwischen Lebensgemeinschaft und Lebensraum
macht den See zum Mikrokosmos, zur Lebenseinheit, zum
Organismus höherer Ordnung[2].«

---

[1] von Bertalanffy, Ludwig: Das Gefüge des Lebens, S. 14. 1937.

[2] Thienemann, August: Die Gewässer Mitteleuropas. Eine Charakteristik
ihrer Haupttypen (Handb. d. Binnenfischerei Mitteleuropas, herausg. v. R. Demoll
u. H. N. Maier, Bd. I) S. 60.

Die organische Betrachtung führt hier also und muß — wie ich schon einmal sagte — folgerichtig zu der Erkenntnis führen, daß auch der Biotop zur Biozönose gehört, d. h. mit ihr eine Lebenseinheit bildet. Das ist die Auffassung Thienemanns; aber wie er ausdrücklich bemerkt »finden wir in den Möbiusschen Definitionen nichts davon erwähnt«[1]. Ferner führt die organische Betrachtung zur Erkenntnis der dynamischen Beziehungen: »Die Wirkung der Lebensgemeinschaft auf ihren Lebensraum besteht darin, daß sie ihn verändert«[1] — auch davon finden wir bei Möbius nichts.

Der dreistufige Organismus ist natürlich kein Prokrustesbett, in welches die Natur hineingezwängt werden soll, sondern nur ein Begriffsschema. Denn die organische Ordnung ist außerordentlich mannigfaltig differenziert und bildet eine Hierarchie. Man muß also Biozönosen oder Lebensgemeinschaften verschiedener Ordnung unterscheiden. Das zeigt Thienemann sehr anschaulich an dem Beispiel einer Eiche mit ihren Bewohnern, also an einer Phytobiozönose. »Da stellt zweifellos ein Blatt mit seinen Bewohnern, seinen Gallen und Galltieren, deren Parasiten und Einmietern, seinen Minierräupchen, seinen Pilzen usw. eine Lebensgemeinschaft dar, und ebenso die Eichenrinde mit ihren Organismen eine andere und die Zweige und Triebe mit ihren Organismen wieder eine andere Lebensgemeinschaft. Aber ebenso ist auch die Eiche mit all ihren Teilen und den darauf und darin lebenden Wesen eine einheitliche Lebensgemeinschaft, und der ganze Wald mit all seinen Eichen und anderen Bäumen, seinem Unterholz, seinen Gräsern und Kräutern usw. und seiner ganzen Bewohnerschar wiederum eine Lebensgemeinschaft[2].«... »Man muß also hier, wie überhaupt in der Natur, von einer ganzen ,Hierarchie', einer ganzen Stufenfolge von Biotopen und Biozönosen sprechen; kleinere Lebensstätten sind gleichsam eingeschachtelt in größere, diese in noch größere Lebensräume, und ebenso wird deren Lebenserfüllung aus einander subordinierten Lebenskomplexen immer höheren Grades gebildet. Und am Ende steht dann als einziger wirklich absolut geschlossener, unabhängiger Lebensraum die ganze Erde mit ihrer gesamten Organismenwelt![3]«

In zahlreichen Schriften hat Thienemann den Organismusgedanken vertieft. Welche Bedeutung die Erkenntnis des Binnensees als Organismus, als biologische Einheit gehabt hat und welche Beachtung dieser Auffassung in der internationalen Wissenschaft zuteil wurde, ist daraus zu ersehen, daß sie 1924 zur Abgrenzung eines besonderen Forschungsgebiets, der Limnologie, innerhalb der Hydrobiologie und zur Begründung einer

---

[1] Thienemann, August: Lebensgemeinschaft und Lebensraum. Zit. auf S. 300.

[2] Thienemann, August: Lebensgemeinschaft und Lebensraum. Zit. auf S. 297.

[3] Thienemann, August: Limnologie S. 18. 1926.

internationalen Gesellschaft für theoretische und angewandte Limnologie führte, deren Präsident übrigens Thienemann wurde. Die Entwicklung dieser Wissenschaft und ihres praktischen Anwendungsgebietes hat die Behauptung Thienemanns gerechtfertigt, »daß die Auffassung von Biozönose und Biotop als organische Einheit zu mancherlei wissenschaftlich bedeutsamen Einzelfolgerungen« führe[1]. Es ist keine Frage, daß die Organismusidee für die Waldbiologie und den Waldbau dieselbe Bedeutung hat.

5. Der Baum als Organ des Waldorganismus und der Wald als ewiges Lebewesen

Die Ganzheitsbetrachtung zeigt den Wald als Organismus und alles, was zu ihm gehört, als Organe der Lebenseinheit. Aber dabei darf sie nicht stehen bleiben; gerade in der näheren Untersuchung dieses Verhältnisses liegt der Schlüssel zu wertvollen biologischen und waldbaulichen Erkenntnissen. Es handelt sich ja nicht um eine bloße Analogie zu einem Einzelwesen, um eine äußerliche Ähnlichkeit mit Mensch, Tier oder Pflanze und vollends nicht um eine besondere Eigenschaft, als welche die organische Funktion neben den übrigen Eigenschaften angesehen werden könnte. Der Organismus ist vielmehr als dynamischer Ordnungsbegriff zu denken, so wie ihn Schelling in die Worte faßt: »Die Dinge sind nicht Prinzipien des Organismus, sondern der Organismus ist das Prinzipium der Dinge« oder wie Ranke, den dynamischen Gehalt betonend, sagt: »Das lebendige Ganze wird damit das eigentlich Tätige, Wirkende, da alles Tun aus ihm fließt, gerade nicht vom Teil, sondern vom Ganzen sich bestimmt zeigt[2].«

Das waldbiologische Problem besteht also darin, zu erkennen, wie dieses Ordnungsprinzip im Leben des Waldes wirkt und in Erscheinung tritt. Das Interesse ist dabei auf die vielgestaltige Formentfaltung und ihre biologische Bedeutung gerichtet; denn der Wald ist ja — wie Möller mit den Worten Roßmäßlers sagt — »ein formreicher Inbegriff von Körpern und Erscheinungen«. Das erst macht die Betrachtung zu einer eigentlichen biologischen. Denn »es bedarf keiner längeren Ausführungen mehr dafür, daß die Wissenschaften vom Lebendigen als exakte Grundlage — abgesehen von dem gesamten Wissen vom kausalen Geschehen — überall auf Formerkenntnis und Formverhältnisse zurückgehen. Ihre Aufgabe ist, die Gesamtheit der Zweckzusammenhänge im einzelnen zu übersehen, und sie bergen damit — ebenso wie die Wissenschaften des ursächlichen Weltbildes — eine in sich unendliche, unerschöpfliche Fülle möglicher Erfahrung. Diese Wissenschaften, eben weil die Anordnung, der Bau — also die Form in einem letzten Sinne — Grundlage

<hr>

[1] Archiv f. Hydrobiologie Suppl. Bd. II, S. 488 ff.
[2] Ranke, Karl E.: Die Kategorien des Lebendigen, S. 599. 1928.

unseres Erkennens des Lebenszusammenhanges sind, gehören dem weiten Gebiet der Morphologie an, d. h. also sie enthalten als Grundlage eine Lehre von der Form. Diese Lehre von der Form enthält aber notwendig auch die Lehre von dem inneren Zusammenhang der Einzelformen zum Ganzen. Es gibt also keine echte Morphologie, die ihren Zweck nicht von der vorschauenden Verknüpfung als innerem Zusammenhang entnehmen müßte, Form und Zweck, Ziel, Aufgabe, Leistung, Gegenleistung und allgemeine Leistungsverknüpfung für einen in sich zusammenhängenden Sinn sind unlösbar miteinander verbunden« (Ranke)[1].

Gerade also in der Formentfaltung, die zwischen dem Individuum und der Ganzheit liegt, zwischen den einzelnen Bäumen, Sträuchern usw. und dem Waldganzen, treten die wichtigsten Lebensprozesse des Waldes in Erscheinung; und gerade in ihr liegen die wichtigsten Angriffspunkte waldbaulichen Handelns. »Wir sehen« — sagt Bernhard Bavink —, »daß offenbar diejenigen Mächte und Kräfte, die die Zellen zum Organismus ,integrieren', nicht bei dem Individuum haltmachen, sondern darüber hinaus auch viele Individuen der gleichen oder sogar verschiedener Art zu engeren oder loseren Einheiten zusammenschweißen, und wenn wir uns etwas weiter umschauen, so bemerken wir nunmehr leicht, daß dies Prinzip auch sonst überall im Reich des Lebens gilt«[2], ... »daß aus bereits vorhandenen Einheiten niederer Stufe solche höherer Stufen gebildet werden, aus den Atomen die Moleküle, aus den Molekülen die Mizellen, aus diesen die Chromomeren und andere Unterbestandteile der Zellen, aus diesen die Zellen selbst, aus ihnen der vielzellige Organismus, aus solchen wieder Tierstöcke, Symbiosen, Vereine usw. und beim Menschen schließlich Familien, Staaten u. a. Verbände, die allesamt, um Drieschs Ausdruck zu gebrauchen, mehr sind als die Summe ihrer Teile[2].«

Um also den Wald als Organismus immer mehr zu verstehen, ist vor allem seine organische Struktur, seine Tektonik, seine hierarchische Ordnung zu erforschen. Die natürliche Gruppen- und Horstbildung ist die augenfälligste Gliederung des Waldorganismus, sie repräsentiert eine gewisse organische Einheit und Individualität, und als solche besitzt sie auch eine gewisse existenzielle Selbständigkeit, wie im ersten Teil (S. 29) schon betont wurde. »Für die konkrete Wirklichkeit reicht die Kategorie des Ganzen als solchen nicht aus. Das Individuum geht nie in einem Ganzen — schlechthin unter. Stets ist es ein besonderes Ganzes, in dem es lebt und das ihm seinen besonderen Inhalt aufzwingt. Ohne dies Moment bleibt die ganze Dialektik unverständlich« (Rothacker)[3].

---

[1] Ebenda S. 594.

[2] Bavink, Bernhard: Ergebnisse und Probleme, S. 384 und 385. 1933.

[3] Rothacker, Erich: Logik und Systematik der Geisteswissenschaften, S. 75. 1927.

Man kann also einerseits die biologische Funktion und Bedeutung des einzelnen Baumes für den Waldorganismus nicht unmittelbar beurteilen, so wenig man die Bedeutung des einzelnen Menschen für sein Volk unmittelbar beurteilen kann. Man sieht diesen z. B. im wirtschaftlichen Lebensbereich zunächst eingegliedert in eine Gruppe einer Werkstatt, die letztere mit einer gewissen organischen Selbständigkeit eingegliedert in den Betrieb, diesen vielleicht ebenso in ein umfassenderes Wirtschaftsunternehmen, weiter in den Wirtschaftszweig und schließlich in den Organismus der Volkswirtschaft. Analog ist die hierarchische Ordnung und Gliederung des Waldorganismus zu denken. Selbstverständlich gibt es da große graduelle Unterschiede. Unter ungünstigen Lebensbedingungen kommt es zu keiner großen Differenzierung, der Wald erscheint auf den ersten Blick wie ein homogenes Gebilde; unter günstigen Lebensbedingungen dagegen entfaltet sich ein großer Formenreichtum, der Wald nimmt einen heterogenen Charakter an und wird eine vielstufige Lebenseinheit. Zweifellos kommt diese Betrachtung dem biologischen Wesen eines Plenterwaldes, der ja immer besonders günstige Lebensbedingungen voraussetzt, viel näher, als wenn man sich ihn vorstellt als eine mechanische Mischung aller Altersklassen, theoretisch etwa als stark durchgeschüttelte Ertragstafel-Betriebsklasse. Der einzelne Baum ist also zu beurteilen von der nächst höheren organischen Bindung aus, von der Gruppe, dem Horst, dem Bestand (im biologischen Sinne).

Andererseits ist weder das Baumindividuum, noch die Gruppe, der Horst und jede höhere organische Einheit innerhalb des Waldorganismus — wie wir gesehen haben — nur von der ihm übergeordneten organischen Ganzheit zu beurteilen, sondern alle Glieder des Waldorganismus, welcher Stufe sie auch angehören mögen, haben auch eine gewisse Individualität und Selbständigkeit, die je nach den äußeren Lebensbedingungen und dem Grad der lebendigen Formentfaltung sehr verschieden sein kann. Daraus ergeben sich wichtige praktische Folgerungen, die zu einer gewissen Einschränkung, jedenfalls zu einer Klärung bestimmter waldbaulicher Forderungen Möllers führen. Darauf werden wir gleich zurückkommen.

In engem logischen Zusammenhang mit den räumlichen Ordnungsformen stehen die Zeitordnungsformen. In Möllers Dauerwaldgedanken interessieren sie hinsichtlich der Begriffsbildung. Bekanntlich hat Möller den Wald als ein Lebewesen »von ewiger Dauer« betrachtet. Daß diese Auffassung sowohl theoretisch wie praktisch sehr nützlich und berechtigt ist, bedarf keines näheren Beweises. Sie führt uns dazu, über die Generation hinauszudenken und die Nachhaltigkeit von einer höheren Warte aus zu betrachten. Sie enthüllt uns z. B. die höheren Leistungen reiner Nadelholz-, insbesondere reiner Fichtenbestände gegenüber den früheren Mischbeständen oft als nackten Raubbau am Walde.

Aber deshalb, weil der Wald als solcher ewig ist oder besser: als ewig zu betrachten ist, ist nicht auch jeder Teil oder jedes Glied von ihm als ewig zu begreifen. Ebenso berechtigt und notwendig wie die Betrachtung des Waldes als ewiges Lebewesen ist auch die Betrachtung der zeitlich begrenzten und rhythmisch differenzierten Lebenserscheinungen des Waldes. Auch da, wo dem Sachverhalt die Betrachtung als ewiges Lebewesen durchaus entspricht, kann die Fiktion zeitlicher Begrenztheit wissenschaftlich berechtigt und fruchtbar sein. Namentlich die Verbindung biologischer und wirtschaftlicher Vorstellungen und Überlegungen erfordert oftmals einen Wechsel der Betrachtungsweise.

Möller zieht nun aus dem Begriff des Waldes als ewigen Lebewesens die Folgerung, alle Zeitbegriffe, die an den Bestand von u-jähriger Lebensdauer anknüpfen, auszumerzen, ohne indessen selbst von dieser mehr theoretischen und logischen Überlegung weiteren Gebrauch zu machen. Ihr tieferer Sinn ist jedenfalls der Widerspruch gegen jede zeitliche Schablone, den Chr. Wagner richtig erfaßt und kurz und bündig in die Worte: »Dauerwirtschaft statt Periodenwirtschaft« gebracht hat. Solche schablonenmäßigen Begriffe sind für Möller: Umtrieb, Periode, Bestand, Abtrieb, Vornutzung, Endnutzung, Verjüngung, Überhalt, Unterbau. Darüber sagt er z. B. in seinem »Dauerwaldgedanken«: »Von unserm Standpunkt der Betrachtung aus, ist dieser Bestand ergänzungsbedürftig, und wenn keine Aussicht auf natürliche Ergänzung besteht, so müssen auf dem Wege der künstlichen Kultur neue junge Bestandesglieder ihm zugeführt werden. Nicht durch Unterbau, obwohl dabei Bilder entstehen können, die man bisher als Unterbau bezeichnete. Unterbau setzt den Begriff eines Bestandes von begrenzter Dauer voraus, das ewige Waldwesen des Dauerwaldes kennt nur Ergänzung des an Holzpflanzen und damit Holzerzeugern zu arm gewordenen Bestandes. Der Dauerwald kennt weder Kahlschlag noch Überhalt, noch Unterbau, aber der Übergang zur Dauerwaldwirtschaft aus dem bisherigen Waldzustande wird oftmals Bilder schaffen, die man mit jenem Namen zu bezeichnen gewohnt ist« (Dg. 52/53). — Ebenso in Dessau: »Der Umtriebsbegriff verliert für den Dauerwald jeden Sinn. Der Dauerwald wirtschaftet nicht mit Beständen, sondern mit Bäumen als Organen des Waldwesens. Der Dauerwald kennt keine Perioden, am wenigsten solche, während deren im Walde nichts zu arbeiten wäre. Er kennt keinen Überhalt oder Unterbau, wennschon die Dauerwaldwirtschaft beim Übergang aus unserem bisherigen Walde zu dem neuen oftmals Bilder schaffen wird, die nach bisherigem Gebrauche so bezeichnet wurden. Der Dauerwald kennt nur Ergänzung des Holzbestandes, wenn und wo nicht die genügende Anzahl von Holzpflanzen auf der Fläche vorhanden sind oder bisher nicht vorhandene Holzarten dem Bestande eingefügt werden« (Dessau 93).

Die genannten Begriffe sind sämtlich technische Begriffe und zwar solche, die — jedenfalls ihrem ursprünglichen Sinne nach — auf die

Kahlschlagwirtschaft zugeschnitten sind. Sie sind samt und sonders Attribute des Raum-Zeit-Begriffspaares: Bestand und Umtrieb. Gegen die in diesem Begriffspaar enthaltene unbiologische Auffassung des Waldes und gegen ihre schablonenmäßige Praktizierung wendet sich der Dauerwaldgedanke und verwirft deshalb jene einem mechanistischen Sinnzusammenhang angehörenden Ausdrücke. Die damit bezeichneten Sachverhalte als solche kommen natürlich auch in der Dauerwaldwirtschaft vor; es findet Abtrieb und Verjüngung statt und die organische Produktion ist zeitlich geordnet. Der Unterschied besteht allein darin, daß alle diese Maßnahmen den biologischen Verhältnissen angepaßt sein sollen und somit alle in einem organischen, anstatt mechanischen Sinnzusammenhange stehen.

Im übrigen ist im Wald, wie in allem organischen Geschehen, die Zeit ebenso gegliedert wie der Raum. Allein die Tatsache, daß sich die Individuen in aktiver und passiver Anpassung an die wechselnden standörtlichen Bedingungen zu ökologisch-biologischen Einheiten formieren, bringt schon eine zeitliche Heteronomie des Lebens im Walde mit sich. Aber auch sonst zeigt eine nähere Betrachtung des Ablaufs der Lebensvorgänge im Walde gewisse, biologisch differenzierte Zeitabschnitte, die — unbeschadet der ewigen Dauer des Waldes — mit Zeitbegriffen erfaßt werden müssen; aber freilich können die letzteren nicht aus den Größen F und u, der 20jährigen Periode und dem 10jährigen Durchforstungsturnus hergeleitet werden, sondern es müssen eben biographische sein. Zweifellos liegt hier noch ein weites Feld waldbiologischer Forschung vor uns. Von Ungerer[1], der die »Zeit-Ordnungsformen des organischen Lebens« eingehend behandelt hat, weist am Schlusse seines Buches auf die gerade den Forstmann sehr interessierende Frage hin, wie der Gegensatz von Umweltbedingtheit und Autonomie in einer »typischen Gliederung des Ablaufs der gesellschaftlichen Vorgänge« der Biozönosen in Erscheinung trete.

Wenn man nun nicht nur den Baum, sondern auch die ihm übergeordneten Lebensformen, die Gruppen, Horste und größeren Einheiten, den Bestand in waldbiologischem Sinne, als Organe des Waldorganismus betrachtet, dann ergeben sich daraus auch für die waldbauliche Behandlung und ihre technischen Begriffe gewisse Folgerungen. Es ist mit der Organismusidee, wie auch mit der Vorstellung des Waldes als ewiges Lebewesen durchaus vereinbar und im übrigen aus praktischen Gründen auch angebracht, die bisher gebräuchlichen Zeitbegriffe auch in der Dauerwaldwirtschaft zu verwenden, ohne Mißverständnisse befürchten zu müssen. Möller selbst hat das in seinen Schriften bewiesen. Seine oben zitierten Worte haben mehr den Zweck, den biologischen Grundgedanken der Dauerwaldwirtschaft ostentativ zu betonen, als eine neue waldbautechnische Terminologie anzuempfehlen.

---

[1] von Ungerer, E.: Zeit-Ordnungsformen des organischen Lebens, S. 68. 1936.

b) Der Wald als kulturlicher Organismus, als Kulturwald

1. Natürliche Lebensäußerung und kulturlicher Zweck

Naturwissenschaftlich betrachtet ist der Mensch im Walde nichts anderes als die Bereicherung seiner Lebensgemeinschaft um die Spezies homo sapiens. Er wird hier ein Lebenselement des Waldes, nimmt an dem Kampf ums Dasein teil, aus dem sich unter seiner Mitwirkung, seiner aktiven und passiven Anpassung eine höhere, weiter zentralisierte und differenzierte Lebensform, ein vollkommenerer, aber ohne ihn nun nicht mehr denkbarer Organismus emporringt.

Vom Standpunkt des einseitigen, bewußt gewordenen und planmäßig betätigten Lebensinteresses des Menschen nennen wir diesen, seinen Zwecken dienstbar gemachten Waldorganismus einen Kulturwald.

Wäre nun alles Weltgeschehen im Sinne der Laplaceschen Weltformel kausal eindeutig vorausbestimmt, so wäre die gegebene Verfassung des Waldes die einzig mögliche und zugleich die beste, und jeder Eingriff des Menschen würde — sofern man seine Handlungen nicht folgerichtig unter demselben Gesichtspunkt betrachtet, was aus einer gewissen Selbstachtung gewöhnlich unterbleibt — diesen Zustand des Waldes, der kein Organismus, sondern ein absoluter Mechanismus wäre, verschlechtern und schließlich zerstören. Wehmütig würde aus seiner mechanistischen Weltanschauung heraus der Forstmann seine Blicke auf den allein vollkommenen Urwald richten und die »eisernen Naturgesetze« bitten, doch wieder gut zu machen, was er in seiner Vermessenheit vernichtete.

Die organische Weltanschauung erkennt die kausalen Naturgesetze an, aber nur als die äußere Bedingtheit, innerhalb deren sich das Leben schöpferisch entfaltet, und als die Mittel, die es zu immer größerem und höherem Formenreichtum verknüpft. In der Betätigung des Menschen findet dieses allgemeine Lebensprinzip seinen offenkundigsten Ausdruck. Das Naturganze aber, einschließlich des Menschen, erscheint dieser Betrachtung als ein großartiger fortwährender Schöpfungsakt, als ewige Entwicklung vom Unvollkommenen zum Vollkommenen. Im Menschen ist sie zum Bewußtsein gekommen. Mit all seinem Tun strebt er bewußt, wenn auch oft irrend, vom Unvollkommenen zum Vollkommeneren und erfüllt so an seinem Teil den metaphysischen Sinn des Weltgeschehens. Aber er steht nicht außerhalb der Natur, sondern in ihr und gehört ihr selber an mit ihrer kausalen Bedingtheit und ihrem freien Spielraum zu schöpferischer Entfaltung.

Diese organisch-dynamische Anschauung muß man sich vergegenwärtigen, um zu erkennen, wie verfehlt die Vorhaltung einiger Kritiker (H. W. Weber, Dengler) dem Dauerwald gegenüber war, er verwechsle menschliche Ziele mit natürlichen und dichte die menschlichen Interessen in die Natur hinein. — Das ist nun ganz und gar nicht der Fall. Der organisch denkende Mensch ist sich des polaren Gegensatzes zwischen den eigenen Wünschen und Zielen und den Gegebenheiten der Umwelt wohl bewußt; seine ganze mühevolle Tätigkeit und Anstrengung ist darauf gerichtet, diese von seinem Standpunkt aus unvollkommene und unbefriedigende Umwelt in eine vollkommenere umzugestalten. Aber er ist sich ebenso bewußt, daß die Verwirklichung seiner menschlichen Ziele nur möglich ist in den Grenzen der Naturgesetze und zwar nicht nur der physiko-chemischen, sondern — und hier liegt nun der mißverstandene Sachverhalt — ganz besonders auch der biologischen. Denn er weiß, daß die vom Leben entwickelten Formen, organischen Einheiten, lebendigen Ganzheiten spezifische, eigene und neue Wirkensweisen haben, die ihrem Systemcharakter entspringen und aus den Eigenschaften ihrer Komponenten nicht ableitbar sind.

2. Anpassung an die natürlichen, insbesondere die biologischen Bedingungen

Die aktive und passive Anpassung an die anorganischen und organischen (d. h. ganzheitlichen) Bedingungen der Verwirklichung seiner Ziele ist daher der oberste Gesichtspunkt seines Tuns. Und will er sich das organische Leben in steigendem Maße nutzbar machen, so ist die Erhaltung der schon vorhandenen höheren Lebensformen die selbstverständliche Voraussetzung für ihre künstliche Weiterentwicklung.

Auch Möller geht selbstverständlich von dem Gedanken aus, daß der Wald, so wie ihn die Natur geschaffen hat, unseren Bedürfnissen nicht genügt, daß er also von Natur keineswegs die Eigenschaft möglichst großer Holzwerterzeugung besitzt, sondern daß wir ihn dazu erst umgestalten müssen. Er sagt: »Nun müssen wir zweifellos in das Waldwesen umgestaltend eingreifen, um diejenigen Holzarten zu begünstigen, die unser Leben vornehmlich fordert, und jene zurückhalten, die uns wenig nützen; aber in diesem Streben werden uns offenbar Grenzen gesetzt, deren Überschreitung das Gegenteil bewirkt von dem Erstrebten« (Dg. 28).

In diesen Worten kommt das kulturliche Ziel ebenso eindeutig und klar zum Ausdruck wie seine natürliche Bedingtheit. Die letztere ist gegeben in der Natur des Waldes als Organismus, einer die kausale Bedingtheit mit umfassenden biologisch-ganzheitlichen Bedingtheit. Nur wenn man diese erhält und weiter entwickelt, kann das kulturliche Ziel weiterhin erreicht werden; sie ist die Voraussetzung und das wichtigste Mittel waldbaulicher Leistung. »Das Vorhandensein eines möglichst vollkommenen und in allen Teilen gesunden Waldwesens auf allen zur Holzzucht benutzten Flächen ist also die Grundvorbedingung für die möglichst hohe Holzwerterzeugung auf denselben« (Dg. 32).

Deshalb ist diejenige Waldwirtschaft, die diese Voraussetzung und Bedingung ihrer Leistung nicht verschlechtert oder zerstört, sondern dauernd

erhält, und möglichst verbessert, die einzig rationelle. »Waldwirt=
schaft, wenn sie unseren Zwecken am besten dienen soll, kann nur Dauer=
waldwirtschaft sein, eine andere wirklich rationelle Wirtschaft gibt es gar
nicht« (Dg. 4).

Durch diese Einsicht in die natürlichen=biologischen Voraussetzungen und
Bedingungen forstlichen Wirtschaftserfolges wird die Anpassung zum
obersten Gesichtspunkt aller Maßnahmen. »Der Dauerwald soll
ein allen Forderungen der Wirklichkeit entsprechendes, allen gegen=
wärtigen Waldzuständen sich anpassendes leitendes Wirtschaftsprinzip
sein« (Dg. 33).

3. Waldbaulich=biologische Folgerungen

Hatte Möllers polare Betrachtung des Waldorganismus den Kampf
der Individuen ums Dasein und die sich daraus emporringende Harmonie
der Lebensgemeinschaft veranschaulicht, so erkannte er dabei auch den rich=
tigen Ansatzpunkt und die richtige Art der Tätigkeit des Forstmannes
als »Leiter und Schiedsrichter« jenes Kampfes. »Das Schieds=
richteramt im Kampfe der Pflanzen ums Licht richtig und stetig auszu=
üben, das wird schließlich zur wichtigsten, zur alles beherrschenden Aufgabe
forstlicher Kunst, der gegenüber alles andere nebensächlich bleibt« (Dg. 12).
Da ferner die Unvollkommenheit des Waldorganismus in beträchtlichem
Maße von äußeren Einwirkungen wie »Brand, Blitz, Bruch und Wurf,
Diebstahl, Wild=, Pilz= und Insektenschäden« herrührt, so ist die Aufgabe
des Wirtschafters, »die gestörte Harmonie der zusammenwirkenden
Erzeugungskräfte durch sinngemäße Gegeneingriffe wiederherzustellen«
(Dg. 79).

Mehr als diese positiven Folgerungen, die ja gegenüber den bisherigen
Lehren des Waldbaues, insbesondere der Durchforstung, technisch nichts
Neues wollen, tritt die organische Auffassung des Waldes in den negativen
Konsequenzen in Erscheinung. Ist der Wald nicht eine einfache Summe,
nicht ein Aggregat, sondern ein geordnetes Gefüge, ein Organismus, und
ist diese organische Ordnung für den Grad der Entfaltung seines Lebens
von Bedeutung, dann ergibt sich für den Waldbau die zwingende Forde=
rung, diese lebendige Ordnung zu erhalten und zu kultivieren. Jeder Ein=
griff verändert das Waldwesen, kann seine Vitalität sowohl steigern wie
auch herabsetzen. Jeder grobe und plötzliche Eingriff stört die organische
Ordnung, und der Kahlschlag zerstört sie überhaupt.

Daß dort, wo der Waldorganismus durch äußere Einwirkungen, falsche
wirtschaftliche Behandlung oder Naturereignisse, schon vernichtet oder in
seinen Lebensfunktionen stark geschädigt ist, auch Radikalmittel angewendet
werden müssen, um möglichst schnell wieder zu einem gesunden Waldwesen
zu gelangen, und daß hierzu letzten Endes auch der Kahlschlag das einzige
Mittel sein kann, ist eine Sache für sich und gehört zur Pathologie des
Waldes.

Für die Bewirtschaftung des gesunden Waldwesens muß der biologische Grundsatz maßgebend sein, grobe Eingriffe in das organische Gefüge des Waldes zu vermeiden und die Holznutzungen, die ja ihr Hauptzweck sind, sowohl räumlich wie zeitlich möglichst gleichmäßig zu verteilen, dem Ideal nach alljährlich auf die ganze Fläche. Auf diese Weise wird die organische Einheit des Waldes, die Voraussetzung seiner Nutzleistung, dauernd erhalten, die Stetigkeit des Waldwesens oder die Kontinuität des Waldorganismus gewahrt.

4. Der Begriff Stetigkeit

Der Begriff Stetigkeit oder Kontinuität ist seit altersher bekannt. Er ist ein rein formaler Begriff, der sich auf alle möglichen Sachverhalte beziehen kann, auf natürliche ebensowohl wie auf kulturliche, auf das Sein ebenso wie auf das Sollen. Stetig sind Erscheinungen (Zustände, Vorgänge, Beziehungen, Handlungen), die sich in ihrem räumlichen Nebeneinander und ihrem zeitlichen Nacheinander, in ihrer Koexistenz und Sukzession, um unendlich kleine Unterschiede verändern. So hatte bereits Aristoteles die Stetigkeit definiert.

In diesem Sinne verwendet den Begriff auch Möller, wenn er die »Stetigkeit des Waldwesens« fordert oder betreffs der Holznutzungen sagt: »sie sollen jedesmal möglichst mäßig sein, denn Stetigkeit ist das Gegenteil von Plötzlichkeit« (Dg. 32), oder wenn er es allegorisch ausdrückt: »der Wald darf es gar nicht merken« (Dg. 33). Hieraus ergibt sich auch ganz klar, daß Stetigkeit des Waldwesens einen normativen Sinn hat und keinen naturwissenschaftlich-ontologischen.

An sich wäre es aber durchaus möglich gewesen, im Walde die kontinuierlichen und diskontinuierlichen Lebensvorgänge zu untersuchen, dabei vielleicht die überragende Bedeutung der Kontinuität zu entdecken und daraus dann bestimmte waldbauliche Folgerungen zu ziehen.

So ist aber Möller nicht vorgegangen. Er hat gar nicht untersucht, welche Lebenserscheinungen des Waldes stetig sind und welche nicht; und noch weniger hat er behauptet, daß alles im Walde stetig sei. Sondern er hat behauptet, daß der Wald ein Organismus sei und daß diese organische oder Systemeigenschaft die wichtigste Voraussetzung für die natürliche Lebensentfaltung, also auch für die künstliche, waldbauliche Behandlung sei und daß deshalb die dauernde Erhaltung dieser organischen Verfassung geboten und nur eine behutsame, vorsichtige, allmähliche, stetige Veränderung zulässig sei, nicht dagegen eine plötzliche Umgestaltung durch grobe, die organischen Zusammenhänge zerstörende Eingriffe.

Die Forderung solcher Stetigkeit bei der Behandlung des Waldwesens ist also nicht in einer vermeintlichen natürlichen Stetigkeit des Waldwesens begründet, sondern in der Erkenntnis des Waldorganismus als sehr mannigfaltig und fein differenzierter biologischen Einheit.

Deshalb ist auch der Einwand völlig verfehlt, das Waldwesen sei gar nicht stetig, denn im Jahre 1926 sei z. B. die Niederschlagsmenge plötzlich um 40% höher gewesen als sonst und das sei den Kiefern sehr gut bekommen[1]; oder in Nordamerika würden fast regelmäßig große Waldflächen durch Brand zerstört, aber immer wieder folge auf Massentod die Massenauferstehung.

Nicht ob das Leben des Waldes Stetigkeit zeige oder nicht, sondern ob der Wald ein Aggregat sei oder ein Organismus, das ist die Kernfrage des Dauerwaldgedankens! Möller beantwortet sie in letzterem Sinne und zieht daraus die Folgerung, bei allen Maßnahmen die organische Verfassung des Waldes zu erhalten, die Kontinuität des Waldorganismus zu wahren. Das bezeichnet man sonst auch als »organische Entwicklung« oder als »organische Stetigkeit«, wozu E. Rothacker[2] bemerkt, daß Stetigkeit heißt: »ein Minimum von Änderung in der ursprünglichen Substanz. Diese wird gewissermaßen historisch ‚dehnbar‘, aber die Entwicklung darf die Spannung dieser an die Ursprünge bindenden Bänder nur Schritt für Schritt überwinden, um sie nicht zu zerreißen«. — Das ist genau der Sinn der »Stetigkeit des Waldwesens«.

Wenn die Forderung der Stetigkeit vom Forstmann erfüllt wird, dann ist natürlich auch das Waldwesen als solches von Dauer und im Hinblick darauf kann der Begriff der Stetigkeit dann auch in ontologischem Sinne Anwendung finden. Das ist aber im Zusammenhang des Dauerwaldgedankens seine sekundäre Bedeutung; seine primäre ist die normative, die Forderung der Erhaltung der organischen Natur des Waldes. Das bringt Möller ganz klar zum Ausdruck in dem Satz: »Das Waldwesen unversehrt auf allen uns zur Bewirtschaftung übergebenen Flächen stetig zu erhalten, oder in kurzem Ausdruck die ‚Stetigkeit des Waldwesens‘ (die ‚Kontinuität des Waldorganismus‘) hatte ich als die von der Zukunft zu lösende Aufgabe geschildert« (I 4).

3. Das gesunde, für unsere Zwecke nachhaltiger möglichst hoher Holzwerterzeugung geeignete Waldwesen

Die bisherigen Ausführungen haben den Organismusbegriff eingehend erläutert und die realen Sachverhalte aufgezeigt, die uns den Wald als natürlichen und künstlich umgestalteten Organismus erscheinen lassen. Dabei wurde bereits Begriff und Prinzip der Stetigkeit dargelegt. Die folgenden Ausführungen sollen nun die weitere wissenschaftliche, d. h. begriffliche Entwicklung der Organismusidee im Dauerwaldgedanken behandeln und den Begriff der Dauerwaldwirtschaft bestimmen.

---

[1] Was so allgemein gar nicht mal zutrifft.

[2] Rothacker, Erich: Logik und Systematik der Geisteswissenschaften, S. 84. 1927.

a) Der Begriff des gesunden Waldwesens

Wenn der Wald als »ein tausendfach zusammengesetztes Ganzes, an welchem jedes Glied seine bestimmte Stelle einnimmt« (Dg. 6), als ein Lebewesen angesehen und charakterisiert wird, so heißt das, daß der Wald als solcher die wesentlichen Kennzeichen alles Lebendigen aufzuweisen hat. Leben ist immer Aktivität, immer Geschehen, immer selbstbestimmtes Gestalten, niemals ein bloßer Zustand, ein bloßes Sein. Lebendige Vorgänge zeigen sich von der lebendigen Ganzheit her bestimmt und geordnet und haben den Charakter einer Zweckleistung oder Funktion. Diese besteht darin, das Leben der betreffenden lebendigen Ganzheit zu erhalten und weiter zu entfalten. Wenn die einzelnen Glieder oder Organe diese Funktion erfüllen, so bezeichnet man sie als gesund. Ein Organismus, dessen sämtliche Organe in Harmonie miteinander die Funktion der Lebenserhaltung und -entfaltung erfüllen, ist ein gesunder Organismus. Der Waldorganismus ist also ein gesundes Waldwesen, wenn alle seine Glieder oder Organe der Erhaltung und Entfaltung seines Lebens dienen. Organische Betrachtung eines lebendigen Systems ist immer eine dynamisch-teleologische, sie kann auch den Begriff der Gesundheit nur teleologisch-funktional denken.

Genau so wollte auch Möller die Gesundheit des Waldwesens beurteilt wissen. Um zu erläutern, daß nicht irgendwelche äußere Eigenschaften und Zustände, sondern daß lebendige Vorgänge, die Zweckleistung der einzelnen Teile im Dienste des Ganzen, die Funktion der Organe das Wesentliche sind, griff er zu dem Gleichnis des untersuchenden Arztes. »Soll der Arzt die Gesundheit eines menschlichen Organismus (Wesens) prüfen, so kann er weder das Geschlecht noch das Alter, weder die Größe noch die Haar- oder Augenfarbe zur Begründung seines Urteils heranziehen, es kann ein Neger oder eine Hindufrau, ein Neugeborenes oder eine Matrone, ein Mann in der Vollkraft der Jahre oder ein Greis seiner Prüfung unterstellt werden, und jedesmal kann er einen gesunden Organismus feststellen. Seine Untersuchung erstreckt sich in allen Fällen nicht auf die angeführten Merkmale, sondern auf die Prüfung der Organe und ihrer Funktion« (Dg. 33).

Auch für die Beurteilung des Waldwesens sind nicht bestimmte anschauliche Eigenschaften, nicht bestimmte Waldbilder, sondern die Funktion, die Leistung und die Leistungsfähigkeit wesentlich. »Ein gesundes Waldwesen kann demnach sehr verschiedene Bilder gewähren. Man kann es nicht eindeutig in bezug auf Holzartenzusammensetzung oder Aufbau des Bestandes bestimmen« (Dg. 33).

Wie sehr die funktionale Betrachtung die Gedanken Möllers beherrscht, tritt schon rein äußerlich darin in Erscheinung, daß in seinen Ausführungen über die Prüfung der Gesundheit des Waldwesens die Worte Leistung und leisten siebenmal auf knapp einer Seite vorkommen außer den gleichsinnigen Worten Funktion, Tätigkeit, arbeiten, ausnutzen, Erzeugung.

So ist also in erster Linie die Zuwachs l e i s t u n g zu prüfen und die L e i s t u n g s f ä h i g k e i t der »Organe, welche die Leistung vollbringen« (Dg. 33), das sind die Bäume; zweitens erstreckt sich die Prüfung auf den Boden, »insbesondere auf die F u n k t i o n, die man treffend seit langem schon die Boden t ä t i g k e i t genannt hat« (Dg. 34); weiter ist das Augenmerk auf etwaige Störungen des »Gleichgewichts«, Störungen der organischen Funktion, auf »organische Fehler des Waldwesens«: stockende Entwicklung, Krankheiten aller Art, übermäßige Vermehrung tierischer und pflanzlicher Schädlinge usw. zu richten.

Naturgemäß erfolgt diese Prüfung und Beurteilung a u f w e i t e S i c h t; nicht nur zeitweilige Leistung ist entscheidend, sondern darüber hinaus die Leistungsfähigkeit auf Jahrzehnte, auf Generationen hinaus gesehen.

b) Der Begriff des gesunden, unserem Zwecke dienenden Waldwesens

Wenn der Waldorganismus biologisch als gesund befunden worden ist, so ist damit noch nicht gesagt, daß er unserm wirtschaftlichen Zwecke am besten entspricht. Fügt man das letztere (wirtschaftliche) Merkmal dem ersteren (biologischen) hinzu, so entsteht der durch diesen neuen, wirtschaftlichen Gesichtspunkt verengerte Begriff des »gesunden, unserm Zwecke dienenden Waldwesens«. Damit ist das Waldwesen nach zwei verschiedenen Gesichtspunkten charakterisiert, nach dem biologischen und dem wirtschaftlichen.

Diese beiden Eigenschaften stehen in einem konditionalen Verhältnis zueinander. Eine nachhaltig möglichst große Holzwerterzeugung setzt ein gesundes Waldwesen voraus, denn nur wenn im Walde nachhaltig H o l z w ä c h s t, entstehen diejenigen Dinge, an denen sich erst die Wertschätzungen des Menschen objektivieren können. Dies tun sie aber in verschiedenem Maße; nicht alles gesunde Holz ist gleich wertvoll.

Deshalb kann ein gesundes Waldwesen sehr verschiedene wirtschaftliche Leistungen zeitigen. Aufgabe der Wirtschaft ist es daher, das gesunde Waldwesen so umzugestalten, daß es zu einer möglichst großen Holz w e r t - erzeugung kommt.

Möglichst große Holzwerterzeugung enthält ein quantitatives und ein qualitatives Element; beide sind von der Gesundheit des Waldwesens abhängig, s o w e i t die realen Sachverhalte, die bei wirtschaftlicher Betrachtung als wertvoll an zusehen sind, mit jenen identisch sind, die bei biologischer Betrachtung sich als bedeutsam für die Erhaltung und Entfaltung des Lebens erweisen. Diese Identität der Sachverhalte liegt vor allem im Quantitativen, im Wachstum, in der Holzerzeugung, teilweise aber auch im Qualitativen; sie läßt sich nicht auf eine einfache Formel bringen. Von einer »Solidarität des natürlichen und des ökonomischen Prinzips« im Sinne Borgmanns kann aus logischen Gründen keine Rede sein.

Die Abhängigkeit der Wirtschaftsleistung von der Gesundheit des Waldwesens war den Forstleuten hinsichtlich des Bodens seit langem geläufig; man sprach von gesundem Boden ebenso wie von Bodenerkrankungen. Möller hat diesen Gedanken insofern weiterentwickelt, als er die organische Verfassung des Waldwesens und die harmonische Funktion aller seiner Organe zum Kriterium der Gesundheit des Waldwesens machte und sie als unerläßliche Voraussetzung einer möglichst großen wirtschaftlichen Leistung bezeichnete.

Diese Auffassung hat ihm den merkwürdigen Vorwurf eingetragen, daß er biologische und wirtschaftliche Gesichtspunkte verwechsele und als Gesundheit des Waldwesens ansehe, was in Wirklichkeit menschliches Interesse sei. Veranlassung zu dieser nicht näher begründeten Auslegung hat vielleicht die funktionale Betrachtung der Lebensvorgänge im Walde oder auch die enge Zusammenfassung des biologischen und wirtschaftlichen Gesichtspunktes in der wiederholten Wendung »das gesunde, unserm Zwecke größter Holzwerterzeugung dienende Waldwesen« gegeben.

Selbstverständlich ist in diesem Begriff das Zweckdienliche nicht als eine bloße Erläuterung des Gesunden aufzufassen, so daß jedes gesunde Waldwesen zugleich auch zweckdienlich sein müßte. Dieser Gedanke ist so absurd, daß man ihn eigentlich gar nicht zu erörtern brauchte, wenn er nicht tatsächlich Möller unterschoben worden wäre. Aber ganz zu Unrecht; denn kaum ein anderer Autor hat wohl die Polarität des Wirtschaftsziels und seiner Bedingtheit so klar erkannt wie Möller. Selbst in das gesundeste Waldwesen müssen wir nach seinen Worten »umgestaltend eingreifen«, um es unseren Zwecken dienstbar zu machen. Und zwar viel intensiver, als wir es gewohnt waren; und nicht nur alle zehn Jahre, sondern — nach dem Ideal der Stetigkeit — am besten täglich wie in einem wohlgepflegten Park, was natürlich auch Möller als praktisch unmöglich bezeichnet. Was aber sollte das umgestaltende Eingreifen in ein gesundes Waldwesen dann für einen Sinn haben, wenn dieses stets schon zweckdienlich wäre?

Gegen die Auffassung Möllers wendet Dengler[1] ein, es sei durchaus unrichtig, wenn man den Gesundheitszustand des Waldes an der Größe und Güte der Zuwachsleistung erkennen und beurteilen wolle. Das sei eine Verwechslung menschlicher Ziele mit natürlichen. — Dem ist folgendes entgegenzuhalten:

Unzutreffend ist zunächst die Behauptung, der Gesundheitszustand des Waldes könne nicht nach der Größe der Zuwachsleistung beurteilt werden. Wachsen ist ein biologischer Begriff, und ihn benutzt Möller mit Fug und Recht zur Beurteilung der Gesundheit des Waldwesens; nicht als einziges Kriterium, wohl aber als erstes. Freudiges Wachstum

---

[1] Silva 16 (1928), S. 3.

ist ihm ein Zeichen eines gesunden, Wuchsstockung
ein Zeichen eines kranken Waldwesens. Daß dabei das
Wachstum nicht schematisch beurteilt wird, sondern daß die standörtlichen
Bedingungen, das Alter u. a. m. berücksichtigt werden, versteht sich von
selbst; ebenso, daß ein nur zeitweilig freudiges Wachstum, das auf Kosten
des künftigen Lebens geht (reine Fichtenbestände!), entsprechend unsern
Erfahrungen beurteilt wird. Wenn die Gesundheit eines Lebewesens nicht
in seinem Wachsen zum Ausdruck kommen soll, worin dann überhaupt?

Selbstverständlich denkt Möller aber nicht daran, den Gesundheitszustand des Waldes mit wirtschaftlichen, also Güte- oder Wert-
begriffen zu erfassen, also etwa nach der Feinringigkeit, Astreinheit oder
überhaupt nach dem Wert der einzelnen Stämme, der Bestände oder gar
des ganzen Waldes die Gesundheit zu beurteilen. Insofern ist der Einwand
Denglers überhaupt verfehlt. — Dagegen benutzt Möller Güte-
und Wertbegriffe zweifellos richtig dazu, um die Tauglichkeit des
Waldwesens für unseren wirtschaftlichen Zweck zu beurteilen. Das muß
er nun schon tun, um nicht in naturwissenschaftlichen Betrachtungen
stecken zu bleiben, d. h. zur eigentlichen Forstwirtschaft gar nicht zu
kommen.

Es ist doch für jeden Forstmann eine absolute Selbstverständlichkeit,
einerseits auf die natürlichen Bedingungen, andererseits auf den wirtschaftlichen Zweck zu achten. Warum sollte denn Möller das nicht verstanden
oder die beiden Dinge nicht recht auseinandergehalten haben? Er sagt:
»Das Vorhandensein eines möglichst vollkommenen und in allen
Teilen gesunden Waldwesens auf allen zur Holzzucht benützten Flächen
ist also die Grundvorbedingung für die möglichst hohe Holzwerterzeugung
auf denselben« (Dg. 32). — Wie er die Gesundheit des Waldwesens rein
biologisch prüft, ist im vorigen Abschnitt dargelegt worden; wie er die Vollkommenheit des Waldwesens bzw. der verschiedenen Dauerwaldwirtschaftsarten beurteilt, zeigen folgende Worte: »Ihre Vollkommenheit wird zu
messen sein an dem Grade, mit welchem sie die jeweiligen Anforderungen an die Leistung ihres Waldes erfüllen, ohne die Stetigkeit des Waldwesens zu unterbrechen« (Dg. 33). — Hier ist also der Ausdruck Vollkommenheit im Sinne von Tauglichkeit für den wirtschaftlichen
Zweck gebraucht. Der Inhalt der Begriffe Gesundheit und Vollkommenheit
ist in diesen Sätzen, wie auch sonst, ganz einwandfrei bestimmt und unterschieden. Ebensowenig, wie Gesundheit und Vollkommenheit im Sinne
von wirtschaftlicher Tauglichkeit identisch sind, sind auch die Grade von
Gesundheit und Tauglichkeit identisch. Aber die Tauglichkeit ist durch die
Gesundheit bedingt, ebenso wie der Grad der Tauglichkeit durch den
Grad der Gesundheit.

Daß Möller diese beiden Dinge nicht identifiziert, müßte man
eigentlich, sofern es nicht irgendwo ausdrücklich gesagt wäre, dem Autor von

selbst zubilligen. Denn die Beurteilung des G e s u n d h e i t s zustandes
des Waldes nach der H o l z g ü t e, letzten Endes dann also doch nach dem
Festmeter p r e i s, wäre doch eine gar zu groteske Sache. Aber mit dem
Gleichnis des untersuchenden Arztes schließt M ö l l e r noch jeden Zweifel
nach dieser Richtung aus. Ebenso wie der Arzt die G e s u n d h e i t eines
Menschen prüft und a u ß e r d e m seine T a u g l i c h k e i t für einen bestimmten Zweck beurteilt, ebenso soll auch der Forstmann das Waldwesen
auf seine Gesundheit prüfen und außerdem seine Tauglichkeit für unsern
Zweck der Holzwerterzeugung beurteilen. »Sehr häufig wird aber nicht
nur dieses allgemeine Urteil (scil. über die Gesundheit) vom Arzte verlangt, sondern es wird in Verbindung mit der Prüfung auch Tauglichkeit zu einem bestimmten Zweck verlangt[1]. So konnte jemand, wie
wir wissen, für gesund und doch nur garnisonbienstfähig erklärt werden. —
In gleichem Sinn müssen wir die Prüfung des Waldwesens vornehmen,
wenn wir feststellen wollen, ob ein gesundes Waldwesen vorliegt, und
unsere Frage im Sinne des KV.? (scil. nach der Tauglichkeit) ist natürlich auf diejenige von dem gesunden Organismus zu leistende Funktion
gerichtet, welche uns die wichtigste ist, auf das Vermögen hoher Holzwerterzeugung« (Dg. 33).

Derjenige Satz, der vielleicht am ehesten zu dem erörterten Mißverständnis führen könnte, ist folgender: »Die größtmögliche Holzwerterzeugung ist eine, für uns die wichtigste, Lebensäußerung des gesunden Waldwesens« (Dg. 31). Dazu ist folgendes zu sagen:

Daß die Holzerzeugung eine Lebensäußerung des Waldwesens ist,
wird niemand bestreiten, ebensowenig daß eine — gemessen an den standörtlichen Bedingungen — große Holzerzeugung eine Lebensäußerung
eines gesunden Waldwesens ist. Daß diese Holzerzeugung Wert hat, ist
allerdings unsere, des Menschen Lebensäußerung, wie das in den Worten
»für uns die wichtigste« aber auch zum Ausdruck kommt. Indessen ändert der Umstand, daß die Holzerzeugung für uns Wert hat, nichts an der
Tatsache, daß sie eine Lebensäußerung des Waldes ist. Somit bleibt auch
die Holzwerterzeugung eine Lebensäußerung des Waldes, allerdings nicht
hinsichtlich des Wertes, der ja aber auch gar nicht »erzeugt« wird, sondern
der dem Erzeugnis von uns erst beigemessen wird. Es ist also logisch gar
nicht möglich, die Wertigkeit der Holzerzeugung dem Waldwesen zuzuschreiben, wenn man nicht die unsinnige Behauptung aufstellen will, das
Waldwesen könne nicht nur Holz erzeugen, sondern auch werten und zwar
zufällig gerade so, wie es dem Menschen gefällt.

In obigem Satze sind also — wie in der wiederholten Wendung »das
gesunde, unserm Zwecke dienende Waldwesen« — die polaren, naturwissenschaftlichen und betriebswirtschaftlichen, Gesichtspunkte miteinander

---

[1] Das soll offenbar heißen: in Verbindung mit der Prüfung der Gesundheit auch
die Beurteilung der Tauglichkeit zu einem bestimmten Zweck verlangt.

verknüpft, wie das bei naturgemäßer Waldwirtschaft fortwährend geschehen muß, wenn sie die biologische Bedingtheit ihres Wirtschaftserfolges stets im Auge behalten will.

Es liegt gar kein logischer Grund vor, die Worte Möllers in dem Sinne aufzufassen, daß die Wertigkeit der Holzerzeugung eine Lebensäußerung des gesunden Waldwesens sei. Das spricht nicht nur jeder ökonomischen Bildung Hohn, sondern kann auch weder mit der in dem ärztlichen Gleichnis klar zum Ausdruck gebrachten Unterscheidung zwischen Gesundheitsprüfung und Tauglichkeitsbeurteilung, noch mit dem in den Worten »für uns die wichtigste« Lebensäußerung liegenden Hinweis auf den wirtschaftlichen Gesichtspunkt, noch überhaupt mit dem ganzen logischen Gehalt des Dauerwaldgedankens in Einklang gebracht werden, der sich zwischen den Polen der wirtschaftlichen Zielsetzung und der biologischen Bedingtheit bewegt.

Damit wäre das Mißverständnis erklärt und beseitigt, Möller habe den Gesundheitszustand des Waldes nach dem Wertgesichtspunkt beurteilt, also menschliche und natürliche Ziele verwechselt.

Zusammenfassend ist über den Begriff des »gesunden, unserm Zwecke nachhaltiger möglichst hoher Holzwerterzeugung dienenden Waldwesens« zu sagen: Er enthält das biologische Merkmal der Gesundheit und das wirtschaftliche des Wertes, und zwischen der möglichst hohen Holzwerterzeugung und der Gesundheit des Waldwesens besteht ein konditionales Verhältnis. Möglichst große Holzwerterzeugung ist also durch die Gesundheit des Waldwesens bedingt, aber nicht eindeutig determiniert, d. h. ohne die Gesundheit des Waldwesens ist nachhaltige möglichst große Holzwerterzeugung nicht möglich, aber mit der Gesundheit des Waldwesens ist sie nicht auch schon eo ipso gegeben; das gesunde Waldwesen bietet vielmehr dem Forstmann einen gewissen Spielraum zu schöpferischer Gestaltung.

Wir haben hier dieselben Verhältnisse, die wir überhaupt in allem Lebendigen antreffen. Ebenso wie das Leben der Pflanzen und Tiere durch die allgemeinen Naturgesetze bedingt, aber nicht eindeutig kausal bestimmt ist, sondern sich innerhalb der Grenzen der Naturgesetze selbstschöpferisch entfalten kann, ebenso ist in dem höheren Lebensbereich der Mensch durch die allgemeinen Naturgesetze, insbesondere die Lebensgesetze bedingt, aber nicht eindeutig bestimmt. So kann also der Forstmann das gesunde Waldwesen in der verschiedensten Weise nach seinen Bedürfnissen und Werten umgestalten, solange er nur die Voraussetzung seiner Tätigkeit, die Gesundheit des Waldwesens, nicht zerstört.

Im organischen Weltbild gibt es eben Notwendigkeit und Freiheit. Im mechanischen Weltbild gibt es nur kausale Notwendigkeit; aus ihr allein ist der Dauerwaldgedanke nicht zu verstehen, daraus erklären sich allerlei Mißverständnisse.

c) Merkmale des gesunden, für unsere Zwecke nachhaltiger möglichst hoher Holzwerterzeugung geeigneten Waldwesens

Wir haben oben dargelegt, daß der Begriff der Gesundheit diejenigen Beziehungen zwischen den Organen und dem Organismus umfaßt, die der Erhaltung und Entfaltung seines Lebens dienen. Der Begriff der Gesundheit ist also ein Relationsbegriff im Sinne H. Rickerts, d. h. ein Begriff, der aus Urteilen über Beziehungen von Dingen besteht und nicht wie der Dingbegriff nur eine Bezeichnung eines Dinges ist. Die Beziehungen zwischen den Dingen können als solche nur gedacht, aber nicht wahrgenommen werden. Relationsbegriffe sind also nicht anschaulich, wie es die Dingbegriffe sind.

Die Beziehungen der Organe zum Organismus haben den Charakter organisierter Zweckleistungen oder Funktionen.

Die harmonische Zweckdienlichkeit der Leistungen oder mit anderen Worten die harmonische Funktion und Funktionsfähigkeit aller Organe im Organismus ist das wesentliche Merkmal der Gesundheit eines Lebewesens, der Gesundheit des Waldwesens.

Das hat Möller erkannt und nachdrücklichst betont. Er zeigt in seinen Ausführungen, daß es sich bei der Gesundheit des Waldwesens um einen Relationsbegriff und nicht um einen bloßen Dingbegriff handelt, ohne indessen gerade diese Termini zu benutzen. Er erläutert das an dem Gleichnis des untersuchenden Arztes, für den nicht die verschiedenen äußeren Merkmale, sondern die Funktion der Organe das Wesentliche sind. Auch ein gesundes Waldwesen kann die allerverschiedensten Waldbilder, Holzartenzusammensetzung und Bestandesaufbau zeigen. Es ist kein Ding mit ganz bestimmten anschaulichen Eigenschaften, deren Vorhandensein oder Fehlen man nur festzustellen brauchte, um zu entscheiden, ob das Waldwesen gesund ist oder nicht. Ebensowenig wie die äußeren Merkmale eines gesunden Waldwesens als die wesentlichen Merkmale der Gesundheit anzusehen sind, dürfen auch bei einem kranken Waldwesen die äußeren Krankheitsmerkmale, die Symptome als das Wesen der Krankheit betrachtet werden, — »und nie sollten wir uns — gleich dem Arzte — mit der bloßen Symptombekämpfung innerlich genügen lassen, wennschon es Fälle geben mag, in denen wir vorläufig solche betreiben müssen« (Dg. 35).

Das Entscheidende und Wesentliche ist immer das innere Lebensgeschehen, der außerordentlich komplizierte Funktionszusammenhang, den zu erkennen und zu prüfen eine ebenso wichtige wie schwierige Aufgabe ist.

Wiederholt weist Möller darauf hin, wie unzulänglich unser Wissen von diesen biologischen Zusammenhängen noch ist, daß die Forstwissenschaft noch in den Kinderschuhen einhergehe. Unsere Vorstellung des tausendfach zusammengesetzten Ganzen sei besonders dadurch erschwert, »daß wir in den Boden nicht schauen können, daß noch niemand das vollständig freigelegte Wurzelsystem eines Baumes hat anschauen können« (Dg. 26).

»Der Unvollkommenheit unserer Einsicht in das Ganze des geheimnisvollen Wunderwerkes Wald sollten wir uns dabei (scil. bei der Prüfung der Gesundheit des Waldwesens) immer bewußt bleiben« (Dg. 34), und wir sollen
»nicht klagen darüber, daß es keine Schablone gibt und kein Formular, durch dessen Ausfüllung wir ein eindeutiges Urteil über
die Gesundheit eines Waldwesens erlangen können« (Dg. 35).

Nicht anders verhält es sich mit seiner Eignung oder Tauglichkeit
für unsern wirtschaftlichen Zweck, mit seiner wirtschaftlichen
Leistungsfähigkeit. Auch dies ist ein Relationsbegriff, kein Dingbegriff.
Der Baum, der Horst, der Bestand hat — biologisch betrachtet — eine biologische Funktion und — wirtschaftlich betrachtet — eine wirtschaftliche Funktion. Nur wer in seinem naturwissenschaftlichen, insbesondere
seinem biologischen Denken auf die Kausalzusammenhänge beschränkt ist
und die teleologischen nicht sieht, kann in den Irrtum verfallen, daß eine
teleologisch-funktionale Betrachtung der Lebensvorgänge eine Beurteilung nach menschlichen Zielen sei. Daß beiderlei Funktionen auch kausal
bedingt sind, ist selbstverständlich und eine Sache für sich.

Auch für den Begriff der wirtschaftlichen Leistungsfähigkeit sind also die
dynamischen Beziehungen, die harmonische Funktion der wirtschaftlichen Faktoren das wesentliche Merkmal, nicht dagegen die äußeren
Anzeichen dieses Sachverhalts.

Nun können wir natürlich das Wesentliche der Gesundheit sowie der
wirtschaftlichen Tauglichkeit, also die Beziehungen oder Funktionen, nicht
erfassen und beurteilen, ohne bestimmte Wahrnehmungen und Beobachtungen gemacht zu haben. Denn jedes Erkennen in den Erfahrungswissenschaften knüpft an Wahrnehmungen an. Die Relationsbegriffe, die nicht
anschaulich sind, sondern nur gedacht werden können, knüpfen also an anschauliche Dinge, mithin an Dingbegriffe, an und setzen diese rein gedanklich
zueinander in Beziehung. Diese anschaulichen Dinge sind Merkmale der
betreffenden Beziehungen. Als solche können sie wesentliche oder nicht
wesentliche Merkmale sein. Handelt es sich um eine sehr einfache Beziehung,
z. B. um eine bestimmte Kausalbeziehung zwischen zwei bestimmten Dingen und zwar um eine Beziehung, die nur zwischen eben diesen beiden Dingen vorkommt, so werden dieselben auch zu wesentlichen Merkmalen dieser
Kausalbeziehung. Handelt es sich dagegen um einen sehr mannigfaltigen
und komplizierten Beziehungszusammenhang, der in der allerverschiedensten Weise in Erscheinung tritt, so kann von den Erscheinungen nur mit
einer mehr oder minder großen Wahr-Scheinlichkeit auf den Beziehungszusammenhang geschlossen werden, je nachdem wie oft man die betreffenden Erscheinungen in dem Beziehungszusammenhang schon beobachtet
hat. Man kann nach solchen Erscheinungen den Beziehungszusammenhang
oft wohl vermuten, aber nicht mit Sicherheit erkennen. Es sind nicht
wesentliche Merkmale, es sind bloß mehr oder weniger sichere Anzeichen.

Je höher wir in der Natur und in den Lebensbereichen aufsteigen, um so komplizierter finden wir die Ursach- und Zweckzusammenhänge und um so weniger können wir sie mit anschaulichen Begriffen erfassen und erkennen. Die Tatsache, daß im Leben neben der naturgesetzlichen Notwendigkeit die schöpferische Freiheit besteht, läßt auch für das Erkennen, für die Wissenschaft vom Leben keine eindeutige Determination der Lebensvorgänge zu, am wenigsten eine solche mit den einfachsten Begriffen, mit denen die Wissenschaft arbeitet, mit den Dingbegriffen.

Wenn also Möller sagt, daß es keine Schablone und kein Formular gibt, durch dessen Ausfüllung wir ein eindeutiges Urteil über die Gesundheit des Waldwesens erlangen können, so sagt er damit sehr treffend ganz dasselbe, was in den vorigen Zeilen dargelegt wurde. Sollen diese doch eingehend und ausführlich begründeten Worte Möllers nicht sinnlos sein, so können, wenn er wenige Zeilen später bestimmte Merkmale eines gesunden und für unsere Zwecke tauglichen Waldwesens aufzählt, dies nicht wesentliche, also Bergriffsmerkmale sein — die als solche dann doch gewissermaßen den Kopf des Gesundheitsformulars darstellen würden —, sondern es müssen eben Merkmale im Sinne von Anzeichen eines gesunden und wirtschaftstauglichen Waldwesens sein.

In diesem Sinne sagt Möller: »An bestimmten Merkmalen eines gesunden, für unsere Zwecke nachhaltiger möglichst hoher Holzwerterzeugung geeigneten Waldwesens können wir schließlich nur wenige mit Sicherheit nennen. In bezug auf den Holzbestand etwa: genügenden Vorrat zur unmittelbaren Holzwerterzeugung, Mischwald, Ungleichaltrigkeit; in bezug auf den Boden: Gesundheit und Tätigkeit, welche die Abfallstoffe eines Jahres im Laufe eines Jahres verwesen läßt; in bezug auf alle anderen mehr oder weniger in ihrer Bedeutung erkannten Organe des Waldwesens: einen Gleichgewichtszustand, der nichts ausschließt oder vernichtet, was wir als dem Walde eigentümlich erkennen lernten, nichts aber andererseits einseitig so zur Vorherrschaft kommen läßt, daß es dem höchsten von uns erstrebten Zwecke, der Holzerzeugung, erheblich entgegenwirkt. Denn: ‚In der Harmonie aller im Walde wirkenden Kräfte liegt das Rätsel der Produktion'« (Dg. 36).

Wir werden uns mit diesen Ausführungen Möllers noch eingehender bei der Nachprüfung der Dauerwaldkritik zu beschäftigen haben.

4. Der Begriff Dauerwaldwirtschaft
a) Definition

Wenn man Dauerwaldwirtschaft wissenschaftlich erörtern will, so ist es nicht angängig, irgendeine Äußerung oder waldbauliche Forderung Möllers zur Grundlage zu wählen, sondern man muß an diejenigen Stellen seiner Schriften anknüpfen, die von ihm selbst als Begriffsbestimmung der Dauerwaldwirtschaft gemeint waren und bezeichnet worden sind. Solche Begriffsbestimmung hat Möller zu wiederholten Malen gegeben; sie ist für die wissenschaftliche Behandlung der Dauerwaldwirtschaft um so bedeutsamer und wichtiger, als sie jedesmal — wie die folgenden Zitate zeigen werden — in fast wörtlicher Übereinstimmung wiederkehrt.

In seiner ersten Abhandlung 1920 teilt Möller die Betriebsarten ein in Dauerwaldbetriebe und Kahlschlagbetriebe und sagt dazu: »Das Kennzeichen und eigentliche Wesen der ersteren ist darin gegeben, daß sie die Stetigkeit des Waldwesens auf der ganzen Wirtschaftsfläche erstreben, das der zweiten darin, daß sie dies grundsätzlich nicht tun« (I 11).

In seiner zweiten Abhandlung über Kiefern-Dauerwaldwirtschaft 1921 sieht sich Möller gegenüber bestimmten Mißverständnissen veranlaßt, den »Begriff der Dauerwaldwirtschaft noch schärfer, als es bisher geschehen konnte, zu bestimmen« und sagt in Übereinstimmung mit seiner ersten Definition: »Dauerwaldwirtschaft ist nach meiner Auffassung und nach derjenigen Erklärung, mit welcher ich diesen Begriff in die forstliche Literatur eingeführt habe, jede Wirtschaft, welche die Stetigkeit des Waldwesens auf der ganzen ihr übergebenen Waldfläche anstrebt bzw. erhält« (II 76).

In seinem »Dauerwaldgedanken« wiederholt er: »Als ich den Ausdruck ‚Dauerwaldbetrieb‘ im Januar 1920 in die forstliche Literatur einführte, da habe ich ihn dahin erläutert, daß Kennzeichen und eigentliches Wesen der Dauerwaldbetriebe darin gegeben sei, daß sie die Stetigkeit des Waldwesens auf der ganzen Wirtschaftsfläche erstrebten. An dieser Erklärung ist demnach festzuhalten, wenn man den Ausdruck benutzen will, und nach dieser Erklärung ist zweifellos Dauerwald nicht dasselbe wie Plenterwald « (Dg. 23). Erneut lehnt Möller die Einbeziehung technischer Merkmale (Art der Nutzung) in den Begriff des Dauerwaldes ab, »dessen Wesen vielmehr nur durch das Ziel gekennzeichnet wird, die Stetigkeit des Waldwesens zu sichern « (Dg. 21). Ebenso an einer späteren Stelle: »Im übrigen aber darf sich Dauerwaldwirtschaft jede Wirtschaft nennen, welche die Stetigkeit des Waldwesens zu erstreben als obersten Grundsatz anerkennt « (Dg. 24).

In seiner Dessauer Rede brachte er diese Auffassung abermals zum Ausdruck und »bestimmte den Begriff der Dauerwaldwirtschaft dadurch, daß sie die Kontinuität des Waldorganismus oder die Stetigkeit des Waldwesens auf der ganzen Wirtschaftsfläche als ihr erstes Ziel betrachtet. Jede Wirtschaft also, die dieses Ziel verfolgt, ist eine Dauerwaldwirtschaft. Nur eine solche Wirtschaft ist imstande, die Höchstleistung des Waldes an Masse und Wert zu gewährleisten « (Dessau 93).

Aus diesen Zitaten geht zweierlei hervor: erstens, daß Möller mit diesen Worten den Begriff Dauerwaldwirtschaft bestimmen wollte. Es erübrigt sich also, aus anderen Sätzen seiner Schriften erst eine Definition zu konstruieren. Zweitens geht daraus hervor, daß Möller bei diesen

Worten die Absicht hatte, den Begriff Dauerwaldwirtschaft klar und
scharf zu bestimmen, also wissenschaftlich zu definieren, und nicht nur un=
gefähr zu umreißen. Auch in seiner zweiten Abhandlung über Kiefern=
Dauerwaldwirtschaft, in der er sich veranlaßt sah, den Begriff »noch schär=
fer, als es bisher geschehen konnte, zu bestimmen«, hat er der Definition
keinerlei waldbautechnische Merkmale hinzugefügt.

b) Ausdrückliche Verneinung waldbautechnischer Begriffsmerkmale

Die letztere Tatsache würde allein schon genügen, um zu erkennen, daß
Möller unter Dauerwaldwirtschaft nicht ein bestimmtes waldbautech=
nisches Verfahren verstanden wissen wollte. Aber er hat das noch aus=
drücklich hervorgehoben. Ja seine ganze Waldbaulehre war schon viele
Jahre, bevor er den Begriff Dauerwaldwirtschaft prägte, dadurch charak=
terisiert, daß er nach einem waldbaulichen Prinzip suchte und es in der
Kontinuität des Waldorganismus auch gefunden hat, welches nicht an
bestimmte technische Formen gebunden ist und doch das Wesentliche er=
faßte, das allen Waldbauschriftstellern im Grunde gemeinsam war. Dies
Prinzip hat seine Waldbauvorlesung schon jahrelang vor dem Kriege be=
herrscht. In seinem Vortrag über den Blendersaumbetrieb zu Trier 1913
wies er dann öffentlich darauf hin, daß der Begriff der Stetigkeit des Wald=
wesens oder der Kontinuität des Waldorganismus das Gemeinsame der
modernen waldbaulichen Bestrebungen erfasse: »Mein allgemein ge=
faßter Ausdruck umschließt sie alle« (Trier 54). Auch in seinem »Dauer=
waldgedanken« werden diese Überlegungen wieder angestellt. »Angesichts
der Mannigfaltigkeit der Waldbilder in Nord und Süd, in Ost und West«
(Dg. 15) könne man schwerlich die generelle Anwendbarkeit eines einzigen
Verfahrens, wie des Wagnerschen Blendersaumbetriebes, bejahen.
»Aber was schälte sich heraus aus all dem Ringen um die Wahrheit, was
blieb all den Kämpfern auf dem Gebiete wirklich fördersamer Geistes=
arbeit in unserem Fache gemeinsam?« (Dg. 15). — Es war die schon von
Gayer[1] ausgesprochene Ansicht, »daß in der Harmonie aller im Walde
wirkenden Kräfte das Rätsel der Produktion liegt« und seine »Forderung
der Stetigkeit, einer strengen Kontinuität« der Waldwirtschaft. So ent=
stand der Begriff der Kontinuität des Waldorganismus oder der Stetig=
keit des Waldwesens und Möller hebt nochmals klar hervor: »Allgemein
mußte solche Formel gehalten sein, ohne Bindung an irgendeine
bestimmte Waldform« (Dg. 15/16).

c) Die organische Auffassung des Waldes und der Waldwirtschaft, das wesentliche Merkmal der Dauerwaldwirtschaft

Vom logischen Standpunkt beurteilt erweist sich die Definition als
klar und eindeutig, da über den Inhalt der Begriffe Stetigkeit und Wald=

---

[1] Gayer, Karl: Der gemischte Wald, S. 4/5 und 137. 1886.

wesen oder Waldorganismus kein Zweifel bestehen kann. Das Wort Organismus bringt den Gehalt des Begriffes etwas prägnanter zum Ausdruck als das Wort Wesen. Aber auch dieses ist seiner allgemeinen Bedeutung nach richtig gewählt; denn ob wir vom Schulwesen, Verkehrswesen,
Finanzwesen oder Forstwesen eines Landes sprechen, immer haben wir
dabei eine ganzheitliche Vorstellung, immer denken wir dabei an etwas
Zusammenhängendes, Einheitliches, Geordnetes. So bezeichnet auch das
Wort Waldwesen die organische Einheit, den geordneten, funktionalen
Zusammenhang der Lebensvorgänge des Waldes. Eine Waldwirtschaft,
die diesen harmonisch-funktionalen Zusammenhang zu erhalten strebt und nur allmählich, bei der einzelnen Maßnahme möglichst
unmerklich, ändert, also die Stetigkeit des Waldwesens erstrebt,
ist eine Dauerwaldwirtschaft. » Selbstverständlich wird dabei nur
an einen vollkommen gesunden und deshalb leistungsfähigen Organismus
gedacht « (II 71); wo ein solcher nicht besteht, muß ihn Dauerwaldwirtschaft
selbstverständlich herzustellen suchen (Dg. 31).

Eine Definition muß die wesentlichen Merkmale enthalten. Was
als wesentliches Merkmal anzusehen ist, richtet sich nach dem Erkenntniszweck. Wesentlich sind nicht diejenigen Merkmale, ohne die der betreffende
Gegenstand weder sein noch gedacht werden kann — wie es ein überwun-
dener Objektivismus lehrte —, sondern wesentlich sind diejenigen
Merkmale, durch die für einen bestimmten Erkenntniszweck
der betreffende Gegenstand deutlich von anderen unterschieden werden kann. Für den Wald können daher ganz verschiedene Merkmale wesentlich sein, je nachdem, ob sich ein Forstmann, ein Stratege, ein
Landschaftsmaler, ein Volkshygieniker usw. mit ihm beschäftigt.

Diesen Grundsätzen der Logik ist Möller bei seiner Begriffsbestimmung der Dauerwaldwirtschaft von Anfang an gerecht geworden. Gleich
in seiner ersten Abhandlung hat er die Dauerwaldbetriebe von den Kahl-
schlagbetrieben unterschieden und als wesentliches Unterscheidungs-
merkmal bezeichnet, daß die ersteren die Stetigkeit des Waldwesens auf
der ganzen Wirtschaftsfläche erstreben, während die letzteren dies nicht
tun. Das unterscheidende Kriterium liegt also im Begriff
des »Waldwesens«, d. h. des gesunden Waldwesens, oder des »Waldorganismus«. Das ist der leitende Gesichtspunkt der Dauerwaldwirtschaft. Dies hat Möller zuletzt in seiner Dessauer Rede noch einmal ganz
klar folgendermaßen formuliert: »Dauerwaldwirtschaft unterscheidet
sich grundsätzlich von aller bisherigen Forstwirtschaft in der Auffassung, mit der sie dem Arbeitsobjekte gegenübertritt. Sie sieht in
dem Walde ein einheitliches, lebendiges Wesen mit unendlich vielen Organen, die alle zusammenwirken und miteinander in Wechselbeziehungen
stehen« (Dessau 93). Es folgt dann die bereits zitierte Kennzeichnung und
Auffassung des Waldes als Organismus.

d) »Dauerwald« als leitendes Wirtschaftsprinzip

Aus dieser Auffassung ergibt sich der leitende Gesichtspunkt für die Wirtschaft. Denn wenn der Wald ein Organismus ist, so kann er zur höchsten wirtschaftlichen Leistung nur gebracht werden, wenn seine organische Verfassung stets gewahrt bleibt, wenn er eben als Wald (im Sinne Möllers) dauernd erhalten bleibt. »Das Holz muß geerntet werden als Frucht des Waldes, der Wald aber muß bleiben« (Dg. 32). Für alle wirtschaftlichen Maßnahmen hat die Erhaltung bzw. Herstellung der biologischen Einheit des Waldwesens »die oberste Richtschnur« (Dg 17, 18, 24) zu bilden, ganz gleich welcher Art die Maßnahmen in jedem Falle sein mögen.

Dauerwaldwirtschaft ist also ein normativer Begriff und zwar normiert er das forstwirtschaftliche Handeln nach einem biologischen Gesichtspunkt, nämlich dem des Waldwesens oder Waldorganismus »als der Grundlage jeder richtigen, wahrhaft zweckmäßigen Waldbehandlung« (Dg. 15). Die wirtschaftlichen Maßnahmen fordern vom Wirtschafter »mannigfache Anpassung jeweils verschiedener Art« (I 11), sie »müssen in allerverschiedenster Art getroffen werden, jeweils bestimmt durch den Aufbau und Zustand des vorliegenden gesunden oder mehr oder weniger erkrankten Waldwesens« (Dg. 21). »Der Dauerwald soll ein allen Forderungen der Wirklichkeit entsprechendes, allen gegenwärtigen Waldzuständen sich anpassendes, leitendes Wirtschaftsprinzip sein. Soviel verschiedene Arten und Formen des Waldzustandes es gibt, in denen denkende und arbeitende Forstleute sich zu betätigen haben, und soviel solche Männer der grünen Farbe hingebungsvoll am Werke sind, soviel verschiedene Dauerwaldwirtschaftsarten wird es geben von geringerer oder größerer Vollkommenheit, und ihre Vollkommenheit wird zu messen sein an dem Grade, mit welchem sie die jeweiligen Anforderungen an die Leistung ihres Waldes erfüllen, ohne die Stetigkeit des Waldwesens zu unterbrechen« (Dg. 33).

Der Begriff der Dauerwaldwirtschaft bezieht sich also auf das Tun, nicht auf das Sein; er betrifft einen bestimmten, nämlich biologischen Sinn, nicht die äußere technische Form des forstlichen Handelns, und auch nicht den äußeren Zustand des Waldes.

Daher kann aus ihrem biologischen Sinn heraus Dauerwaldwirtschaft unter verschiedenen Verhältnissen diametral entgegengesetzte technische Maßnahmen erfordern:

So ist der Kahlschlag grundsätzlich zu verwerfen, aber es gibt »Ausnahmen, welche sich ebenfalls aus dem Wesen des Dauerwaldes notwendig ergeben« (Dg. 52).

So gehört zu den obersten Geboten der Dauerwaldwirtschaft, »die natürliche Verjüngung überall zu benutzen, zu fördern, hervorzurufen« (I 41), aber »der Grundgedanke der Dauerwaldwirtschaft ist gänzlich unabhängig von der Frage der natürlichen oder künstlichen Verjüngung« (II 76).

So fordert Dauerwaldwirtschaft reviereigenes Saatgut und daraus selbstgezogene Pflanzen, aber es muß Samen angekauft werden, der einstweilen im eigenen Revier nicht wächst (Dg. 58).

So gilt Mischwald als Merkmal eines gesunden Waldwesens (Dg. 36), ausnahmsweise kann aber auch »der reine Bestand den Boden dauernd auf waldbaulicher Höhe erhalten« (Dg. 28).

So führt das Prinzip der Stetigkeit des Waldwesens von der Bestandes- zur Baumwirtschaft (Dg. 64, 69), und dennoch hat »die Art der Nutzung mit dem Dauerwaldbegriff gar nichts zu tun« (Dg. 21).

e) »Dauerwald« kein anschaulicher Begriff

Würde man also den Begriff der Dauerwaldwirtschaft aus einzelnen waldbautechnischen Maßnahmen zusammensetzen, so müßten sich die größten Widersprüche ergeben. Aber Dauerwaldwirtschaft ist eben kein Dingbegriff, sondern ein Relationsbegriff und zwar ein solcher höherer Ordnung. Er kennzeichnet den biologischen Sinn der technischen Maßnahmen, die den Waldorganismus in die rechte, funktionale Beziehung zu dem wirtschaftlichen Zweck bringen. Dabei ist der Begriff Waldorganismus selbst schon ein komplizierter Relationsbegriff.

Nun hatte die bisherige Forstwissenschaft natürlich auch schon Relationsbegriffe benutzt und entwickelt, ansonsten sie ja gar nichts hätte erklären können. Aber ihre Relationsbegriffe waren erstens fast ausschließlich Kausalbegriffe und zweitens zeichneten sich diese noch durch eine extreme Simplifikation aus, die ganz besonders in der Bodenkunde des vorigen Jahrzehnts in Erscheinung trat. Im Waldbau herrschten die Dingbegriffe vor.

Da ist es nicht verwunderlich, daß eine teleologische und organismische Begriffsbildung grade auch von solchen Wissenschaftlern mißverstanden werden konnte, die sich hauptsächlich mit der Beschreibung des Gegenständlichen im Walde befassen. Da die verschiedensten Waldbegriffe wie Hochwald, Plenterwald, Mittelwald, Niederwald, Mischwald und auch Normalwald anschauliche Dingbegriffe sind, so lag es nahe, sich auch den Dauerwald anschaulich vorzustellen. Fast allgemein wurde übersehen, daß Dauerwald eine Abkürzung für das Wort und den Begriff Dauerwaldwirtschaft ist. Eine Wirtschaft, bei welcher der Wald (scil. als Organismus) fortdauern soll, ist eine Dauerwaldwirtschaft. Aber Dauerwald als anschaulicher Dingbegriff ist — wie übrigens einzelne Autoren ganz richtig bemerkt haben — ein Widersinn. Die Frage, ob irgendein Zustand ein Dauerzustand ist, ist immer gleichbedeutend mit der Frage, was mit ihm geschehen wird oder soll. Es ist deshalb nicht sinnvoll, beim Betreten eines Bestandes zu fragen: Ist dies nun Dauerwald? — Gemeint ist damit auch wohl meistens die Frage nach dem Gesundheitszustand des Waldes. Danach kann man auch wohl vermuten, ob in dem Bestande bisher schon Dauerwaldwirtschaft betrieben worden ist oder nicht. Aber Dauerwald in die Reihe der anschaulichen Dingbegriffe Hochwald, Plenterwald, Mischwald usw. zu stellen, ist ein fundamentaler Irrtum.

Die Argumentation mit anschaulichen Dingbegriffen zeigt sich besonders in der Auseinandersetzung Trebeljahrs mit Möller über den Dauerwaldbegriff, wobei Trebeljahr[1] sagt, es »schwindet die letzte Möglichkeit, ein normales Dauerwaldbild jemals zu fixieren, denn dann existiert ein solches normales Waldbild gar nicht; der normale Dauerwald kann dann so und auch so aussehen.« — Möller[2] bezeichnet diese Ausführungen als »ganz richtig« und fährt fort: »Ich habe den Begriff eines normalen Dauerwaldes auch nie aufgestellt und schließe anders. Wie immer die Waldbilder beschaffen sein mögen in ihrer tatsächlichen Verschiedenheit, mit denen wir zu tun haben, die Grundsätze der Dauerwaldwirtschaft lassen sich in jedem Falle auf jedes derselben anwenden, und zwar sofort: Herstellung und Erhaltung eines stetigen, gesunden Waldwesens. Der Mittel gibt es viele, und so verschieden die Waldbilder, so verschieden die Kräfte des Geistes und Körpers, so verschieden die Erfahrungen der arbeitenden Forstleute sind, so verschieden werden sich unter der Wirkung des Dauerwaldgedankens die Waldbilder auch in Zukunft gestalten.«

Diesen Gedankengängen Möllers ist Trebeljahr in vorbildlicher Weise gefolgt und ist dadurch zu einer richtigen Definition der Dauerwaldwirtschaft gekommen, die er folgendermaßen formuliert: »Dauerwaldbetriebe sind alle Betriebe, bei denen ein entweder schon vorhandenes oder durch geeignete Maßnahmen erstrebtes, gesundes Waldwesen dauernd, also ohne Unterbrechung fortbestehen soll.« — Das stimmt mit der Definition Möllers überein. Aber trotzdem bleibt noch ein Rest des Mißverständnisses bestehen, der in den anschließenden Worten zum Ausdruck kommt: »Wenn ich die Sache jetzt richtig auffasse, dann kann es Dauerwald geben ohne Reisigdeckung und ebenso Reisigdeckung ohne Dauerwald.« — Auch das würde Möller zweifellos als »ganz richtig« anerkannt haben.

Aber es zeigt sich auch hierin wieder und immer noch, daß Trebeljahr nach anschaulichen Merkmalen für den Dauerwaldbegriff sucht, obwohl Möller diese Auffassung bereits dahin richtiggestellt hatte, daß Dauerwaldwirtschaft nicht durch irgendwelche »einzelnen, bisher unerhörten, noch von niemand im Walde angewendeten Maßnahmen« (Dg. 24) gekennzeichnet wäre, sondern durch den biologischen Sinn der angewendeten Maßnahmen, durch einen »zur obersten Richtschnur aller ihrer

---

[1] Silva 10 (1922), S. 126.
[2] Silva 10 (1922), S. 155/156.

Handlungen« gemachten »Gedanken« (scil. des Waldorganismus). »Insoweit nun irgendwelche forstlichen Maßnahmen, mögen sie viel oder wenig von andern bereits angewendet worden sein, in den Dienst genommen wurden, um die Stetigkeit des Waldwesens zu sichern, insoweit dürfen sie als für den Dauerwaldbetrieb charakteristisch bezeichnet werden« (Dg. 24).

Selbstverständlich ist Reisigdeckung kein wesentliches Merkmal des Begriffs Dauerwaldwirtschaft. Sie kann unter bestimmten Verhältnissen biologisch sinnvoll, unter anderen ebenso sinnlos sein. In Bärenthoren diente sie zweifellos ausgezeichnet der Wiederherstellung eines gesunden Waldwesens, war insofern sinnvoll und deshalb »ein Charakteristikum« — wie Möller sagt — der Dauerwaldwirtschaft in Bärenthoren, — und würde das auch anderswo auf sehr vielen armen Standorten sein. Reisigdeckung ist also nicht deshalb ein Charakteristikum, Merkmal oder Anzeichen der Dauerwaldwirtschaft, weil es sich um die anschaulichen Dinge Reisig und Deckung des Bodens damit handelt, sondern weil und nur insoweit sie einem biologischen und weiterhin wirtschaftlichen Sinn und Zweck dient, also in einem bestimmten Sinnzusammenhang steht. Und dieser allein ist das wesentliche Merkmal der Dauerwaldwirtschaft.

»Dauerwald« ist weder eine Waldform noch eine Betriebsart im Sinne der üblichen waldbaulichen Terminologie. Wenn Möller sagt: »Plenterwald sowohl wie Dauerwald können als Betriebsarten aufgefaßt werden« (Dg. 21), so meint er das in dem allgemeineren Sinne irgendeiner Art und Weise, den Waldbau oder die Forstwirtschaft zu betreiben, wobei die Art nach den denkbar verschiedensten Gesichtspunkten bestimmt oder gekennzeichnet werden kann. Er sagt das mit folgenden Worten: »Betriebsarten gibt es im Grunde so viele, als es nachdenkende, planmäßige Wirtschafter im Forstbetriebe gibt. Ein jeder hat seine eigene Betriebsart. Wenn wir Systeme der Betriebsarten und Benennungen aufstellen, so hat das nur den Zweck der gegenseitigen Verständigung, die zu didaktischen Zwecken ebenso unentbehrlich ist wie als Grundlage zu schriftstellerischem oder rednerischem, unsere Technik förderndem Gedankenaustausch. Die Art der Einteilung eines solchen Systems ist zunächst willkürlich, sie geht von einzelnen Bearbeitern als deren geistige Schöpfung aus und wird sich um so leichter Anerkennung verschaffen, je besser sie ihrem Zweck entspricht. Sie ist nichts dogmatisch für alle Zeit Feststehendes, sondern mit dem Fortschritt der Erkenntnis und Technik wird sie sich wandeln« (Dg. 22). — Die Betriebsarten Hochwald, Mittelwald, Niederwald sind nach dem Gesichtspunkt ihrer Entstehung aus Samen oder Stockausschlag oder aus beidem charakterisiert und unterschieden; »Dauerwald« ist durch den Gesichtspunkt der organischen Ordnung, durch die Organismusidee gekennzeichnet. Diese Gesichtspunkte sind nicht nur sachlich, sondern auch logisch verschieden. »Dauerwald« kann daher den Betriebsarten Hoch-, Mittel- und Niederwald logisch nicht koordiniert werden, er ist eine Be-

triebsart sui generis. — Der maßgebende Geſichtspunkt beſtimmt das tech=
niſche ebenſo wie das wirtſchaftliche Handeln, deshalb kann man von
Dauerwaldbetrieb mit demſelben Recht ſprechen wie von Dauerwald=
wirtſchaft.

Der Begriff der Dauerwaldwirtſchaft iſt alſo nicht durch beſtimmte an=
ſchauliche Dinge, ſondern durch einen beſtimmten Sinnzuſammenhang ge=
kennzeichnet und gilt »für alle Waldwirtſchaften, alle Betriebsarten, die
unter dem gemeinſamen Grundgedanken, Stetigkeit des geſunden Wald=
weſens, ihr Handeln ſtellen« (Dg. 18).

f) »Dauerwald« nicht identiſch mit einer beſtimmten Waldform, insbeſondere nicht mit Plenterwald

Somit kann allein aus logiſchen Gründen der Begriff der Dauerwald=
wirtſchaft nicht identiſch ſein mit einer beſtimmten Waldform. Denn die
verſchiedenen Waldformen ſind anſchauliche Dinge; man kann ſie wohl in
jeder Waldbauſammlung ſehen. Dauerwaldwirtſchaft dagegen läßt ſich
nicht anſchaulich darſtellen; ja nicht einmal ihr Beziehungsbegriff: das un=
geſunde Waldweſen, denn ſein weſentliches Merkmal liegt — wie wir
ſahen — in der harmoniſchen Funktion aller ſeiner Organe. Aber
dieſes Merkmal kann man nicht ſehen, ſondern nur denken, aus verſchie=
denen Anzeichen oder äußeren Merkmalen denkend erſchließen.

Aber abgeſehen davon wurde Möller nicht müde, nachdrücklichſt zu
betonen, daß Dauerwaldwirtſchaft nicht an beſtimmte Waldformen oder
Waldbilder gebunden iſt, ſondern in der allerverſchiedenſten Art und
Weiſe verwirklicht werden kann. Ausdrücklich wurde bei der Begriffs=
beſtimmung die Bindung an eine beſtimmte Waldform verneint. Im
Anſchluß an Gayer ſagt Möller und unterſtreicht durch Hinzufügen der
Worte »und müſſen«: »Wir ſollen und müſſen uns aller Wald=
formen zur Erreichung der waldbaulichen Ziele bedienen und
keiner die Alleinherrſchaft zugeſtehen« (Dg. 16). Eine Dauer=
waldwirtſchaft, die wie die Bärenthorener »die Stetigkeit des Wald=
weſens ... unter Anpaſſung an die beſonderen unmittelbar vorliegenden
Verhältniſſe« erſtrebt, »würde zwar unter anderen Boden=, Klima= und
Beſtandsverhältniſſen zu ganz anderen Waldformen gelangen, als
die wir in Bärenthoren jetzt vor uns haben, ſie würde in ihrem Vorgehen
oft ganz andere Mittel anwenden müſſen, als dort zur Verwendung
kamen, aber derſelbe leitende Gedanke würde für ſie die Richtſchnur
bilden« (Dg. 17/18). — Dauerwaldwirtſchaft ſoll ſich eben allen gegen=
wärtigen Waldzuſtänden anpaſſen. »Gebe man es auf, über eine Schablone
zu grübeln, deren Erreichung als Wirtſchaftsziel vorſchwebt, und vertage
man überhaupt alle jene ſo ſehr beliebten Spekulationen über die Ge=
ſtaltung ſpäter Zukunft des Waldes, welche oftmals bewußt oder unbe=
wußt nur dazu dienen, die Aufmerkſamkeit abzulenken von der Ent=

7*

schließung darüber, was jetzt und sogleich geschehen muß und kann« (Dg. 59).
»Der Wege gibt es so viel verschiedene, als es verschiedene Waldbilder
gibt« (Dg. 65). »Der Dauerwald kennt kein Schema des Aufbaues, seine
Tätigkeit paßt sich stets dem jeweils gegebenen und bewirtschafteten Walde und seinem Zustande an; und so mannigfaltig
die Bilder im deutschen Walde gegenwärtig sind, so mannigfaltig würden
sie unter allgemeiner Herrschaft der Dauerwaldwirtschaft auch bleiben,
ja sie würden sogar noch weit reichere Abwechslung bieten. Und das ist
das Wesentliche: Ein jeder kann in jedem Walde in jedem Augenblick
Dauerwaldwirtschaft einleiten. Er braucht nur die Erhaltung der Stetigkeit des gesunden Waldwesens zur obersten Richtschnur all seines waldbaulichen Tuns zu nehmen« (Dessau 93).

Besonders eingehend hat Möller im zweiten Teil seines »Dauerwaldgedankens« die irrige Auffassung behandelt, daß Dauerwald
dasselbe wie Plenterwald bedeute (Dg. 19—24). An Hand seiner
eigenen Definition weist er nach, daß Dauerwald nicht dasselbe ist wie
Plenterwald, und macht gegenüber der falschen Benutzung des Dauerwaldbegriffs mit Recht geltend, daß es literarischer Übung ebenso wie dem
natürlichen Empfinden für Recht und Billigkeit entspreche, das ein in die
Literatur eingeführter neuer Ausdruck nur in dem Sinne gebraucht wird,
den der Urheber ihm gegeben hat. — Bekanntlich hat Wiebecke Dauerwald mit Plenterwald identifiziert. Sein Dauerwaldbegriff ist daher nicht
nur wesentlich enger als derjenige Möllers, sondern hat auch als anschaulicher Begriff einen anderen logischen Charakter. Eine Kritik des
Dauerwaldgedankens, die diesen Unterschied zwischen den Grundbegriffen
Möllers und Wiebeckes nicht bemerkt oder nicht berücksichtigt, kann
keinen Anspruch darauf erheben, als wissenschaftliche Kritik gewertet zu
werden.

Wer den Begriff der Dauerwaldwirtschaft als Plenterwald auslegt,
hat offenbar nicht nur den »Dauerwaldgedanken« höchst oberflächlich
gelesen, sondern auch im übrigen eine recht mangelhafte Literaturkenntnis.
Denn der Kiefernplenterwaldwirtschaft stand Möller früher schon durchaus ablehnend gegenüber, und zwar hauptsächlich wegen der Fällungsund Rückschäden. Darüber sagte er in Trier: »Der Plenterwald ist waldbaulich unzweifelhaft ein Ideal, Düesberg hat es mit hingebender Liebe
für den preußischen Osten gebildet und geschildert. Aber mit Variation
eines berühmten Wortes dürfen wir sagen, der Plenterwald ist ein
Traum und nicht einmal ein schöner. Hart im Raume stoßen sich
die Sachen, nämlich die schweren inmitten des Jungwuchses stehenden
Erntestämme. Wenn in der Zukunft ein kleines leicht tragbares Maschinchen, elektrisch betrieben, mit glühendem Draht in wenigen Sekunden
dicht über dem Boden die stärkste Kiefer abschneidet, während ein mächtiger
Anker von dem dicht über dem Bestande schwebenden Forstluftkreuzer

herabgelassen die Krone packt, wenn dann die vertikalen Propeller die
Last senkrecht heben, bis das Luftschiff mit dann senkrecht hängender Last
mehrere Tonnen ohne Gefährdung der Wälder und Bauwerke zur Säge-
mühle fährt und sich senkrecht dort hinabschraubt, dann wollen wir sicher
uns wieder mit dem Kiefernplenterwalde beschäftigen, dann mag auch
Naturverjüngung auf größeren Flächen wieder versucht werden, die ja
selbst heut, wenn auch nur in Ausnahmefällen gelingt, als allgemeine
Betriebsart aber — darin sind wir alle einig — für unseren Kiefernwald
nicht mehr in Betracht kommen kann« (Trier 54/55).

5. Praktische Folgerungen und Forderungen des Dauerwaldgedankens

Der Gedanke, durch Erhaltung der organischen Verfassung des Waldwesens und der Harmonie aller seiner Kräfte zu einer nachhaltigen wirtschaftlichen Höchstleistung zu gelangen, führt zu bestimmten Forderungen oder Grundsätzen, die in der Regel als angebracht und zweckmäßig gelten können oder jedenfalls in erster Linie in Betracht zu ziehen
sind. Möller faßt sie in seinem Buch unter der Überschrift: »Auswirkung
des Dauerwaldgedankens in der forstlichen Praxis« zusammen.

Je allgemeiner ein Begriff ist, um so inhaltsärmer muß er sein. Das
gilt auch von einem normativen Begriff wie der »Stetigkeit des Waldwesens«. Soll diese allgemeine Norm für die praktische Aufgabe nutzbar
gemacht werden, so muß sie in praktische Maßnahmen umgesetzt werden,
die den leitenden Gedanken in der Regel repräsentieren, ohne indessen mit
ihm eo ipso identisch zu sein. Solche Maßnahmen, bzw. Forderungen
haben deshalb wohl eine große Bedeutung, aber keine absolute Gültigkeit. Sie sind keine conditio sine qua non.

Alle Waldbaulehrer haben solche Forderungen aufgestellt. Auch
Möller ist in seinem »Dauerwaldgedanken« für Unterlassung des Kahlschlags, für Mischwald, Naturverjüngung und Ungleichaltrigkeit eingetreten, wie schon viele Waldbauschriftsteller vor ihm. Wenn er das
wiederholt in der kategorischen Form tat: der Dauerwald fordert den
Mischwald, fordert reviereigenes Saatgut und Pflanzenmaterial, fordert Ungleichaltrigkeit und macht zum obersten Gebot Naturverjüngung, so könnte jemand, der nach anschaulichen Dingbegriffen zu
urteilen gewohnt ist, dazu versucht sein, in diesen Forderungen das Wesentliche der Dauerwaldwirtschaft zu erblicken.

Aber nur ein sehr oberflächliches Studium des »Dauerwaldgedankens«
kann zu der Meinung führen, daß dies die wesentlichen Merkmale des
Begriffs der Dauerwaldwirtschaft sind. Es widerspricht dem nicht nur
— wie wir gesehen haben — die wiederholte Definition Möllers und die
ausdrückliche Verneinung ihrer Bindung an eine bestimmte Waldform,

sondern auch die Anwendung des Kahlschlags, reiner Bestände und künst=
licher Verjüngung im Dauerwaldbetrieb, sowie die ausdrückliche Aner=
kennung verschiedener Betriebsformen als Dauerwaldbetriebe, die die
genannten Forderungen nicht vollständig erfüllen[1]. Letztere Tatsache hat
z. B. Dengler[2] dazu geführt, diese Forderungen des Dauerwaldes ganz
zutreffend als Idealforderungen zu bezeichnen.

Möller hat bekanntlich das oberste Waldbauprinzip in der Weise
entwickelt, daß er aus den Gedanken und Forderungen der führenden
Waldbauschriftsteller das Gemeinsame herauszuheben suchte. Was waren
denn das für Forderungen? Diese Frage stellte Möller in Trier: »Wie
aber kommt es denn, daß in der Literatur die Wünsche und Vorschläge zu
einer Änderung der bestehenden Wirtschaft nicht verstummen, daß gerade
die besten und anerkanntesten unserer Waldbauschriftsteller ... mit dem
Bestehenden nicht zufrieden sind? — Drei Wünsche tragen sie stets
und ständig vor und begründen sie als gerechtfertigt mit nicht anzu=
greifenden Argumenten: Naturbesamung, Mischwald, Vermeiden
großer Schlagflächen. All die drei Wünsche werden von der herrschen=
den Kiefernwirtschaft nicht nur nicht erfüllt, sondern ihre Erfüllung wird
durch sie geradezu unmöglich gemacht. Dennoch ist die Berechtigung jener
Wünsche nicht zu verkennen« (Trier 51).

Diese drei Forderungen ergeben sich für Möller aus der Eigenart des
Waldes als eines Organismus, ebenso die weitere Forderung der Ungleich=
altrigkeit. Niemandem war es früher eingefallen, einem Waldbauschrift=
steller wegen solch allgemeiner Idealforderungen den Vorwurf unzuläs=
sigen Generalisierens mit waldbautechnischen Maßnahmen zu machen. Das
blieb einem Dauerwaldkritiker vorbehalten.

Aber bei keinem Waldbaulehrer ist dieser Vorwurf so unangebracht wie
bei Möller, der das Generalisieren mit bestimmten Waldbauverfahren,
wie z. B. dem Blendersaumverfahren, ja gerade vermeiden will. Schon
in Trier ruft er aus: »Generalisieren wir nicht im allergrößten
Umfange mit dem Großkahlschlagbetrieb im ganzen preu=
ßischen Kieferngebiet?« (Trier 49). — In seinem »Dauerwaldgedanken«
lehrt er, daß die »oberste Generalregel allen waldbaulichen Handelns« sei,
die Stetigkeit des Waldwesens zu erstreben »unter Anpassung an die
besonderen unmittelbar vorliegenden Verhältnisse des zu be=
wirtschaftenden Reviers« (Dg. 17). Und in Dessau mahnt er die
Fachgenossen mit Bezug auf das Revier Bärenthoren: »Rechnen Sie
nicht auf Rezepte; es ist keine Lehrlingsanstalt! Am wenigsten kann
man hier Regeln lernen für Behandlung von Waldbildern, die in Bären=
thoren nicht vorkommen, z. B. verlichtete, schwammdurchseuchte Kiefern=

---

[1] Wagners Blendersaumschlag, Erdmanns zweialtriger Hochwald, Kautz Schmal=
schirmschlag, selbst Bärenthoren.

[2] Dengler: Dauerwald in Theorie und Praxis. Silva 13 (1925), S. 25—31.

althölzer von 120 Jahren. — Unmittelbar anzuwendende Regeln könnte allenfalls derjenige mitnehmen, dessen Wald von ganz gleicher oder ähnlicher Beschaffenheit wäre wie der Bärenthorener zu Beginn der Kalitschschen Wirtschaft. Aber auch diesem wäre mit dem Rezepte nur dann gedient, wenn er den Sinn der der Wirtschaft zugrunde liegenden Gedanken nachempfindend erfaßte und die Ausführung im Sinne des Meisters gestaltete« (Dessau 92).

a) Grundsätzliche Vermeidung des Kahlschlags

Aus der Auffassung des Waldes als Organismus folgt hinsichtlich des gesunden Waldwesens die »unbedingte Verurteilung jedes Kahlschlags« (Dg. 32); die Ausnahmen beziehen sich auf das mehr oder weniger erkrankte Waldwesen (Dg. 52/53). Auch der Kahlschlag ist bei Möller ein Beziehungsbegriff und wird ökologisch-biologisch gekennzeichnet. Schon in Trier sagt Möller darüber: »Und die kahle Fläche! Darunter verstehe ich jede Schlagfläche, welche so groß ist, daß sie nicht mehr ökologisch unter dem Einfluß sie umsäumender Holzgewächse steht. Sie ist waldbaulich stets der Übel größtes, sie ist kein Wald mehr.« (Trier 52).

Vor allem wendet sich Möller gegen den Kiefern-Großkahlschlag. Das kommt — wie schon in Trier — auch wieder in seinem »Dauerwaldgedanken« zum Ausdruck: »Niemals darf auf größerer zusammenhängender Fläche alles vorhandene Holz abgeräumt werden, denn damit ist das Waldwesen zerstört« (Dg. 31). Und »der Wald hört da auf, wo Flächen nicht mehr unter dem Einfluß der Holzgewächse des Waldes stehen, wo Flächen nicht mehr von Holzgewächsen durchwurzelt, vom Schatten der Bäume wenigstens stundenweise beschirmt werden. Da ist das Waldwesen vernichtet« (Dg. 32).

Man darf im übrigen nie vergessen, daß es sich um ein biologisches Urteil handelt, wenn Möller von Vernichtung oder von Verwüstung des Waldwesens spricht, und nicht um den Vorwurf mangelnder Pfleglichkeit und Sorgfältigkeit des Kahlschlagbetriebs. »Es ist mit Hingebung und viel Erfolg auch im Kahlschlagbetrieb gearbeitet worden, und gänzlich verfehlt wäre es, die damit geleistete Arbeit mißachten oder herabsetzen zu wollen. Sie war nach dem Maß der verfügbaren Kräfte und Möglichkeiten der Übel kleinstes und mußte deshalb gewählt werden, nur stelle man sie nicht als unübertreffbares Ideal auf« (Trier 54).

Ebenso hat übrigens Wiebecke gedacht, dessen eigene hervorragende Leistungen im Kahlschlagbetrieb auch von seinen Dauerwaldgegnern unumwunden anerkannt werden, der aber trotz seiner Erfolge sagte: »Gewiß es gibt im Kahlschlag sehr pflegliche Sachen. Aber der Kahlschlag ist und bleibt eine Verzerrung der Natur und in diesem Sinne ist er ein Zerrbild« (Dessau 125).

Es ist durchaus verständlich, daß ein Kahlschlagwirt, wenn er den Orga=
nismusgedanken Möllers nicht erfaßt hat, die Behauptung der Ver=
nichtung oder Verwüstung des Waldwesens mit lauter Einwänden zu wider=
legen sucht, die an der eigentlichen Frage der Erhaltung des orga=
nischen Waldgefüges im Interesse nachhaltiger Höchstleistung vorbei=
gehen. Solche Einwände hat sich Möller aber selber schon gemacht, und
man kann nicht sagen, daß die Dauerwaldkritik darin wesentlich Neues zu=
tage gefördert hätte.

Schon in Trier ließ Möller diejenigen sprechen, »die mit dem gegen=
wärtigen Zustande unbedingt zufrieden sind und daher keine Verbesserung
für erforderlich halten. Ihre Argumentation ist folgende: In großen
Kiefernrevieren kann es für den mit mancherlei amtlichen Verpflichtungen
belasteten Oberförster keine übersichtlichere und einfachere Betriebsart
geben, als den üblichen schlagweisen Hochwald mit künstlicher Verjüngung.
Jede Betriebsart, welche nicht nur für die durchforstenden Pflegehiebe,
sondern sogar für die gesamte Holzernte ein stammweises Auszeichnen ver=
langt, ist undurchführbar, wo der Einschlag in der Hauptnutzung 10 bis
20000 fm oder mehr beträgt. Die Preise gestalten sich am besten, wo die
Haupternte in großen Schlägen beisammen liegt, Prüfung der Qualität
durch den Käufer, Kalkulation der Abfuhrkosten wird lediglich erschwert,
wenn die Ernte sich auf das ganze Revier verteilt. Und was in aller Welt
habt ihr Nörgler eigentlich gegen eine im guten Schluß frohwüchsig und
geschlossen mit Jahrestrieben von ½ m aufstrebende künstliche Kiefern=
kultur. Die Kulturtechnik wird immer besser; wir grubbern und nutzen
den Humusvorrat, wir säen besten selbstgewonnenen Samen, oder pflanzen
kräftige selbstgezogene Pflanzen, wir hacken die Kulturen und schneiden
sie frei von Unkraut und Graswuchs, wir spritzen sie mit Bordelaiser Brühe,
wir sammeln den Rüsselkäfer, und bei dieser Behandlung ist der Boden bald
wieder gedeckt. Bodenverarmung ist da nicht zu befürchten. Sie ist ja viel
schlimmer bei der gepriesenen Naturverjüngung, die bei der Kiefer doch
fast nie gerät. Da verarmt der Boden, während ihr auf die doch nicht ein=
tretende Besamung wartet; was schließlich anfliegt, ist Krüppelwuchs und
wird durch die Abfuhr vollends ruiniert, und die Kulturkosten und Nach=
besserungen sind nachher viel höher, als wenn ich frisch herunterschlage und
flugs aus der Hand kultiviere« (Trier 50).

Kann man die Vorzüge einer pfleglichen Kahlschlagwirtschaft freund=
licher darstellen, als Möller es hier tut? — Und doch will sie ihm
nicht gefallen; und er fragt, wie kommt es denn, daß trotzdem die besten
und anerkanntesten unserer Waldbauschriftsteller immer wieder mahnen,
große Schlagflächen zu vermeiden und Mischwald und Naturverjüngung
zu pflegen. In seiner Auffassung des Waldes als Organismus
läßt Möller sich nicht genügen an dem zeitweiligen frohen
Wachstum der Kiefernkultur oder gar der Kahlschlagflora. Er

sieht im Geiste alles das, was in diesem scheinbar frohen Lebensbilde fehlt; er ermißt die biologische Bedeutung des Fehlenden, überschaut die weitere Entwicklung durch Jahrzehnte und sagt dieser im Kahlschlagbetriebe bewirkten »Massenauferstehung«[1] den sicheren Massentod voraus. Denn es fehlt diesem künstlichen Waldwesen vor allem das, was ihm »Sicherheit gegen die Gefahren« (Dessau 92) seines Lebens gewährt: die harmonisch-organische Konstitution, die biologische Einheit aller den örtlichen Lebensverhältnissen entsprechenden Organe.

Und so beschwört Möller am Schlusse seines Vortrags in Trier die Kiefernwirte des Ostens mit den Worten: »Ich glaube nicht, daß man trotz Wagners Beispiel und Büchern im großen den Großkahlschlagbetrieb eher verlassen wird, als bis bei stetig steigenden Holzpreisen seine negativen Ergebnisse himmelschreiend und allgemeinkundig werden, man wird ihn im großen ganzen beibehalten, solange es noch halbwegs gelingt, Kulturen, wenn auch mit Aufwand von einigen hundert Mark pro Hektar in die Höhe zu bringen und den Schein der wahrhaften Nachhaltigkeit der Wirtschaft zu retten. Es gibt aber Stimmen, die den Zeitpunkt, da das Himmelschreien beginnt, und der Schein schwindet, in nicht allzu ferner Zukunft sehen« (Trier 61/62).

Und wie wahr ist leider diese Voraussage geworden! Oder war es noch nicht himmelschreiend, daß wir in den Jahren 1922/24 im Kieferngebiet eine Insektenkalamität erlebten, die von Berlin bis Warschau reichte und ein Milliardenvermögen vernichtete? — Nein, sagt da noch ein alter Kahlschlagfreund, das hats schon immer gegeben! Bloß wurden früher solche Schäden nicht so regelmäßig berichtet, weil wir noch nicht so viele forstliche Zeitschriften hatten.

Aber das ist denn doch ein gar zu leichtfertiger Standpunkt. Denn die Kalamitätsfläche zeigt keineswegs deshalb eine so riesenhafte Zunahme, weil die Kalamitätsfälle bzw. die Kalamitätsberichte zahlreicher geworden sind, sondern in der Hauptsache deshalb, weil die einzelnen Fälle immer riesiger werden.

Die Kalamitätsflächen der schlimmsten Großschädlinge haben seit 1800 betragen:

Im Zeitabschnitt	Eule	Spanner	Spinner	Nonne
1800—1870	11500	5500	34115	73300 ha
1870—1935	238000	52000	48000	152000 ha

Im zweiten Zeitabschnitt entfallen von der Kalamitätsfläche

bei der Eule	auf die 4 größten Kalamitäten	93 %
beim Spanner	„ „ 5 „	„	74 „
beim Spinner	„ „ 4 „	„	96 „
bei der Nonne	„ „ 3 „	„	70 „

---

[1] Schenk: Der Waldbau des Urwaldes. A. F. u. J. 100 (1924), S. 377. »Auf Massentod folgt Massenauferstehung.«

der Gesamtkalamitätsfläche des betreffenden Schädlings. Die riesigen Kalamitätsflächen der neueren Zeit kommen also schon zu 8—9-Zehnteln durch die Flächen weniger, aber sehr großer Kalamitäten heraus. — Sollten nun die forstlichen Schriftsteller vor 1870 die großen Kalamitäten immer übersehen und nur die mittleren und kleinen bemerkt und berichtet haben?

Nein, die Insektenschäden haben infolge der Nadelholzreinkultur in so ungeheurem Maße zugenommen. Forstgeschichtliche Untersuchungen öffnen uns immer mehr die Augen dafür, in welch bedenklichem Umfange das Laubholz durch die Kahlschlagwirtschaft aus den heutigen Nadelholzgebieten verdrängt worden ist, und die Forstentomologen sind sich darüber einig, daß ein Wald um so mehr gefährdet ist, je artenärmer er zusammengesetzt ist. Diese Auffassungen bestätigen durchaus die Folgerungen, die man aus der Berichterstattung über die großen Insektenschäden ziehen muß, mag dieselbe auch noch so unvollständig sein[1].

b) Mischwald

Die grundsätzliche Verwerfung des Kahlschlags und die Forderung des Mischwalds hängen aufs engste zusammen. Denn die Geschichte der deutschen Forstwirtschaft erbringt den unwiderleglichen Beweis, daß die Großkahlschlagwirtschaft den Mischwald auf riesigen Flächen vernichtet hat.

Die waldbauliche Bedeutung des Mischwalds ist von allen Waldbaulehrern nachdrücklichst betont worden, am eindringlichsten von Gayer in seiner Schrift über den »Gemischten Wald«. Niemals ist den Autoren, die für den Mischwald eintraten, der Vorwurf gemacht worden, daß sie damit eine bestimmte waldbaulich-technische Maßnahme generalisieren.

Möller mußte aus der Auffassung des Waldes als Organismus zur Forderung des Mischwaldes kommen. Er wandte sich aber hauptsächlich

---

[1] Dengler bemüht sich, die gegen den Kahlschlag erhobenen Vorwürfe der Laubholzverdrängung und der Vermehrung der Insektenschäden abzumildern (Z. f. F. u. J. 1928, S. 66 f.). Soweit sich seine Ausführungen gegen exaltierte Übertreibungen richten, stimme ich ihm darin zu; im übrigen aber halte ich sie nicht für beweiskräftig. Es ist natürlich richtig, daß nicht »jeder Kiefernreinbestand von Natur ein Mischbestand gewesen ist«. Wenn das also jemand behauptet haben sollte, so ist das natürlich eine arge Übertreibung. Aber die Tatsache der Verdrängung des Laubholzes, nicht nur der Buche und Eiche, sondern auch aller anderen, oft nur sehr wenig in Erscheinung tretenden, biologisch vielleicht sehr bedeutsamen Laubhölzer ist wirklich nicht mehr zu bestreiten. Sie kann nicht durch einzelne Fälle widerlegt werden, in denen die Buche auch einmal zugenommen hat, auch nicht durch den Hinweis auf wirtschaftliche Gründe, die vor hundert Jahren der Mischwalderziehung im Wege standen. — Es ist ferner richtig, daß es schon immer Insektenkalamitäten gegeben hat und auch recht große, obwohl wir von keiner Kalamität wissen, die auch nur annähernd dem Eulenfraß von 1922/24 vergleichbar wäre. Darin gibt sich Dengler einer gründlichen Täuschung hin. Die Zunahme der Insektenschäden zeigt sich nicht nur im Gesamtbild, sondern immer deutlicher in der Reviergeschichte der einzelnen Forsten.

gegen die Vorurteile, die hinsichtlich der standörtlichen Bedingtheit des Mischwaldes bei vielen Forstleuten herrschen. So sagte er schon in Trier: »Des Mischwaldes Lob ist genugsam verbreitet. Jeder Forstmann, der nicht über dem Rechnen und Schreiben seine naturwissenschaftliche und waldbauliche Bildung vernachlässigte, ist von dem Vorzug gemischter Bestände überzeugt, aber mit dieser platonischen Verbeugung hat es auch meist sein Bewenden. Man halte mir nicht entgegen, die östliche Kiefernwirtschaft könne keinen Mischwald erziehen, denn auf den meisten Böden ihres Arbeitsfeldes sei die Kiefer die einzig standörtlich mögliche Holzart. Ich will gar nicht leugnen, daß es derartige Gebiete gibt, soviel ist aber sicher, daß sie nicht so ausgedehnt sind, wie es nach unseren Abschätzungswerken und vor allem nach unseren Kulturausführungen scheinen möchte« (Trier 51).

Möller verweist dann auf den Wert der bestandsgeschichtlichen Forschung, die uns zahlreiche Beweise dafür erbringe, »daß auf heut scheinbar und angeblich reinem Kiefernboden noch vor 100 Jahren Eichen-Kiefern- und Buchen-Kiefern-Mischbestände möglich waren, welche jetzt die auf den gegenwärtig stockenden Bestand begründete Bonitierung auszuschließen scheint« (Trier 52). Wer die östliche Kiefernwirtschaft kenne, habe zahllose Beispiele vor Augen, wo an die Stelle herrlicher Mischbestände reine Kiefernbestände getreten seien. Oft liegen solche Waldbilder unmittelbar nebeneinander und ein Blick auf den Boden zeige den bedeutsamen Wandel: Dort Oxalis und Luzula, hier Beerkraut und Heide. Nicht nur Buche, Hainbuche und Eiche, sondern überhaupt jede Mischholzart, jede Birke, jede Aspe, Eberesche, Faulbaum, Weide und jeder Strauch sollten in den eigentlichen, jetzt ganz reinen Kiefernrevieren willkommen sein.

Mit besonderem Nachdruck wendet sich Möller dann in seiner Dauerwaldlehre gegen den Buchenpessimismus. »Eines der schlimmsten Dogmen, welches die Kahlschlagwirtschaft und die mit ihr so gern rechnende Forsteinrichtung geprägt haben, ist das von der anspruchsvollen Holzart Buche, welche nur auf den besten Kiefern- (und Fichten-)Standorten möglich sei. Das Gegenteil ist richtig und nun vielerorten, u. a. auch von von Kalitsch in Bärenthoren, bewiesen, die Buche ist auch auf unseren ärmsten Waldböden als Mischholzart der Kiefer möglich, wenn wir nach Grundsätzen des Dauerwaldes wirtschaften« (Dg. 56). — Und ebenso in seiner Dessauer Rede: »Der freudige Buchenwuchs in Bärenthoren ist aufs beste geeignet, einen Grundirrtum zu zerstreuen, der bis in die neueste Zeit allgemein verbreitet war und in der Waldbauvorschrift zum Ausdruck kam, die Buche wüchse nur auf Kiefernboden II., allenfalls II.—III. Klasse und besserem. Als Herr von Kalitsch seine Wirtschaft begann, hätte wohl jeder zünftige Forsttaxator für seinen Wald, wie für so viele Tausende von Hektar ähnlichen Kiefernwaldes, sich mit dem Dogma begnügt: Hier wächst

nur die Kiefer, allenfalls noch die Birke; wohingegen das, was Sie jetzt
in Bärenthoren beobachten, uns in der Überzeugung stärkt: Es gibt im
Norddeutschen Flachland keinen Boden, auf dem wir nicht mit Erfolg der
Kiefer die Buche beigesellen könnten. Ja, wir werden es sogar im weitesten
Umfange tun müssen, sobald nur erst die Mehrzahl der Forstleute davon
überzeugt ist, daß wir dadurch die Kiefernerträge unseres sog. Brotbaumes
nicht nur nicht herabsetzen, sondern sogar steigern, die Sicherheit gegen
Gefahren erhöhen, die Gesundheit des gesamten Waldwesens fördern und
der Forstästhetik unschätzbare Dienste leisten« (Dessau 92).

Diese allzu optimistische Ansicht Möllers beruht auf bodenkundlichen
Untersuchungen Vogel von Falckensteins an Melchower Dünensanden,
auf welche Möller in seinem »Dauerwaldgedanken« (S. 29) ausführlich
Bezug nimmt, die aber später als irrig erwiesen wurden; sie ist offenbar
auch beeinflußt durch die Lehren Wiebeckes, die hinsichtlich der Buchen=
standorte des Reviers Eberswalde zunächst die Zustimmung des Boden=
kundlers fanden, später aber ebenfalls als irrig erwiesen wurden; und sie
beruht weiter auf einer wohl zu geringen Einschätzung der Bärenthorener
Böden.

Mag man aber die Übertreibung Möllers noch so groß finden, im
wesentlichen behält er doch recht, daß nämlich — wie er schon in
Trier sagte — der Mischwald auf einer viel größeren Fläche
unseres östlichen Kieferngebietes möglich ist, als man nach dem
derzeitigen Zustand glaubte annehmen zu müssen und daß »ein Widersinn
darin liegt, daß man einen Boden klassifiziert nach dem, was gerade augen=
blicklich als Produkt menschlicher Bewirtschaftung darauf steht, also nach
der Höhe des aufstehenden Bestandes, nach einem durch menschliche Ein=
wirkungen veränderlichen Maßstabe« (Dessau 91). — Und diese Auffassung
wird durch die neueren Forschungsergebnisse Hesmers[1] bestätigt, aus
denen wir ersehen, daß das Verhältnis des Laubholzes zum Nadelholz in
Deutschland früher das umgekehrte von heute war.

Es ist nun für jeden wirtschaftlich denkenden Forstmann eine Selbst=
verständlichkeit, daß er diejenigen Maßnahmen zuerst in Angriff
nimmt, die den meisten und sichersten Erfolg versprechen. Das
war auch für Möller hinsichtlich des Kiefernmischwaldes die Richtschnur.
Er war sich der Schwierigkeiten auf den geringen Standorten wohl bewußt.
Ja, er machte sich selbst den Einwand eines Kiefernwirts auf reinem Sand=
boden IV.—V. Klasse: »Laßt den Mann reden, Katsederweisheit! Er soll
hier mal herkommen. Was soll ich denn beimischen, wo schon die Kiefer
so versagt, daß man aus Verzweiflung sich auf den Jugendblender, die
Banksiana stürzte, wo soll ich wohl Blendersäume hauen, da alle haubaren
Bestände längst von selbst so stark geblendert sind, daß sie voll Anflug stehen,
müßten, wenn solcher hier überhaupt aufkäme.« Demgegenüber gesteht

---

[1] Hesmer, Herbert: Die heutige Bewaldung Deutschlands. 1938.

Möller freimütig: »Ich maße mir nicht an, klüger zu sein wie der zitierte Kiefernwirt auf dem absoluten Kiefernboden, und ich traue mir nicht zu, ihm ein Rezept geben zu können, wie er von heut auf morgen den Kahlschlag verbessern und zum Blendersaumschlag übergehen könnte. Man wird die schwierigsten Fälle nicht zuerst in Angriff nehmen« (Trier 62).

Mit der bestandsgeschichtlichen Forschung wird der Waldbau auch am allerbesten den standörtlichen Verschiedenheiten gerecht. Möller wäre gewiß nicht auf den Gedanken gekommen, Reiseberichte aus dem Urwald Sibiriens (ein reichlich ausgedehnter Standort!) oder Nordamerikas zu generalisierenden Behauptungen und waldbaulichen Lehren über den Kiefernmischwald im ostdeutschen Kieferngebiet zu benutzen. Der Dauerwaldgedanke entstammt nicht dem Studium des Urwalds und der Absicht, ihn nachzubilden; sondern er entstammt biologischen Beobachtungen und Erkenntnissen im deutschen Walde und der Absicht, diesen zu wirtschaftlicher Höchstleistung zu bringen und zu dem Zwecke »diejenigen Holzarten zu begünstigen, die unser Leben vornehmlich fordert, und jene zurückzuhalten, die uns wenig nützen« (Dg. 28). Die Urwaldphantasien seiner Kritiker hat Möller ganz eindeutig abgewiesen. Er hat zwar gesagt, daß es verschiedene Grade der Gesundheit des Waldwesens gibt, aber niemals hat er behauptet, daß der höchste Grad der Gesundheit im Urwald zu finden sei. Das wäre gerade so, als wenn jemand behaupten wollte, der Mensch wäre nirgends so gesund, kräftig und langlebig wie bei den wilden Volksstämmen im Innern Afrikas oder Asiens und dort könne man am besten die körperliche und geistige Gesundheit und Kraft des Menschen studieren.

Ferner hat Möller nicht behauptet, daß im Urwald oder überhaupt im Mischwald eitel Harmonie und friedliche Symbiose herrsche, sondern er hat im Gegenteil — den Gedanken Darwins folgend — den ständigen Kampf ums Dasein geschildert und dem Forstmann als wichtigste Aufgabe die zugewiesen, in diesen Kampf fortwährend als Leiter und Schiedsrichter einzugreifen. Damit waren freilich Möllers Beobachtungen und Schlußfolgerungen noch nicht zu Ende, wie bei einigen seiner Gegner, sondern er erkannte außer dem Kampf ums Dasein auch die Harmonie im Dasein und die höheren Leistungen des Waldes, die sich daraus ergeben. An dieser Stelle scheiden sich die Geister.

c) Natürliche Verjüngung

Am Schlusse seiner ersten Dauerwaldabhandlung zählt Möller zu den »obersten Geboten« der Dauerwaldwirtschaft nächst der Wahrung der Stetigkeit des Waldwesens den Grundsatz, »die natürliche Verjüngung überall zu benutzen, zu fördern, hervorzurufen« (I 41). Schon aus dieser Formulierung geht hervor, daß Dauerwaldwirtschaft nicht ausschließlich

mit Naturverjüngung arbeitet und daß dieselbe somit kein Begriffsmerk-
mal der Dauerwaldwirtschaft sein kann.

Naturverjüngung wird aber in der Regel (bei schlechtrassigen Beständen
z. B. nicht) dem Dauerwaldgedanken entsprechen. Und das war zweifellos
in Bärenthoren der Fall. Die Erläuterung des Dauerwaldgedankens an
diesem Beispiel und wohl auch der in der ersten Abhandlung wiederholt
gebrauchte Ausdruck »nach Bärenthorener Muster« hatte zu der Ansicht
geführt, daß das dortige Naturverjüngungsverfahren samt der vorangegangenen Bodenpflege das allgemeingültige Rezept der Kiefern-Dauerwaldwirtschaft sein sollte.

Diesen Irrtum hat aber Möller in seiner zweiten Abhandlung völlig
zerstreut; er beruht, wie auch die meisten anderen Mißverständnisse, darin,
daß die Kritiker, anstatt sich in die Organismusidee, also in den biologischen
Sinn der Dauerwaldwirtschaft hineinzudenken, nach anschaulichen und
möglichst waldbautechnischen Kriterien, also nach Rezepten suchten, die
Möller aber zu geben ausdrücklich abgelehnt hatte. Er hielt jener irrigen
Auffassung klar und eindeutig entgegen: »Der Grundgedanke der
Dauerwaldwirtschaft ist gänzlich unabhängig von der Frage
der natürlichen oder künstlichen Verjüngung« (II 76). »Künstliche Kultur steht somit durchaus und gar nicht im Gegensatz
zur Dauerwaldwirtschaft und wird niemals ganz entbehrt
werden können. Daß wir natürliche Verjüngung überall als Regel anzustreben haben, das ist eine Sache für sich, und wie man die natürliche
Verjüngung der Kiefer fördern, pflegen und benutzen könne, das erfordert
eine Abhandlung für sich. Bärenthoren hat ein Beispiel nach dieser Richtung gegeben, und keinesfalls bilde ich mir ein, hier tatsächlich den Weg
gezeigt zu haben, wie man Kiefernbestände, auch selbst solche höheren
Alters, auf großen Flächen natürlich verjüngen kann'« (II 77).

Aus diesen Worten geht auch klar hervor, daß die »Forderungen«
des Dauerwaldes keine absolut gültigen Begriffsmerkmale der Dauerwaldwirtschaft sind, sondern den Charakter von Regeln oder Grundsätzen haben,
die aber nur insoweit gelten, als sie dem biologischen und dem
wirtschaftlichen Sinn der Dauerwaldwirtschaft entsprechen.
Wenn also die natürliche Verjüngung in der Regel auch zu erstreben ist,
so soll die künstliche Kultur doch selbstverständlich überall Platz greifen, »wo
natürliche Verjüngung nach Maßgabe unserer Erfahrungen nicht zu erzielen oder zu erwarten ist« (II 77), »wo keine Aussicht auf natürliche Ergänzung besteht« (Dg. 52), wo der Boden »derart erkrankt ist, daß An-
samung nicht möglich ist«, »wo Samenträger fehlen oder nur von einer
Art sind, während andere Arten im Mischwald nötig sind« — oder auch aus
wirtschaftlichen Gründen, wo »schnellere Bestandsergänzung erwünscht und
durchführbar ist, als sie durch natürliche Besamung erwartet werden kann«
(Dg. 58).

Dauerwaldwirtschaft wird also nicht an der Art der Verjüngung erkannt und durch sie bestimmt, sondern umgekehrt wird die Frage natürlicher oder künstlicher Verjüngung nach dem Dauerwaldgedanken entschieden, d. h. im Hinblick auf die Erhaltung bzw. Herstellung eines gesunden Waldwesens »unter Anpassung an die besonderen unmittelbar vorliegenden Verhältnisse« (Dg. 17). In der Regel wird die natürliche Verjüngung diesem Ziele entsprechen und außerdem auch billiger sein als die künstliche Verjüngung[1]. Daher haben denn auch alle Waldbaulehrer die natürliche Verjüngung empfohlen, und so auch Möller. Drei Dinge hat er dabei hauptsächlich im Sinn:

Erstens die Nachzucht der standortsgemäßen Baumrassen; darauf zielt auch der weitere Grundsatz: »Dauerwaldwirtschaft fordert reviereigenes Saatgut und daraus selbstgezogene Pflanzen« (Dg. 58). Dieser Forderung hat Möller stets die größte Bedeutung beigemessen; seiner Anregung entsprangen die wertvollen Arbeiten Haacks. Im Zusammenhang mit dieser Frage unterstreicht er nachdrücklichst wieder den hohen Wert bestandsgeschichtlicher und vergleichender Forschung an Hand des reichen Tatsachenmaterials der Betriebs- und Abschätzungswerke, die uns »schon heute zu Erkenntnissen führen kann, die in ihrer Bedeutung jenen sicher nicht nachstehen, welche weit ausschauende neue Versuchsanlagen vielleicht den Nachkommen in Aussicht stellen« (Dg. 42).

Zweitens die Erhaltung der waldbiologischen Einheit des Bestandes und Bodens. Dieser Zweck umfaßt letzten Endes auch den vorgenannten und ist der eigentliche Sinn der Forderung natürlicher Verjüngung. Möller vertieft hiermit den Leitgedanken Gayers, der die Vermeidung der Bloßstellung des Bodens selber als den Grundgedanken seines Waldbaus bezeichnet und sagt: »Die gleichförmige Bewahrung der Produktionstätigkeit eines Standorts setzt bekanntlich als erste Bedingung eine möglichst vollkommene und dauernde Überschirmung des Bodens voraus[2].«

Die eigenartige Problematik dieses Grundsatzes bei der Kiefer findet sich bei Möller in der Definition der »kahlen Fläche« und an ähnlichen Stellen des »Dauerwaldgedankens« angedeutet und kommt in zahlreichen zutreffenden Bemerkungen der Kritik, namentlich Denglers und Wittichs, zum Ausdruck. Eine wissenschaftliche Lösung des Problems setzt aber eine Stellungnahme zum Dauerwaldgedanken selbst, d. h. also zur Organismusidee Möllers voraus. Wer den Wald für ein beliebig zusammensetzbares Aggregat hält, kommt natürlich zu ganz anderen und zwar viel

---

[1] Trebeljahr, W.: Bärenthoren. Silva, 1922, S. 309—312, schließt mit dem Satz: »Dabei will ich aber ausdrücklich hervorheben, daß m. E. Naturverjüngung, wo sie sich ermöglichen läßt, auch vom ökonomischen Standpunkt betrachtet wohl durchweg den Vorzug verdienen wird.«

[2] Gayer, Karl: Der Waldbau. 4. Aufl. (1898), S. 124.

einfacheren waldbaulichen Schlußfolgerungen, als wer in ihm ein organisches Gefüge erblickt.

Drittens hat Möller eine Leistungssteigerung im Sinn, die sich
einerseits aus einer besseren Ausnutzung des Lebensraumes zu größerer
Massenerzeugung, andererseits aus der infolge Feinästigkeit und Fein-
ringigkeit des Jugendwachstums höheren Qualität der Holzmasse ergibt.
Möller macht geltend, daß wir die uns zur Bewirtschaftung übergebene
Waldfläche viel mehr zur Erzeugung von Derbholz und wertvollem Nutzholz
ausnutzen können, daß wir »nicht ein Fünftel oder Sechstel unserer Fläche
zur Erzeugung zunächst wertlosen Reisigs zu verschwenden brauchen«
(II 80). — In den Kiefernrevieren des Privatwaldes mit ihren kurzen
Umtrieben ist die Reisigfläche sogar doppelt so groß! — Mit den Worten
Eichhorns folgert Möller: »Je mehr es uns gelingt, den Jungwuchs
unter das Altholz gleichsam hinunterzuschieben, und auf der gleichen Fläche
neben der Heranziehung eines Jungbestandes noch wertvollen Zuwachs
am Altholz zu gewinnen, um so günstiger werden die Zuwachsverhält-
nisse des Waldes im ganzen sich gestalten« (Dg. 42). Dieses Ziel gewinnt
an Bedeutung, wenn außer der Quantität auch noch die Qualität gesteigert
werden kann. Diese Möglichkeiten wurden von Möller mit derselben Entschiedenheit bejaht wie von Wiebecke, den sie trotz hervorragender Erfolge
in Kampbetrieb und Freikultur reizten, zur natürlichen Verjüngung über-
zugehen. Er sagte darüber in Dessau: »Daß bei Naturverjüngung weniger
Nutzholz erzielt werden soll, hat mich überrascht; denn die alten Bestände,
die in meinem Revier in der ersten Zeit von Pfeil von 30 bis 40 Jahren[1]
in langsamer Verjüngung erzielt worden sind, haben einen herrlichen Nutz-
holzbestand. Sie sind mein Vorbild« (Dessau 125).

Natürlich ist es nicht schwer, in Naturverjüngungshorsten, die niemals
waldbaulich behandelt wurden oder doch keine sachverständige Erziehung
und Pflege genossen haben, scheußlich ästige Kiefern zu finden und sie den
Naturverjüngungsfreunden vorzuhalten. Andererseits ist immer wieder
darauf hingewiesen worden, daß unsere besten Kiefern aus Natur-
verjüngungen stammen. Pfeil z. B. berichtet[2]: »Das früher in der
Plenterwirtschaft erzogene Kiefernholz bestand größtenteils aus solchem
im fortwährenden mäßigen Schatten erwachsenen Unterholze, und die gegenwärtig in großer Menge auf der Oder und Warthe geflößten polnischen
und russischen Hölzer sind ebenfalls alle im Schatten von höheren Bäumen
erzogen worden. Dies kann man ganz deutlich an den außerordentlich
schwachen Jahresringen um den Kern des Stammendes herum sehen, denn
wenn die Kiefer auf einem Boden erwächst, der solches Holz erzeugen kann,
wie diese starken Bauholzstämme sind, so macht sie auch im freien Stande
stärkere Jahresringe. Dem natürlichen Laufe der Dinge nach nimmt die

---

[1] Hat wohl geheißen: in den 1830er und 40er Jahren.
[2] Kritische Blätter 31 b (1852), S. 217.

Dicke der Jahresringe mit dem Alter des Baumes ab, bei diesen Hölzern aus Rußland und Polen nimmt sie aber umgekehrt gewöhnlich im höhern Alter zu, woraus sich wohl mit Sicherheit schließen läßt, daß sie im höhern Alter einen größern Lichtgenuß gehabt haben, als in der ersten Jugend. Wenn man den Zuwachsgang an diesen Kiefern der Wälder in Polen und Rußland untersucht, so findet man oft, daß er demjenigen der Weißtanne gleicht, die in der Jugend lange im Schatten gestanden hat.« — Auch Gayer[1] macht in seinem »Gemischten Wald« geltend, daß der Femelwald Nutzholzqualitäten hervorbringe, die wir im Kahlschlagbetrieb nicht erwarten könnten. »Das mag den Anhängern des Pflanzbetriebes auf der Kahlfläche nicht passen, da dieselben sich bemühen, dem aus den letztgenannten Bestandsformen stammenden Nutzholze eine geringe Qualität zuzumessen. Möchten sich dieselben vorerst doch einmal auf jenen Verkaufsplätzen näher umsehen, auf welchen zu eingehenderem Studium dieser für den Händler und Gewerbsmann längst entschiedenen Frage reichliche Gelegenheit geboten ist! Sie würden dann bald zur Überzeugung gelangen, daß zurückgehaltenes Wachstum in der Jugend, eine nur langsam während der Stangenholzperiode sich steigernde, gegen das höhere Alter aber mehr und mehr in voller Kronenfreiheit erfolgende Schaftentwicklung — Verhältnisse, wie sie ganz besonders durch die Grundsätze der horstweisen Verjüngung geboten sind —, jene vorzüglichen Qualitäten liefert, die auf dem Markte so sehr bevorzugt und gewertet werden.«

Daß ein ähnlicher Wachstumsgang u. U. auch geologisch bedingt sein kann, sei nebenbei bemerkt.

Es ist keine Frage, daß bei der Verjüngung der Brennpunkt des Kieferndauerwaldproblems liegt und daß dies Problem ein außerordentlich mannigfaltiges, standörtlich sehr bedingtes und differenziertes ist. Darauf hat Wittich besonders hingewiesen. Die Bedingungen für natürliche Verjüngung, sowie für das Schattenerträgnis der jungen Kiefern sind zweifellos sehr verschieden. Auch Wiebecke sagt von der Naturverjüngung: »Je günstiger die Verhältnisse liegen, desto schneller geht es; je schlechter sie sind, um so langsamer geht es. Man muß sich der Natur nach Möglichkeit anpassen. ‚Nach Möglichkeit‘ heißt also ‚immer‘, denn die Natur ist das Maßgebliche« (Dessau 125). Unzutreffend ist aber die Meinung, Kiefernnaturverjüngung sei nur auf besonders günstigen Standorten möglich. Dazu bemerkt Wiebecke sehr treffend: »Daß die Naturverjüngung sich auf bestimmte Standorte beschränkt, möchte ich ablehnen; denn dann müßten wir auf anderen Standorten gar keine Wälder mehr haben. In früherer Zeit hat nicht der Mensch die Natur verjüngt, sondern sie hat es selber getan« (Dessau 125).

Grundsätzlich hat daher Möller recht — namentlich gegenüber Folgerungen, die aus sibirischen und nordamerikanischen Reiseberichten ge-

---

[1] Gayer, Karl: Der gemischte Wald, S. 95. 1886.

zogen worden sind —, wenn er sagt, daß Naturverjüngung eine Lebensäußerung des gesunden Waldwesens ist. Aber diese These muß eine nicht
unwesentliche Einschränkung erfahren durch die wirtschaftlichen Ansprüche,
die einerseits an das gesunde Waldwesen hinsichtlich der Holzartenzusammensetzung, andrerseits an die Naturverjüngung, insbesondere hinsichtlich des Zeitpunkts und der Holzartenzusammensetzung, gestellt werden.
Dadurch macht sich eine gewisse Heteronomie der Zwecke geltend, die zu
einer ebenso interessanten, wie schwierigen biologischen und wirtschaftlichen Problematik führt. Der Satz, daß, sobald einmal das gesunde Waldwesen in erwünschter Mannigfaltigkeit seiner Arten vorhanden sei, künstliche Kultur gar nicht mehr in Frage komme (Dg. 57), schildert ein uner-
reichbares Ideal und stünde bei wörtlicher Auffassung in Widerspruch zu
dem oben zitierten Satz, daß künstliche Verjüngung »wird niemals
ganz entbehrt werden können« (II 76). Und gerade dies zu betonen, ist ja überhaupt der Zweck der Ausführungen (des Abschnitts e des
»Dauerwaldgedankens« S. 57), aus deren Zusammenhang jener einzelne
Satz nicht herausgerissen werden darf. Immerhin beurteilte Möller die
Naturverjüngungsmöglichkeiten im allgemeinen wohl zu optimistisch,
wenn er meint, der Jungwuchs »erscheint von selbst und stets in genügen-
der Menge« (Dg. 78).

Die Darlegung des Dauerwaldgedankens nach Sinn und Bedeutung
erforderte nicht eine Untersuchung und Schilderung seiner technischen Konsequenzen unter allen möglichen besonderen waldbaulichen Verhältnissen.
Den Grundsatz der Anpassung auf die allerverschiedenste Art und
Weise hat Möller so oft und so nachdrücklich betont, daß darüber kein
Zweifel bestehen kann. Seine Ausführungen über natürliche Verjüngung
und über das Schattenerträgnis des Jungwuchses sind also nicht als ein
Generalrezept zu betrachten, sondern vielmehr als allgemeine Stellungnahme zu sehr verbreiteten Vorurteilen; denn eine erschöpfende Behandlung der natürlichen Verjüngung der Kiefer erfordert — wie Möller
ausdrücklich betont — eine Abhandlung für sich. Immerhin bleibt die
Möglichkeit offen, daß Möller unter dem Einfluß Borggreves und
unter dem Eindruck der Bärenthorener Waldbilder das Schattenerträgnis der jungen Kiefern im allgemeinen zu optimistisch beurteilt, wenn er
in Dessau sagt: »Bleibt der Boden in waldbaulich gesundem Zustande,
so findet sich, wie Sie in Bärenthoren sehen werden, die natürliche Verjüngung überall reichlich ein und die junge Generation ergänzt in will-
kommener Weise die verminderte Stammzahl der älteren. Daß die Kiefer
eine Lichtholzart sei, lehrt jedes Waldbaubuch, und die Waldbauschriftsteller, die in diesem Punkte wohl ausnahmsweise sämtlich einig sind, haben mit ihrer Behauptung vollkommen recht. Ist sie aber auch unsere aus-
gesprochenste Lichtholzart, so gilt dennoch auch von ihr, was Borggreve
für alle Holzarten aussprach, daß nämlich eine jede imstande sei, bis zur

Manneshöhe den Schatten ihres eigenen bis auf $^1/_3$ des vollen Schlusses gelichteten Mutterbestandes ohne Schaden zu ertragen (Dg. 41), und hierfür finden Sie die mannigfaltigsten und lehrreichsten Beweisbilder in Bärenthoren, deren Wert wir gar nicht hoch genug anschlagen können in einer Zeit, da die Forstleute sich gewöhnt haben, junge Kiefern nur auf Kahlflächen zu sehen, und die Zumutung, Kiefernkulturen nach Keubellscher Art auf Flächen anzulegen, die noch mit Altholz bestockt sind, aber an Stammzahl nicht genug tragen, um die Erzeugungskräfte des Standortes genug auszunutzen, als etwas Naturwidriges und Unmögliches bezeichnen « (Dessau 89/90).

Mag man hierin nun auch Möller mit Bezug auf die Verschiedenheit der Kiefernstandorte, namentlich mit Bezug auf die geringsten Standorte noch so sehr berichtigen, so wird doch damit der Dauerwaldgedanke selbst, d. h. die Auffassung des Waldes als Organismus und der Grundsatz der Erhaltung und Pflege seiner organischen Verfassung, in keiner Weise berührt. Es müssen dann eben nur die praktischen Folgerungen des Dauerwaldgedankens unter den besonderen Verhältnissen andere sein.

Abzuweisen ist die hämische Bemerkung, daß es im Dauerwald bekanntlich keine bleibenden Fällungs- und Rückschäden gäbe[1]. Den Fällungs- und Rückschäden hat Möller bei seinen waldbaulichen Überlegungen für die Kiefernwirtschaft immer große Beachtung geschenkt. Noch kurz vor seiner ersten Dauerwaldabhandlung weist er gegenüber dem von Kubelka geschilderten Femelstreifenbetrieb auf »die unvermeidliche Erschwerung des Holzfäll- und Bringungsbetriebes« hin[2]. In seinem ersten Dauerwaldartikel mißt er unter den drei Haupteinwänden gegen die Dauerwaldwirtschaft den Fällungs- und Rückschäden die größte Bedeutung bei (I 38). Im Laufe der Jahre ist dies Bedenken mehr und mehr zurückgestellt worden und zwar unter dem ganz richtigen Gesichtspunkt, daß die erhöhte Ertragsleistung auch einen erhöhten Aufwand zur Vermeidung dieser Schäden rechtfertigt und daß sich im übrigen die Gefahr durch planvolles Vorgehen vermindern und die Fäll- und Rücktechnik selbst wesentlich verbessern läßt, was offenbar nicht zu bestreiten ist[3]. Man kann also sagen, daß Möller die Fäll- und Rückschäden in seinen Dauerwaldschriften

---

[1] Deutscher Forstwirt 1937, S. 1066.

[2] Z. f. F. u. J. 51 (1919), S. 504.

[3] »Daß damit die Fällungsschäden sich vergrößerten, ist ohne weiteres klar. Ein geübtes und sorgfältiges Holzhauerpersonal, welches jeden Stamm mit Sicherheit dorthin legt, wo er am wenigsten Schaden anrichtet, vermag indessen viel Fällungsschaden zu vermeiden ... Sicher ist also, daß die Holzernte erschwert und verteuert wird und daß sie ebenfalls gegenüber der bisherigen vermehrten Aufwand von Nachdenken und Arbeit der Forstbeamten verlangt. Der Kostenaufwand rechtfertigt sich durch den gesteigerten Wert des Holzes ... Unwillkürlich gehen die Gedanken zur Blendersaumwirtschaft, die ja durch ihre planvolle Lösung des

regelmäßig in Betracht gezogen hat (II 78, Dg. 62, Dessau 90), obwohl er der durchaus berechtigten Ansicht war, daß diese Frage im Zusammenhang mit der Plenterwaldwirtschaft schon genugsam erörtert worden
sei (I 38, Dg. 62). Wenn er sie trotzdem immer wieder berücksichtigt, so
um die Bedenken zu zerstreuen, die natürlich sofort jedem Kiefernwirt
kommen, der vom gleichaltrigen Hochwald abgehen soll. Auch bei den Lehr-
gängen Wiebeckes wurde der Einwand der Fäll- und Rückschäden jedesmal prompt erhoben; aber Wiebecke konnte an seinen Waldbildern die
Erörterung dieser Frage mit den wenigen Worten beenden: »Zeigen Sie
mir welche.«

d) Ungleichaltrigkeit, Derbholz auf allen Flächen

Die Forderung der Ungleichaltrigkeit des Waldes behandelt Möller in
seinem »Dauerwaldgedanken« auf nur wenigen Zeilen (S. 59). Er begründet sie hierbei nicht besonders, sondern weist auf die mannigfaltigen
Formen der Ungleichaltrigkeit hin, die sich aus dem verschiedenen Zustand
der Bestände, den unzähligen natürlichen und wirtschaftlichen Einflüssen
und den besonderen Auffassungen des wirtschaftenden Forstmannes ergeben. Im übrigen mahnt er, lieber stetig für die Mehrung und Steigerung des Vorrats und Zuwachses zu sorgen, als über eine Schablone für den zukünftigen Aufbau des Waldes zu grübeln.

Nach seinen sonstigen Ausführungen und gelegentlichen Hinweisen
auf die Ungleichaltrigkeit ist diese Forderung sowohl in biologischen wie
auch in wirtschaftlichen Überlegungen begründet. Biologisch ergibt sie
sich aus dem Ziel, das organische Waldwesen dauernd zu erhalten, wie das
am schärfsten in dem Satz zum Ausdruck kommt: »Soll die Stetigkeit des
Waldwesens gewahrt bleiben, so müssen an Stelle der geernteten Bäume
schon andere vorhanden sein, die ihren Platz ausfüllen, niemals darf auf
größerer zusammenhängender Fläche alles vorhandene Holz abgeräumt
werden, denn damit ist das Waldwesen zerstört« (Dg. 31). Der Nachsatz, der
von der »größeren zusammenhängenden Fläche« spricht, gibt dem Vorder-
satz einen weitherzigeren Sinn, wie es auch die bereits zitierte Definition

---

Problems der Fällungs- und Rückungsbeschädigungen gekennzeichnet ist.
Man wird viel von ihr lernen, ihr entlehnen dürfen« (I 38/39).

Was hat es demgegenüber für einen wissenschaftlichen Wert, wenn Wiedemann
(Z. f. F. u. J., S. 303, 1926) auf die »schrecklichen Verwüstungen durch das
endliche Heraushauen und Abfahren der Samenbäume« verweist, von denen der
preußische Oberforstmeister v. Kropff im Jahre 1807 (!) berichtete, also aus einer
Zeit, in der es weder einen ordentlichen Waldbau, noch ein geschultes Waldarbeiterkorps gab? Müssen wir da nicht Möller zustimmen, wenn er sagt, daß solche Erörterungen häufig »nur als Schreckmittel dienen, um den Fortschritt aufzuhalten«?
»Derlei Gegengründe sind billig wie Brombeeren, sie sind jedermann geläufig und
man kann mit ernster Miene lange Gespräche darüber führen; was an ihnen wahr ist,
läßt sich kaum bestreiten, und der Zweck wird leichtlich erreicht; ,lassen wir es schon
beim Alten'« (Dg. 62).

der »kahlen Fläche« und die Forderung ihrer »wenigstens stundenweisen« Beschattung getan hat. — Insoweit würde also die Ungleichaltrigkeit aus denselben Gründen zu fordern sein wie die Vermeidung des Kahlschlags. Im übrigen ergibt sie sich in vielen Fällen von selbst im Mischwald.

Außer den biologischen sind für Möller aber auch wirtschaftliche Gründe entscheidend, die ihrerseits wieder in physiologischen Ansichten wurzeln. Der ungleichaltrige Wald leistet mehr: mengenmäßig durch Beimischung von Schattenholzarten und durch Ausnutzung der Reißholzflächen zur Derbholzproduktion, qualitätsmäßig durch Erzeugung feinästiger Stämme. »Wenn der gleichaltrige Hochwald die Erzeugungskräfte des Bodens und der Luft nur unvollkommen ausnutzt, ja sogar sie in periodischer Wiederkehr völlig vergeudet, so soll nun der Waldbau danach streben, diese Erzeugungskräfte ununterbrochen und so vollständig als möglich auf jeder seiner Flächeneinheiten nutzbar zu machen« (Dg. 72).

Die Frage der Mehrleistung ungleichaltriger Bestände, insbesondere Mischbestände, ist ein umfangreiches ertragskundliches und wirtschaftliches Problem, das Möller natürlich mit den wenigen Zeilen und Hinweisen nicht lösen wollte. Er scheint aber diese Frage im allgemeinen doch zu zuversichtlich beurteilt zu haben, wie nach den Worten zu vermuten ist: »Die 1—20jährigen Pflanzen finden reichlich Platz auf Flächen, die noch Vorrat genug tragen, um gleichzeitig mehr Derbholz zu produzieren, als dem Durchschnitt des Reviers bei schlagweiser Hochwaldwirtschaft nach alten Grundsätzen möglich ist« (II 75). Selbst wenn dieser Satz ertragskundlich richtig wäre — was er jedenfalls nicht unter allen Umständen ist —, so wäre er wirtschaftlich doch nicht befriedigend, denn wirtschaftlich wäre in Betracht zu ziehen, was der Derbholzbestand bei voller Bestockung leisten und wodurch die sich bei nur teilweiser Bestockung ergebende Differenz ausgeglichen würde. Daß diese Überlegung grundsätzlich und letzten Endes eine wertmäßige und nicht nur eine mengenmäßige sein muß, entspricht der Möllerschen Zielsetzung möglichst großer Holzwerterzeugung.

Eine spezifische Ausprägung erfahren die für die Ungleichaltrigkeit maßgebenden wirtschaftlichen Gesichtspunkte in der Forderung, auf allen Flächen Derbholz zu halten und nicht einen Teil der Waldfläche lediglich dem Jungwuchs zu überlassen. In dieser Forderung findet das intensive Streben Möllers nach Leistungssteigerung seinen stärksten Ausdruck. In der wirtschaftlichen Beurteilung der Leistung des Jungwuchses und der Derbholzbestände kommt allerdings der erstere zu schlecht weg.

Möller geht von der richtigen Überlegung aus, daß zu einer möglichst großen Holzwerterzeugung »ein tauglicher Vorrat auf allen Flächen« gehört, aber er folgert dann unzutreffend weiter: »Ein solcher ist nicht gegeben, wo nur Holzpflanzen ohne Derbholz die Fläche bedecken« (Dg. 78),

hier sei vielmehr durch Kahlschlag »jede Werterzeugung der Fläche für
lange Zeit vernichtet« (Dg. 53).

Es ist nun zwar richtig, daß zwei Wälder, die je 100 000 RM kosten,
von denen aber der eine aus lauter 20jährigen Dickungen, der andere aus
lauter schlagbaren Hölzern besteht, weder privatwirtschaftlich, noch volks-
und wehrwirtschaftlich gleichen Wert haben. Diese Überlegung zeigt, was
an den zitierten Worten Möllers richtig ist. Und das bringt er selbst auch
zum Ausdruck, indem er sagt, daß wir nicht soviel Fläche zur Erzeugung
»zunächst wertlosen Reisigs« zu verschwenden brauchen (II 80) oder daß
»der wertvolle Vorrat allein es ist, dessen Zuwachs greifbare Werte
schafft« (III 24).

Andrerseits entspricht es dem Sinn der Wirtschaft und gerade auch der
ewigen Dauer des Waldes, daß nicht nur die augenblicklich möglichen, sondern auch die künftigen Nutzleistungen der Bewertung zugrunde gelegt,
und zwar mit dem Begriff des Ertragswerts erfaßt werden. Das Rechnen
mit Holzmengen kann nur als rohes Näherungsverfahren gelten, und der
fiktive Vergleich des von den jungen und von den alten Stämmen alljährlich angelegten Holzmantels nach Masse oder Wert kann leicht zu falschen
Schlüssen führen.

Möllers Überlegungen sind also zu sehr auf die greifbaren Werte
gerichtet; so kommt er zu dem Satz: »Holzwerte werden nur erzeugt von
Stämmen, die schon Holzwert besitzen; darum müssen solche und überall
vorhanden sein« (Dessau 93). Diese Auffassung von der Werterzeugung
ist aber nicht richtig. Indessen spielt das keine so große Rolle, da Möller
den Jungwuchs selbstverständlich als unentbehrliches Glied des Waldorganismus ansieht (Dg. 78) und ihm den erforderlichen Lebensraum
nach biologischen Gesichtspunkten zumißt. Aus diesen ergibt sich durch
örtliche Erfahrung die zulässige Größe bzw. Erhöhung des Derbholzvorrats, soweit er auf Kosten des Jungwuchses geht. Möller sagt das mit
folgenden Worten: »Da wir im Dauerwald nicht ein Fünftel oder Sechstel
unserer Fläche zur Erzeugung zunächst wertlosen Reisigs zu verschwenden
brauchen, so muß der Normalvorrat des Dauerwaldes unzweifelhaft erheblich höher sein, als der Normalvorrat des schlagweise bewirtschafteten,
gleichaltrigen Hochwaldes.... Die höchstmögliche Holzwertproduktion
würde in einem Walde stattfinden, wenn auf der ganzen Fläche in gleich-
mäßiger Verteilung mit genügendem Abstand für gute Kronenausbildung
lauter gutgewachsene, gesunde Bäume derjenigen Stärke ständen, welche
durch den Zuwachsring Holz höchsten Gebrauchswertes anlegt. Ein solcher
Zustand kann nicht erstrebt werden, weil einmal bei ihm eine genügende
Bodenpflege unmöglich und zweitens kein Platz da sein würde für die
jüngeren Generationen, welche wir nicht entbehren können«
(II 80/81). In diesen Worten kommt eine ganz richtige Bewertung des
Jungwuchses zum Ausdruck.

e) Jährliche stammweise Auszeichnung der Holznutzung (Baumwirtschaft)

Auch die jährliche stammweise Auszeichnung der Holznutzung ist in biologischen und wirtschaftlichen Überlegungen zugleich begründet. In der alljährlichen Wiederkehr der Axt auf alle Flächen sieht Möller das biologische Ideal. Da er aber nicht nur die natürlichen, sondern stets auch die wirtschaftlichen Bedingungen im Auge hat, so sucht er zwischen dem Ideal und den in früherer Praxis üblichen gewaltsamen Eingriffen in großen Zwischenräumen einen Mittelweg, der praktisch durchführbar ist und dem Grundsatz der Stetigkeit soviel als möglich entspricht (Dg. 16). »Als Vermittlung zwischen dem Ideal und dem vorläufig wirtschaftlich Möglichen ergibt sich ... eine etwa 3—5jährige Wiederkehr der Axt in denselben Bestand. Ich möchte drei Jahre für das vom waldbaulichen Standpunkt aus äußerst Zulässige und dabei doch für guten Willen Durchführbare erachten« (II 81).

Wirtschaftlichen Überlegungen entspringt der Gedanke des »Übergangs von der summarischen Bestandswirtschaft zur Baumwirtschaft« (Dg. 69). Bei einem flächenweisen, namentlich großflächenweisen Abtrieb der Bestände werden zahlreiche Stämme geschlagen, die noch einen befriedigenden Zuwachs haben; am schlimmsten ist das bei jungen Beständen im Stangenholzalter, die auf der Höhe ihrer Leistungsfähigkeit stehen. »Stangenhölzer kahl abzutreiben, um Grubenholz zu schaffen, ist vom Standpunkt der Dauerwaldwirtschaft eine so ungeheuerliche Versündigung am Walde, daß diese Forderung, einmal ausgesprochen, einen einzigen Schrei der Entrüstung auslösen müßte, wenn der Gedanke der Dauerwaldwirtschaft der Mehrzahl der Forstleute schon vertraut wäre« (II 76).

»Nicht Bestände dürfen ohne Rücksicht auf die Eigenart ihrer Glieder Hiebsobjekte sein, sondern nur Bäume, stammweise ausgezeichnet« (III 24). Dieser Vorschrift Möllers liegt der richtige Gedanke intensivster Ausnutzung der Zuwachsleistung zugrunde. Seine praktische Schwierigkeit liegt in der Sicherung der Kontinuität der Leistung bei der Verjüngung der Bestände. Aus den oben dargelegten biologischen (organismischen) Gründen, aber auch aus wirtschaftlichen Rücksichten wird eine individuelle Baumwirtschaft oftmals nicht möglich oder nicht angebracht sein; die Entscheidungen müssen dann für einen mehr oder weniger umfassenden Verband (Gruppe, Horst, Bestand) getroffen werden. Aber auch in diesem Falle wird der Forstmann nach einer möglichst genauen Kenntnis der Leistung der einzelnen Glieder des betreffenden Verbandes streben.

Zweifellos ist es ein sehr bedeutsamer Gesichtspunkt, daß Möller die Holznutzung ganz kategorisch nach der Leistungssteigerung orientiert. In diesem Sinne fordert er, daß kein Stamm geschlagen werden dürfe, weil er ein bestimmtes Alter erreicht habe (Dg. 22), auch kein Stamm der Verjüngung wegen (Dg. 22, Dessau 90). Im Interesse intensiver Ausnutzung der Zuwachsleistung verwirft er die schablonenmäßige Regelung der Nutzung nach dem normalen Altersklassenverhältnis mit folgenden Worten: »Gesetzt den Fall, ein ganzes Revier habe nur gleichaltrige vierzigjährige Bestände, so erscheint vor meinem Auge als wichtigste die Frage: wie muß ich sie behandeln, um die Holzwertproduktion auf der ganzen Fläche zur größten Höhe zu führen und zwar alsbald in den nächsten Jahren, wie sind sie zu pflegen, wie etwa zu ergänzen? Der bisherigen Anschauung dagegen entspricht es mehr, zunächst Pläne zu entwerfen, nach denen ein normales Altersklassenverhältnis angebahnt werden könnte. Das ist m. E. das überflüssigste Grübeln, was es gibt. Immer und überall müssen wir mit dem Wald, der uns gegeben ist, das Beste zu erreichen suchen, dann findet sich alles weitere von selbst« (Dg. 78).

Folgerichtig verwirft Möller jede Art von Flächenkontrolle und fordert eine unmittelbare Leistungskontrolle durch Überwachung von Vorrat und Nutzung (I 39, Dg. 74, III 11—25).

6. Ist der Dauerwaldgedanke neu und der Begriff Dauerwaldwirtschaft gerechtfertigt?

Der Umstand, daß die von Möller verfochtenen waldbaulichen Ideale schon von vielen früheren Waldbauschriftstellern vertreten wurden, hat dazu geführt, den Dauerwaldgedanken teils abzulehnen, teils nur insofern anzuerkennen, als er ein gut bewährtes Wort für einen längst vorhandenen Begriff darstelle.

a) Das Interesse der Wissenschaft an dieser Frage

Die Wissenschaft hat ein berechtigtes Interesse daran, diese Frage zu klären und zu beantworten. Allerdings nicht, um die Einwände, derjenigen nachzuprüfen, die mit gewichtiger Miene immer sagen: alles schon dagewesen. Das ist nämlich ein beliebtes polemisches Mittel gegen neue Gedanken, das eigentlich nie ganz versagt, da es ein absolut neues Wissen nicht gibt und all unser Erkennen auf den Erkenntnissen und Begriffen von Jahrtausenden beruht. Diesen Kritikern hat schon Kant ins Stammbuch geschrieben: »Die, so niemals selbst denken, besitzen doch die Scharfsichtigkeit, alles, nachdem es ihnen gezeigt worden, in demjenigen, was sonst schon gesagt worden, aufzuspähen, wo es doch vorher niemand sehen konnte«.

Das wahre wissenschaftliche Interesse der Frage, ob ein Gedanke, ein Urteil, ein Begriff neu ist, ist darauf gerichtet, das, was wirklich unser Wissen bereichert, erweitert oder vertieft, deutlich aufzuzeigen, begrifflich scharf zu erfassen und in den geordneten Zusammenhang der betreffenden

Wissenschaft an der richtigen Stelle einzuordnen. Eine Wiederholung bekannten Wissens mit neuen Worten und Begriffen mit dem Anspruch, neue Erkenntnis zu sein, führt nur zu Unklarheit, Verwechslung und Verwirrung der Begriffe, die zu vermeiden die Wissenschaft sich gerade bemühen muß.

Die Verwandtschaft des Dauerwaldgedankens mit den Lehren früherer Waldbaulehrer hat Möller selbst ja immer wieder betont. In Dessau sagt er, daß der Dauerwaldgedanke sicherlich nicht so gezündet und eine in unserem Fach beinahe beispiellose literarische Tätigkeit entfacht haben würde, »wenn der Gedanke nicht seit längerer Zeit in den Schriften vieler unserer Fachschriftsteller, Borggreve und Gayer vor allen, vorbereitet gewesen und in den Gedanken vieler arbeitenden Praktiker unbewußt sich zur Grundlage ihres forstlichen Denkens entwickelt hätte« (S. 95).

Das ist dann auch von anderen Autoren wiederholt, teils noch stärker betont und dahin erweitert worden, daß der Dauerwaldgedanke nichts Neues sei. So einfach ist die Frage aber nicht zu entscheiden.

Die Wissenschaft unterscheidet zwischen Wahrnehmungen, Vorstellungen, Begriffen; sie beginnt selber erst mit klaren und eindeutigen Begriffen. Die entsprechenden Vorstellungen und noch mehr die zugehörigen Wahrnehmungen sind oft lange vorher bekannt und haben oft sogar auch schon eine große praktische Bedeutung. Aber erst wenn sie mit klaren Begriffen erfaßt und von ähnlichen Dingen scharf unterschieden sind, werden sie Bestandteile der Wissenschaft und sind »neu«, wenn diese Begriffe nicht schon vorhanden waren.

Hier soll nun der Satz vertreten werden, daß Möller der erste war, der die biologische Einheit des Waldes mit einem wissenschaftlichen Begriff erfaßte, mit dem Begriff des Waldwesens oder Waldorganismus, und weiter der erste, der diesen Organismusbegriff zum obersten Gesichtspunkt des Waldbaues und der Waldwirtschaft machte. Ob seine Auffassung richtig ist, das ist eine Frage für sich, die man u. U. voll verneinen könnte, ohne daß damit ausgeschlossen würde, daß der Dauerwaldgedanke neu ist. Daß er dies aber tatsächlich ist, dafür spricht wohl am besten der Umstand, daß der Waldbauprofessor Dengler den organismischen Charakter des Lebens im Walde überhaupt bestreitet und die Verwendung des Begriffs und Wortes Organismus rügt. Andere Autoren tun das nicht, meinen aber, daß der Dauerwaldgedanke sich mit den Lehren Gayers wie auch der Pflanzensoziologie im wesentlichen decke. Dies soll nun näher geprüft werden.

b) Karl Gayers Lehre, insbesondere »Der gemischte Wald«

Was zunächst Gayer anlangt, so hat er den Kahlschlag grundsätzlich verworfen und ist für Mischwald in Gestalt des horstweisen Plenterwaldes eingetreten. Ferner hat er in seinem »Gemischten Wald« die »Forderung

der Stetigkeit, einer strengen Kontinuität« ausgesprochen und gesagt, daß
»in der Harmonie aller im Walde wirkenden Kräfte das Rätsel der Produktion liegt«. Auf die letzteren beiden Aussprüche bezieht sich Möller wiederholt.

Man könnte nun meinen, daß damit das Wesentliche des Dauerwaldgedankens schon gesagt worden sei, daß der Harmonie- und Organismusgedanke sich decken, ebenso die praktischen Folgerungen, die waldbaulichen
Idealforderungen, sowie auch die Forderung der Stetigkeit oder Kontinuität. Bei näherer Untersuchung zeigen sich aber wesentliche Unterschiede.

Da — wie oben dargelegt wurde — die praktischen Forderungen nicht
als das Wesentliche des Dauerwaldgedankens bzw. des Begriffs Dauerwaldwirtschaft angesehen werden können, sondern der biologische Sinn,
den diese Maßnahmen repräsentieren, so ist die Lehre Gayers daraufhin
zu betrachten, ob sie den gleichen Sinn hat wie die Lehre Möllers. Da
zeigt sich, daß dies nicht der Fall ist.

Die Forderung des Mischwaldes und der Stetigkeit aller Maßnahmen
ergibt sich für Möller aus der Auffassung des Waldes als Organismus,
dagegen für Gayer hauptsächlich aus ökonomischen Gründen. »Der gemischte Wald« ist zu einer Zeit geschrieben, als der Anbau der »finanziell
günstigsten Holzart« in Reinkultur sehr modern war; gegen diese Entwicklung wendet sich Gayer. Für den gemischten Wald führt Gayer in erster
Linie ökonomische Gründe an. Man könne die künftigen Verwendungs-
arten und Preise nicht voraussehen und dürfe deshalb nicht alles auf eine
Karte setzen. Der gemischte Wald biete die Möglichkeit, wechselnden Anforderungen zu genügen. Der Wald mit seiner schwerfälligen Produktion
und seinen langen Produktionszeiträumen könne nicht wie die gewerbliche
Wirtschaft jederzeit den veränderten Verhältnissen angepaßt werden.
Wollte man sich auf die jeweils bevorzugte Holzart jedesmal umstellen, so
müßte das geradezu devastierende Wirkungen haben. »Der Wald kann
und darf nicht denselben wirtschaftlichen Gesetzen unterstellt werden,
welche für die übrigen Produktionsgewerbe maßgebend sind. . . . Aus der
Natur des Waldes müßte geradezu das Gegenteil entnommen werden,
— die gesetzliche Forderung der Stetigkeit, einer strengen Kontinuität und
eines wohlbemessenen Konservatismus in den leitenden Grundsätzen der
Produktion, denn auch die zur Produktion uns gebotenen Kräfte sind nicht
wandelbar und ein Wechsel durch menschliche Initiative, innerhalb der fun-
damentalen Lebensgesetze der Waldvegetation, nur sehr wenig zugänglich[1]«.

Gayers Stetigkeit ist also eine volkswirtschaftlich begründete forstpolitische Forderung, die sich ganz unverkennbar gegen die erwerbs-
wirtschaftliche Tendenz seiner Zeit, gegen die Bodenreinertragswirtschaft
richtet. Möllers Stetigkeit ist dagegen eine waldbiologisch begründete
waldbautechnische Forderung; eine gewisse Verwandtschaft zeigt sie

---

[1] Gayer, Karl: Der gemischte Wald, S. 4 f. 1886.

mit Gayers Forderung des wohlbemessenen Konservatismus in den leitenden Grundsätzen der Produktion.

Man könnte sich vorstellen, daß Gayer den Gedanken der Harmonie
aller Kräfte als Rätsel der Produktion an den Anfang seiner
Schrift gestellt und zu ihrem Leitgedanken gemacht hätte. Das hat er aber
nicht getan. Dieser Gedanke hat für Gayer längst nicht die Bedeutung wie
für Möller; er kommt verhältnismäßig nebensächlich am Schluß (S. 137)
seiner Ausführungen — kurz bevor die Zusammenfassung beginnt — vor
und bringt den ökonomischen Sinn der ganzen Schrift noch einmal zum
Ausdruck, die sich, wie gesagt, zwar nicht ausdrücklich aber tatsächlich gegen
die bodenreinerträglerische Monokultur der finanziell günstigsten Holzart
wendet. In diesem Sinne hebt Gayer durch Sperrdruck die Harmonie
aller im Walde wirkenden Kräfte hervor gegenüber der »eigennützigen
(sic!) Steigerung einer Kraftwirkung«.

Selbst die Verurteilung der Kahlschlagwirtschaft wird keineswegs nur
mit biologischen Gründen der Bodenpflege gestützt — obwohl dies in
Gayers Waldbau leitender Gesichtspunkt ist —, sondern im »Gemischten
Wald« viel mehr mit ökonomischen Gründen. Sie versündige sich — sagt
Gayer — gegen das Nachhaltsprinzip, denn mit ihren Ergebnissen schaffen
und hinterlassen wir der Zukunft ein total verändertes und seinem inneren
Werte nach wenigstens höchst zweifelhaftes Betriebskapital« (S. 128).
Mit dem inneren Wert sind nicht etwa die biologischen Verhältnisse ge-
meint, sondern die Holzqualität.

So groß also auch die Ähnlichkeit in den praktischen Forderungen ist, so
kann doch keine Rede davon sein, daß die Auffassung Möllers, die den
Wald als Organismus betrachtet, von Gayer schon entwickelt und in klaren Begriffen zum Ausdruck gebracht, geschweige denn zum leitenden
Gesichtspunkt des Waldbaues erhoben worden sei. Dagegen ist
Gayer entschieden als wichtigster Vorläufer Möllers anzusehen, weil
er schon den Vorstellungen, die Möller zu wissenschaftlichen Begriffen[1] entwickelte, oft beredten Ausdruck gegeben hat. Diese Unterscheidung
muß man machen, sonst gibt es in der Wissenschaft überhaupt nichts Neues
und es ist alles schon dagewesen. Aber Wissenschaft entsteht nicht durch
gelegentliche und verstreute Bemerkungen, sondern sie konstituiert sich
durch klare Begriffe und durch den logischen Sinnzusammenhang, in
welchen diese gebracht werden.

c) Die Pflanzensoziologie

Diesen Einwand müssen sich auch diejenigen gefallen lassen, die gern
der Pflanzensoziologie die Erkenntnis der biologischen Einheit des

---

[1] So sagt auch Ramann: „Was Karl Gayer und andere angebahnt haben, ist
von ihm (Möller) naturwissenschaftlich begründet worden" (Z. f. F. u. J.
40 (1923), S. 3).

Waldes zuschreiben möchten. In seiner vortrefflichen Gießener Rede hebt
Banselow[1] die Bedeutung der Pflanzensoziologie für die Erforschung der
Ganzheit des Lebens im Walde hervor. Damit hat er zweifellos recht, und
nach seinen Ausführungen versteht sich von selbst, daß die spezifische Betrachtungsweise, die zur Erkenntnis der Ganzheit führt, eine biologisch-
teleologische und organismische sein muß.

Var nun diese Betrachtungsweise und Problemstellung für die Pflanzensoziologie charakteristisch? — Keineswegs! Nichts kann die wissenschaftliche
Einstellung der Pflanzensoziologie besser beleuchten als der Hinweis Banse-
lows, daß sie auf Auguste Comte zurückgehe. Es lohnt sich wirklich, die
Geistigkeit der Soziologie Auguste Comtes aufzuweisen, um zu zeigen, welche ideologische Erbmasse in die Pflanzensoziologie eingegangen ist und sie im
Zeitalter des mechanistischen Weltbildes natürlich auch beherrscht hat.

Man könnte vielleicht meinen, daß der Begründer des Positivismus sich
liebevoll in die soziologischen Erfahrungstatsachen der Natur wie der menschlichen Gesellschaft versenkt habe und dann induktiv vom Besonderen zum
Allgemeinen aufgestiegen sei, daß er wie Aristoteles naturwissenschaftlich
beobachtet, gesammelt, viel gelesen und naturwissenschaftliche Forschungs-
reisen unternommen habe. Aber weit gefehlt! Er reiste nicht, er las nicht
(wie er sagte, »aus Gehirnhygiene«, da das Lesen das Nachdenken schä-
dige), er beobachtete auch nichts in der Natur, — sondern er deduzierte,
konstruierte und ordnete alles und bezeichnete sich selbst als »Mann
der Ordnung«. Seine »Hierarchie der Wissenschaften« ist eine sechsstufige
Deduktion, beginnt mit der Mathematik, daraus leitet sich dann die
Astronomie, weiter die Physik, die Chemie, die Biologie und schließlich
die Soziologie ab. Sein Auffassungsprinzip ist rein mechanistisch und
formalistisch. Die Soziologie wird ausdrücklich als »soziale Physik«
gekennzeichnet. Leben, Geist, Freiheit sind ihm keine Probleme; deshalb
gibt es für ihn auch keine Geisteswissenschaften. Diese werden ersetzt durch
die Naturwissenschaften: Astrologie, Gehirnforschung, Phrenologie. Die
Menschheit wird nach dem Vorwiegen bestimmter Gehirnpartieen in drei
Rassen eingeteilt: die intelligente (weiße Rasse), die tatkräftige (gelbe
Rasse) und die gefühlvolle (schwarze Rasse)! Im übrigen hängt ihr Schicksal
nicht davon ab, was sie denkt, fühlt, will, tut, sondern einfach von den
ehernen Gesetzen der kosmischen Natur! Diese muß man kennen
und danach alles richtig ordnen. So predigt Comte »die Schule der
Demut« gegenüber den unabänderlichen Naturgesetzen. Auf diese Weise
wird dann die Gesellschaft ein reiner Mechanismus, worin ein
jeder nichts als öffentlicher Funktionär ist und Diener der Menschheit.
Intellektuelle Entfaltung des Einzelnen ist Entartung und das Grundübel
der Zeit. Deshalb sollen nur die hundert besten Bücher ausgewählt, alle
übrigen verbrannt werden; ebenso sollen auch die Tier- und Pflanzen-

---

[1] Banselow, Karl: Forstwirtschaft als Ganzheitsproblem. 1932.

arten ausgerottet werden, die der Menschheit nichts nützen! Zwischen Familie und Menschheit ist das Vaterland eingeschoben, das, um es wirklich zu kennen und innig zu lieben, nicht zu groß sein darf. Die Menschheit soll daher in 60 Republiken eingeteilt werden, wovon 17 auf Frankreich entfallen. In den Republiken gibt es nur Priester, Bankiers und Proletarier; der Mittelstand soll verschwinden. Die weltliche Gewalt wird von den drei ersten Bankiers ausgeübt, und die Bankiers und Proletarier soll aufopfernde Liebe einerseits und Hochachtung andrerseits miteinander verbinden. Dieser Idealzustand werde — so prophezeit Auguste Comte im Jahre 1854 — in 33 Jahren erreicht sein. Diese Übergangszeit zur »positivistischen Religion« werde von Diktatoren mit 80 000 Polizisten überwunden werden! —

Was haben nun diese Ideen noch mit der Wirklichkeit, und was haben sie vor allem mit dem Wesen des Lebendigen zu tun? Wie himmelweit ist diese Mechanistik des Begründers der Soziologie entfernt von der Lebensphilosophie eines Herder, Goethe, Schelling!

Die Ideen Auguste Comtes wandern gleichsam am Lineal über den Marxismus zu den gesellschaftlichen Konstruktionen des Bolschewismus und führen hier zu einer trostlosen Entgeistigung und Mechanisierung des Menschen.

Auf den Bereich der Naturwissenschaft fällt gewissermaßen nur ihr Abglanz: In Analogie mit der menschlichen Gesellschaft betrachtet man nun Pflanzen- und Tiergesellschaften, aber keineswegs biologisch, sondern in Vereinigung mit der älteren Pflanzengeographie deskriptiv vergleichend. Das wissenschaftliche Interesse ist — jedenfalls bis zu der Zeit, da Möller seinen Organismusgedanken schon voll entwickelt hatte (1910) — ein überwiegend systematisches, die Methode ist rein deskriptiv, hauptsächlich geographisch deskriptiv, die Betrachtungsweise ausgesprochen summativ, das Verfahren klassifikatorisch-typologisch, und wo überhaupt eine Erklärung gesucht wird, handelt es sich entsprechend der allgemeinen Einstellung der Naturwissenschaft um eine topographisch-kausale. Mit der Erneuerung der Biologie sind dann nach und nach auch biologische Gesichtspunkte in die Pflanzensoziologie hineingekommen. Damit wird sie aber nicht zu einer eigentlichen biologischen Wissenschaft. Wäre sie das jemals gewesen, wären ihr also eigentliche biologische Probleme gestellt worden, dann hätte sie nicht jahrzehntelang ihren rein botanischen Charakter bewahren können und wäre schon eher zur Erfassung und Erforschung der biologischen Einheiten von Pflanzen, Tieren, Mikroorganismen und ihrer gesamten Umwelt gekommen. Damit ist aber erst in jüngster Zeit ein schüchterner Anfang gemacht worden.

Es kann also auch hier gar keine Rede davon sein, daß Möllers Dauerwaldgedanke aus der Pflanzensoziologie hervorgegangen sei oder ihre Erkenntnis unter einem neuen Wortbegriff darstelle.

d) Weitere Begriffe

Und welcher herkömmliche Begriff der Forstwissenschaft sollte sonst den von Möller geprägten Begriff Dauerwaldwirtschaft decken? Wäre ein solcher da, so entspräche es allerdings wissenschaftlichem Brauch und dem Grundsatz der Billigkeit, ihn auch weiterhin zu verwenden und kein neues Wort dafür in der wissenschaftlichen Sprache zu dulden. Aber das ist doch offenbar nicht der Fall.

Es wurde einmal geltend gemacht, Dauerwaldwirtschaft wäre »rationelle Waldwirtschaft überhaupt«. Das hat Möller sofort bejaht[1] (Dg. 19) und dahin präzisiert, daß Dauerwaldwirtschaft sogar die einzig rationelle Waldwirtschaft ist, und daß es »eine andere wirklich rationelle Wirtschaft gar nicht gibt« (Dg. 4). Auch hat man später die Ausdrücke »Waldbau auf naturgesetzlicher Grundlage« und »naturgemäßer Wirtschaftswald« im Sinne Möllers verwendet. Diese Auffassungen sind genau so richtig und berechtigt wie die Kennzeichnung der Dauerwaldwirtschaft als »rationelle Waldwirtschaft«. Aber es sind doch viel weitere und deshalb inhaltsärmere Begriffe. Sie enthalten nicht den Organismusgedanken, also das wesentliche Merkmal des Begriffs Dauerwaldwirtschaft, das sich sowohl auf biologische wie auf wirtschaftliche Zusammenhänge bezieht, denn Dauerwald ist ein »leitendes Wirtschaftsprinzip« (Dg. 33).

Rationelle Waldwirtschaft ist nach seiner Wortbedeutung jede vernünftige Waldwirtschaft, ein ebenso umfassender wie nichtssagender Ausdruck. »Rationelle Waldwirtschaft« im Sinne des Urhebers dieses Begriffs ist Rentabilitätswirtschaft mit der finanziell günstigsten Holzart.

»Waldbau auf naturgesetzlicher Grundlage« ist ein guter Ausdruck; die Frage ist nur: Was für Naturgesetze waren gemeint? Waren es etwa die organismischen? Und sollte gar der Organismusgedanke der leitende Gesichtspunkt dieses Waldbaus sein? — Die Frage stellen, heißt sie beantworten. — Im übrigen erfaßt dieser Begriff nur den Waldbau, nicht die Waldwirtschaft.

Der Begriff »naturgemäßer Wirtschaftswald« wurde erst nach Möller geprägt. Er bringt die Elemente des Dauerwaldgedankens: die natürliche Bedingtheit, den wirtschaftlichen Zweck sowie den Gesichtspunkt der Anpassung zum Ausdruck. Aber die Formulierung ist nicht glücklich; besser wäre es, von naturgemäßer Waldwirtschaft zu sprechen; dann wäre dieser Begriff — so wie der der Dauerwaldwirtschaft — ein Wirtschafts- und nicht wieder ein anschaulicher Waldbegriff. Allein es bleibt auch dann die Frage offen, ob »naturgemäß« nur die kausale Bedingtheit, oder auch das organische Gefüge des Waldwesens zu beachten heißt. Bis jetzt ist offenbar die organismische Auffassung bei dieser Ausdrucksweise vorherrschend.

---

[1] Aber daraus folge auch, »daß Dauerwald nicht dasselbe wie Plenterwald sein kann« (Dg. 19), denn rationelle Waldwirtschaft ist nicht auf Plenterwaldwirtschaft beschränkt.

7. Der Dauerwaldgedanke als wissenschaftliches Problem

a) Die organische Auffassung der wirtschaftlichen und der biologischen Zusammenhänge

Überblickt man die bisherige Dauerwalddiskussion im ganzen, so scheint eines besonders notwendig zu sein, nämlich der Hinweis darauf, daß der Dauerwaldgedanke kein fertiges waldbauliches Dogma ist, sondern ein umfassendes wissenschaftliches Problem.

Der Dauerwaldgedanke reicht — wenn man das kurz so ausdrücken darf — vom forstpolitischen Ziel bis zur letzten biologischen Bedingtheit des Waldbaus. Diesen ganzen Zusammenhang betrachtet er als einen organisch geordneten und zu ordnenden. Damit hebt er sich ab von jener mechanischen Auffassung, nach welcher sich alles Wirtschaftliche nach dem Preismechanismus und alles Naturgesetzliche nach dem bloßen Kausalmechanismus regelt.

Die organische Auffassung des Wirtschaftspolitischen und des Betriebswirtschaftlichen hat sich heute vollkommen durchgesetzt. Es ist nicht anzunehmen, daß noch ein Wirtschaftswissenschaftler die Ansicht vertreten könnte, daß das Streben nach der höchsten Rentabilität ganz von selbst zur vollkommensten wirtschaftlichen Bedarfsdeckung und besten Versorgung des Volkes führe. Es ist aber noch gar nicht lange her, daß diese Ansicht die forstliche Wirtschaftslehre noch vollkommen beherrschte. Möller ist ihr während seiner ganzen akademischen Tätigkeit immer kampfesfroh entgegengetreten; seinen Anregungen sind auch die Arbeiten entsprungen, die ich über die Frage der Rentabilitätswirtschaft verfaßte, und die den Gesichtspunkt der Produktivität in den Vordergrund stellten. Wo die forstliche Wirtschaftslehre noch im Jahre 1924 stand, zeigte der Jubiläumsjahrgang der »Allgemeinen Forst- und Jagdzeitung«, in welchem der Nationalökonom Liefmann die individualistisch-liberalistische Wirtschaftsauffassung in bezug auf die Waldwirtschaft in klassischer Form vortrug und die Produktivitätsauffassung in Grund und Boden kritisierte. Veranlassung genug für den bodenreinerträglerischen Schriftleiter der »Zeitschrift für Forst- und Jagdwesen«, diesen Schriftsteller einzuladen, seine mechanistische Lehre auch in dieser forstlichen Zeitschrift vorzutragen, was dann auch geschah. Ich wüßte nicht, daß außer mir irgendein Vertreter der Forstwissenschaft dieser individualistisch-mechanistischen Wirtschaftslehre widersprochen hat; es war gewiß auch wenig verlockend, sich von jenem streitbaren Geist ähnliche Schmeicheleien sagen zu lassen, wie er sie mir und vielen andern seiner Gegner hatte zuteil werden lassen. Dagegen fand sich in der forstlichen Literatur eine Anzahl achtungsvoller neuer Anhänger dieser mechanistischen Wirtschaftsauffassung. Als dann später die organische Wirtschaftsauffassung den Sieg errang, da fehlte es natürlich nicht an Leuten, die das »schon immer« und »von Anfang an gelehrt hatten«.

Die organische Auffassung des Biologischen und Biotechnischen scheint ein ähnliches Schicksal zu haben. Sie wurde bisher in nicht gerade vorbildlich sachlicher Weise von der Kritik niedergehalten; und doch kann gar kein Zweifel bestehen, daß der Zeitpunkt kommen wird, wo sie auch das Feld der Biologie beherrschen wird. Wenn sie dann von dogmatischer Einseitigkeit und von Übertreibungen befreit sein wird, dann wird es niemand mehr geben, der ihren unabweisbaren Wahrheitsgehalt nicht anerkennt und nicht auch — »schon von Anfang an gelehrt« hätte. Aber dieser Zeitpunkt ist noch nicht da. In der Waldbiologie hat sich die organische Auffassung noch nicht wie im Bereich der Wirtschaftswissenschaft ihren Platz erobert. Es ist in der Geschichte der Wissenschaft nicht das erste Mal, daß die Naturwissenschaft hinter der Sozialwissenschaft marschiert; das mag daran liegen, daß die Lebensprobleme der menschlichen Gesellschaft oft sehr dringlich sind, gebieterisch eine Lösung verlangen und keinen Aufschub dulden. Das ist bei naturwissenschaftlichen Problemen nicht so der Fall.

Um also der organischen Auffassung des Waldes und der Waldwirtschaft die Wege zu ebnen, dürfte es angezeigt sein, ihre Problematik und Methodik in den Grundzügen aufzuweisen. Wirkt sich diese Auffassung auch in allen möglichen waldbaulichen Einzelheiten aus, so wird doch an ihnen die grundsätzliche Frage nicht entschieden werden können; denn das Wesentliche des Dauerwaldgedankens ist ja der biologische Sinn der waldbaulichen Maßnahmen, nicht ihre technische Äußerlichkeit. Die wissenschaftliche Problematik des Dauerwaldgedankens ist also von seinem Zentralbegriff, vom Organismusbegriff her zu entwickeln.

b) Die biologische Problematik

Der Dauerwaldgedanke betrachtet den Wald als einen Organismus, als ein »tausendfach zusammengesetztes Ganzes, an welchem jedes Glied seine bestimmte Stelle einnimmt«. Andrerseits sieht er im Wald den fortwährenden Kampf der Individuen ums Dasein, in welchen der Forstmann eingreifen soll, um den Waldorganismus zu kultivieren, d. h. seinem wirtschaftlichen Zwecke höchster Holzwerterzeugung dienstbar zu machen. Danach ist also der Wald kein vollendeter Organismus, in welchem wörtlich schon jedes Glied seine bestimmte Stelle einnimmt, sondern er ist ein stets im Werden begriffener Organismus, in welchem sich im Kampf ums Dasein höhere organische Form und Einheit herausbildet, ein Vorgang, der durch das Eingreifen des Menschen wesentlich gefördert werden kann. Der Wald ist also nicht nur Organismus, sondern er ist auch Aggregat; und er ist nicht nur hinsichtlich seiner aggregativen, sondern auch hinsichtlich seiner organischen Verfassung einer mehr oder weniger weitgehenden Alternation fähig.

Das wissenschaftliche Problem besteht nun darin, zu erkennen, inwieweit der Wald in seinen Haupttypen Organismus ist, und inwieweit Aggregat. Ferner haben die organischen Beziehungen zweifellos eine verschieden große biologische Bedeutung und ihre Beeinträchtigung oder Zerstörung mehr oder minder große und andauernde Schäden zur Folge. Da bei den verschiedenen Waldformen die organische Verfassung verschieden hoch entwickelt ist, wird auch im Falle einer Schädigung oder Zerstörung ihre Wiederherstellung sehr verschiedene Schwierigkeiten bereiten. Durch wirtschaftliche Maßnahmen wie durch Naturereignisse ist das Waldwesen in vielen Fällen schon weitgehend desorganisiert; dann entsteht die Frage, ob die liebevolle Pflege des noch vorhandenen organischen Gefüges oder ein künstlicher Neubau sicherer und schneller zu einem vollkommeneren Waldorganismus führt.

Die Entscheidung dieser Fragen setzt natürlich eine viel eingehendere Kenntnis der organischen Zusammenhänge im Raum und namentlich in der Zeit voraus, als wir sie heute haben. Es ist erklärlich und durchaus berechtigt, daß Möller den Organismusgedanken mit größtem Nachdruck betonte und — um ihn zur Geltung zu bringen — nicht von vornherein mit allen Einschränkungen versah, die möglicherweise, nach wesentlich genauerer Kenntnis der organischen Zusammenhänge im Leben des Waldes in Betracht kommen konnten. Aber diesen Fragen wird die Wissenschaft, wenn sie sich die organische Auffassung grundsätzlich zu eigen gemacht hat, nachgehen müssen, wenn sie den Dauerwaldgedanken dem Wunsche des Autors gemäß weiterentwickeln will.

Ganz gewiß liegt ein versteinerter Dogmatismus, der an den Grundlinien des Dauerwaldgedankens nichts ändert und ihm nichts hinzufügt, nicht im Sinne Möllers. Ein wichtiger Wegweiser für die weitere Entwicklung seines Gedankens liegt in dem Satz, daß der Kahlschlag, den er doch als eine Zerstörung des Waldwesens ansieht und deshalb grundsätzlich verwirft, in Ausnahmefällen nicht nur zulässig ist, sondern sich »ebenfalls aus dem Wesen des Dauerwaldes notwendig ergibt« (Dg. 52). Wo hier aber die Grenze liegt, das wissen wir heute noch nicht, das hängt von einem richtigen Urteil über die »Gesundheit des Waldwesens« ab. Ein solches Urteil greift aber zweifellos weit hinaus über eine bloß physikochemische Beurteilung des Bodenzustands und der Bodentätigkeit. Möller hebt selbst wiederholt die Unvollkommenheit unserer Einsicht in das Ganze des geheimnisvollen Wunderwerkes Wald hervor (Dg. 34), aber er gibt auch der Zuversicht Ausdruck, daß wir, je eifriger wir an dem schon gesicherten Besitz unseres Wissens arbeiten, um so mehr unser Werkzeug vervollkommnen und unsere Nachkommen zu einer noch besseren Beurteilung in den Stand setzen werden. Und wenn er dann auch einige Merkmale eines gesunden Waldwesens aufzählt, so läßt er doch keinen Zweifel darüber, daß die konkrete Beurteilung der Gesundheit des Waldwesens,

d. h. der biologischen Funktion und Funktionsfähigkeit auf weite Sicht, eine
sehr schwierige und problematische Sache ist. Der Begriff der »Gesundheit des Waldwesens« enthält also kein abgeschlossenes Wissen, sondern er
stellt ein wissenschaftliches Postulat dar; in ihm liegt die ganze organismische
Problematik des Dauerwaldgedankens.

c) Zur Methodik

Die Frage, wie das Organische erkannt werden kann, wurde oben (S. 31 f.)
ausführlich, wenn auch keineswegs erschöpfend erörtert. Das Ergebnis
war, daß die kausal-mechanische und die teleologisch-organische Betrachtungsweise zwei verschiedene Arten der logischen Verknüpfung von Erfahrungstatsachen darstellen, die sich gegenseitig nicht ersetzen können. Das
Erkenntnisideal der einen Betrachtungsweise kann mit den Mitteln der
anderen nicht erreicht werden, aber die beiden Betrachtungsweisen haben
wechselseitig eine gewisse heuristische Bedeutung füreinander, so daß das
Organische in seiner kausalen Bedingtheit und in seiner lebendigen zweckvollen Formentfaltung mittels polarer Betrachtungsweise wissenschaftlich
erkannt werden muß. Dabei ist nun folgendes zu beachten:

1. Die Art der organismischen Gesetze ist eine andere als die
der Kausalgesetze. Jeder Organismus ist eine Individualität, seine Erforschung führt nach R. Kroner »auf den Weg historischer Begriffsbildung«.
Während kausal-analytische Betrachtung zu immer größerer Allgemeingültigkeit und Abstraktion fortschreitet, führt die organische Betrachtung
zur Individualität, über die letzten Endes überhaupt nichts Allgemeines
und Gesetzmäßiges mehr ausgesagt werden kann. Daran hat dann allerdings die Naturwissenschaft, die nach allgemeingültigen Erkenntnissen
strebt, kein Interesse. Deshalb geht sie diesen Weg auch nicht ganz bis zum
Ende, sondern erforscht das Organische nur soweit, als die gewonnenen Erkenntnisse noch eine gewisse Allgemeingültigkeit haben. Das führt zur
Typisierung des Individuellen. Diesen Weg hat die Pflanzensoziologie beschritten; von ihr sind zweifellos — sofern sie organische Betrachtungsweise zur Anwendung bringt — am ehesten wertvolle Einblicke in die
organischen Zusammenhänge des Lebens im Walde zu erwarten. Je tiefer
der Biologe darin eindringt, um so wertvoller werden seine Erkenntnisse
zur Beurteilung des betreffenden Waldes (Bestandes) in seiner konkreten
Individualität sein, um so weniger aber werden sie sich zur Übertragung
auf andere Fälle dann eignen. Je weiter organismische Forschung vor-
dringt, um so weniger kann sie allgemeingültige Gesetze aufstellen; der
Umfang ihrer Urteile und Begriffe schrumpft um so mehr ein, je inhalts-
reicher diese werden.

2. Die organische Betrachtung schließt die kausalanalytische nicht aus. Allerdings kann das eigentlich Organische, die eigen-
tümliche Ordnung der lebendigen Vorgänge, niemals kausal erkannt wer-

den, ebensowenig wie die Kausalbeziehungen mit organischen Begriffen erkannt und erklärt werden können. Trotzdem fördern sich beide Betrachtungsweisen: die Wirklichkeit wird leichter erkannt, wenn man die Möglichkeiten weiß, und umgekehrt werden die Möglichkeiten leichter erkannt, wenn man bestimmte Verwirklichungen schon kennt. Auch in den Wirtschaftswissenschaften, insbesondere der Forstpolitik und der Betriebswirtschaftslehre, wechseln kausal-analytische mit teleologisch-organischen Betrachtungen und Überlegungen ab. In der Biologie ist das nicht anders. Einseitige Betrachtung führt in die Irre. Die Erforschung des Organischen fordert polare Betrachtungsweise.

3. Die Gefahren und die Schwierigkeiten organischer Betrachtung dürfen nicht abschrecken. »Der Grundbegriff der Physik ist die Größe, der der Biologie die Ganzheit oder die Form, der der Geisteswissenschaften der Wert« (Bavink)[1]. Größen lassen sich zählen und messen, aber bei den Ganzheiten, Formen, lebendigen Gestalten will das metrische Denken schon nicht mehr gelingen, sie erfordern tektonisches Denken. Und das ist der Grund, weshalb so oft im Streit um Lebenserscheinungen auf die Intuition verwiesen wird, und weshalb Forstmänner, die mit sicherem Gefühl für biologische Erscheinungen und Zusammenhänge besonders begabt sind, das Leben im Walde ohne große und moderne physiko-chemische Kenntnisse doch mit künstlerischer Hand gestalten. Es mag dem Mechanisten nicht recht passen, daß die erlebte Anschauung, die lebendige Berührung mit der Wirklichkeit ein unmittelbares Wissen gewähren soll, und doch ist diese Erkenntnisquelle von den Größten unserer Geistesgeschichte immer wieder anerkannt worden.

Allerdings ist die Intuition nur insofern wertvoll, als sie sich auch bestätigt findet, also nicht außerhalb unseres Wissens oder gar in unerklärlichem dauernden Widerspruch dazu stehen bleibt. Ihre Anerkennung verleitet bisweilen zur Oberflächlichkeit, zu kühnen Behauptungen und »Intuitionen«, die sich niemals bestätigen, dann auch zu einer unbegründeten Geringschätzung kausal-analytischer Forschung. — Das alles darf aber doch nicht davon abhalten, eine den organischen Erscheinungen, den lebendigen Ganzheiten entsprechende Betrachtungsweise und Begriffsbildung zu entwickeln. So sagt auch Bernhard Bavink[2] von der Ganzheitsbetrachtung: »Es ist allerdings zuzugeben, daß solche Ideen leicht in nutzlose Spielereien und vage ästhetisierende Betrachtungen ausarten können, die natürlich kein Objekt ernsthafter Wissenschaft bilden. Aber die Einsicht in diese Gefahr darf uns nicht blind dagegen machen, daß andererseits ein wirkliches Verstehen der Welt des Lebens ohne

---

[1] Bavink, Bernhard: Die Naturwissenschaft auf dem Wege zur Religion, 4. Aufl. S. 71. 1937.

[2] Bavink, Bernhard: Ergebnisse und Probleme der Naturwissenschaften, S. 385 f. 1933.

einen offenen Blick für solche Einheitsbildung höherer Ord=
nungen unmöglich ist. Wir müssen uns freimachen von dem Vorurteil,
daß nur die Zelle und das Individuum wissenschaftlich zulässige Ganzheits=
begriffe in der Biologie wären. Sie sind nur die wichtigsten und hervor=
stechendsten aus einer ganzen Stufenleiter solcher Begriffe, die sowohl
unten wie oben weitergeht.«

Aller wissenschaftliche Fortschritt entspringt der Phantasie und führt
über die Hypothese zur Theorie. Dem Irrtum ist dabei jede wissenschaft=
liche Methode ausgesetzt. Für die organische Betrachtung ist aber die Gefahr
des Irrtums besonders groß, denn sie hat es stets mit komplexen Erkenntnis=
gegenständen zu tun, mit dem organischen Gefüge einer Vielzahl von
Gliedern des Organismus; sie nimmt da ihren Anfang, wo die mechanische
Betrachtung nach ihrem Erkenntnisideal einmal enden könnte. Beide Be=
trachtungsweisen werden sich damit abfinden müssen, daß die Erkenntnis
des formen= und beziehungsreichen Lebens niemals den Charakter
einer exakten Wissenschaft erlangen kann. Aber das darf sie nicht ab=
schrecken, denn sie werden auf keinem anderen Wege weiterkommen als
auf dem, den Bernhard Bavink[1] mit den Worten weist: »Mutiges
Vorwärtstasten in Form kühner Spekulation, aber fort=
während strenge Kontrolle desselben an der Welt der wirk=
lichen Tatsachen.«

Und das gilt nun ganz besonders für das Dauerwaldproblem. Keinem
größeren Irrtum könnten wir verfallen als dem, daß das, was im mechani=
stischen Naturbild nicht enthalten ist und ihm aus logischen Gründen auch
niemals wird einverleibt werden können, in Wirklichkeit nicht existiere.
Aber mit der geistvollen Konzeption der zweckvollen Ordnung des Wald=
organismus, die aus den Erfahrungen und dem biologischen Verständnis
und Empfinden unserer besten Forstmänner erwachsen ist, ist für die Forst=
wissenschaft erst das große und schwierigste Problem gestellt, dessen Er=
forschung ganz gewiß unter einem Worte Rudolf Euckens[2] steht, das er
gerade mit Bezug auf das Organismusproblem prägte: »Selten wird
etwas neu zum Problem ohne sich dabei umzubilden.«

Aber die Organismusidee als solche, die in der modernen Biologie schon
eine so große Bedeutung erlangt hat, wird auch in der Waldbiologie und
Biotechnik eine entscheidende Rolle spielen. Sie wird das Bleibende des
Dauerwaldgedankens sein.

4. Von der Erkenntnis des Waldorganismus zu den prak=
tischen Folgerungen. Es ist jedem gebildeten Forstmann eine Selbst=
verständlichkeit, daß das Wissen um einen Kausalzusammenhang der
Naturerscheinungen an und für sich noch nicht genügt, um richtige Folge=
rungen für den praktischen Forstbetrieb zu ziehen. Der Kausalzusammen=

---

[1] Ebenda S. 414.
[2] Eucken, Rudolf: Geistige Strömungen der Gegenwart, S. 134. 1928.

hang in seiner unendlichen Mannigfaltigkeit und Verflochtenheit muß erst
Schritt für Schritt erforscht werden; und je tiefer die wissenschaftliche Einsicht in die Zusammenhänge eingedrungen ist, um so bessere Folgerungen
kann sie für die Praxis aus ihrer Erkenntnis ziehen.

Ebensowenig genügt auch das bloße Wissen um einen organischen
Zusammenhang in der Natur, vor allem in den Lebenserscheinungen,
um daraus schon praktische Folgerungen ziehen zu können. Auch dieser
Zusammenhang muß erst Schritt für Schritt mit eigenen Begriffen und
Methoden erforscht werden. Daß der Wald ein Organismus sei, ist gewiß
eine grundlegende Erkenntnis, aber um sie praktisch nutzbar zu machen,
muß sie durch eine ebenso unermüdliche, intensive und extensive wissenschaftliche Arbeit vertieft und erweitert werden, wie das bei der grundlegenden Erkenntnis, daß der Wald für eine andere Betrachtungsweise
ein Kausalnexus ist, geschehen ist und in aller Zukunft weiter geschehen muß.

Daß die kausalanalytische Erforschung der Natur im Laufe von Jahrhunderten einen unvergleichlich größeren Reichtum an Erkenntnissen er-
rungen hat als die in den Anfängen stehende organismische Forschung, ist
selbstverständlich. Und so ist auch klar, daß die Forstwissenschaft gegenwärtig über eine weit größere Menge kausalanalytischen Wissens, insbesondere Einzelwissens, verfügt als über organismisches. Aber daraus
dürfen keine falschen Schlüsse über die theoretische und praktische Bedeutung organismischer Erkenntnis überhaupt für die Forstwirtschaft gezogen werden. Es wäre ganz unwissenschaftlich, eine neue Auffassung nach
dem Grade ihrer anfänglichen praktischen Nutzbarkeit zu bewerten.

Wenn somit Möller den Wald als einen Organismus zu betrachten
lehrte und aus dieser noch recht allgemeinen Erkenntnis schon einige wichtige Folgerungen für die forstliche Praxis zog, so kann nicht zweifelhaft sein,
daß damit nur erst ein grober Grundriß sowohl für die organismische Erkenntnis wie für ihre praktischen Folgerungen entworfen ist. Die wissenschaftliche Arbeit im Sinne der Organismusidee hat damit erst ihren Anfang genommen, wie Ramann[1] treffend sagt: »Nachdem der Grund gelegt ist, wird der Ausbau nicht ausbleiben.«

Zur weiteren Entwicklung und Ausgestaltung der großen Idee gehört
untrennbar die ständige Kritik sowohl der theoretischen Erkenntnis, wie der praktischen Folgerungen. Sie hat sich zunächst mit
den Ansichten Möllers zu befassen, die eine Ergänzung oder Berichtigung
erfahren mögen, wie das bei allem wissenschaftlichen Fortschritt der Fall
ist. Naiv aber wäre es, zu glauben, daß der große Gedanke damit als widerlegt zu gelten habe, daß eine irrige Beurteilung örtlicher Gegebenheiten
oder übertriebene praktische Folgerungen erwiesen seien.

---

[1] Z. f. F. u. J. 40 (1923), S. 3.

III. Dauerwaldkritik

»Methodenstreitigkeiten, wenn immer weltanschauliche Impulse ber=
gend, entzünden sich an der Sache.... In der Feindschaft der praktischen
Durchführung entzündet sich erst der Methodenstreit.« Diese Worte E.
Rothackers[1] passen trefflich auf den Dauerwaldstreit.

Die Forstwissenschaft, der Waldbau insbesondere, betritt mit dem
Dauerwaldgedanken die Schwelle organischer Weltanschauung, organischer
Naturbetrachtung, organischer Waldauffassung. Sie muß dabei unver=
meidlich in Widerspruch und scharfe Auseinandersetzung geraten mit der
mechanistischen Weltanschauung und allen ihren praktischen Folgerungen,
vor allem da, wo diese ihre schärfste Ausprägung gefunden hat: in der nord=
ostdeutschen Kiefern=Großkahlschlagwirtschaft.

Organische Vorstellungen vom Leben des Waldes waren zwar bei
vielen Forstleuten seit langem vorhanden und haben auch den praktischen
Waldbau mehr oder weniger beeinflußt. In Süddeutschland, wo in den
üppigen, artenreichen Wäldern organische Einheit schon von Natur mehr
in Erscheinung tritt, erklärlicherweise in stärkerem Maße und auch schon
früher als im artenärmeren nordostdeutschen Kieferngebiet. Kein Wunder
deshalb, daß der Dauerwaldgedanke im Süden auch gleich mehr Zustim=
mung fand als im Norden, daß man ihn dort fast als Selbstverständlichkeit,
hier dagegen als Umsturz betrachtete.

Aufgabe der Wissenschaft wäre es gewesen, jene Vorstellungen, die nun
im Dauerwaldgedanken ihren begrifflichen, d. h. wissenschaftlichen Ausdruck
gefunden hatten, zu klären und von dem Zentralbegriff des Waldes
als Organismus her die theoretischen und praktischen Folgerungen zu
ziehen und die bereits gezogenen zu prüfen. Es ist aber verständlich, daß
gerade auch der Praktiker sich in erster Linie an die von Möller selbst schon
gezogenen praktischen Folgerungen hielt. Das hatte aber zur Folge,
daß im Streit der Meinungen der tiefere Gedanke mehr und mehr in
Vergessenheit geriet und waldbautechnische und ertragskundliche Einzel=
fragen in den Vordergrund der Diskussion rückten. Wissenschaftlich konnte
solche Kritik dem Dauerwaldgedanken schwerlich gerecht werden; das
war nur möglich, wenn sie die Grundidee Möllers nachzudenken sich
bemühte.

Unter den Gegnern des Dauerwaldgedankens nimmt Dengler inso=
fern eine besondere Stellung ein, als er sich streng an Möller als den
Autor des Dauerwaldgedankens hält. Das ist wissenschaftlich zwar eine
Selbstverständlichkeit, aber doch bemerkenswert, weil andere Kritiker durch
Mißachtung dieses Grundsatzes eine heillose Verwirrung in die Dauerwald=
diskussion hineingetragen haben.

---

[1] Rothacker, Erich: Logik und Systematik der Geisteswissenschaften S. 35.
1927.

1. Denglers Dauerwaldkritik
a) Entwicklung seiner Kritik

Als Dengler seine Kritik des Dauerwaldgedankens begann, lagen bereits sämtliche Äußerungen Möllers bis zu seiner Dessauer Rede vor. Der Wandel, der in den Auffassungen Denglers im Laufe der Jahre eingetreten ist, kann also nur in seinen eigenen Überlegungen begründet sein, nicht dagegen in neuerlichen Ausführungen Möllers.

1. Die beiden ersten Artikel Ende 1922[1] und Anfang 1925[2] stehen unverkennbar im Banne waldbautechnischer Anschauung. Dengler, der hier dem Dauerwaldgedanken noch sympathisch gegenübersteht und nachdrücklichst betont, daß er sich selber zu den bedingten Anhängern der Dauerwaldbewegung zählt, prüft sorgfältig und unter gewissenhafter Belegung mit Zitaten, welche der verschiedenen waldbaulichen Betriebsformen unter den Begriff der Dauerwaldwirtschaft zu rechnen sind und welche nicht. Zwei Grundbedingungen werden dabei als wesentlich bezeichnet. »In erster Linie: dauernde Erhaltung und Pflege der Bodengesundheit und Bodenkraft. In zweiter Linie aber ein Aufbau des Bestandes, der neben Gesundheit eine größtmögliche Vorratsleistung und Ausnutzung des Massen- und Wertzuwachses am jeweils besten Stamm gewährleistet[3].« — Man sieht: das erstere ist ein rein bodenkundlicher Gesichtspunkt, das letztere ein wirtschaftlicher. Idee und Begriff des Waldorganismus spielen gar keine Rolle. Das ist um so merkwürdiger, als Möller, dessen Waldbaulehre schon seit vielen Jahren unter diesem Gesichtspunkt stand, seine Dauerwaldabhandlungen mit diesem Gedanken begann, ihn ebenso an den Anfang seines »Dauerwaldgedanken« stellte und darin oft wiederholte und schließlich in seiner Dessauer Rede noch einmal mit größter Deutlichkeit betonte, daß der grundsätzliche Unterschied in der Auffassung des Waldes als Organismus gelegen sei (Dessau 93). Dessen ungeachtet bemüht sich aber Dengler, den Dauerwaldbegriff abzustimmen an der begrifflichen Ordnung der Betriebsformen, und bemerkt nicht, daß der Dauerwaldbegriff einer anderen Begriffskategorie angehört, daß er nicht einen Seinszusammenhang, sondern einen Sinnzusammenhang kennzeichnet.

Ein zager Ansatz zum richtigen Verständnis findet sich in der ersten Abhandlung, da heißt es: »Es kommt nicht so sehr auf die äußere Form und die Art der Wirtschaftsmaßnahmen an, sondern, wie man aus dem Hausendorffschen Vergleich der Gaildorfer und Langenbrander Wirtschaft sehen mag, viel mehr auf den Geist, der sie führt, auf den Gedanken, der sie leitet ‚Stetigkeit als oberster Grundsatz‘ (= Leitgedanke!). Darin unterscheiden sich allerdings die beiden oben genannten Verfahren tatsächlich ...

---

[1] Dengler, A.: Bärenthoren — kein Dauerwald? Silva 10 (1922), S. 345—348.
[2] Dengler, A.: Dauerwald in Theorie und Praxis. Silva 13 (1925), S. 25—31.
[3] Silva 13 (1925), S. 27.

von dem Gedanken der Stetigkeit läßt sich die Gaildorfer Wirtschaft sicher
viel mehr leiten als Langenbrand[1]!« Hätte nur Dengler diesen Gedanken
fortgeführt und mit der Organismusidee verknüpft, dann hätte
er ganz sicher zu einem richtigen Verständnis des Dauerwaldgedankens
gelangen müssen. Aber das ist nicht eingetreten. Die zitierten Worte, wie
auch eine spätere Stelle[2], die die Forderung der Stetigkeit loslösen von
ihrem Bezugsobjekt, dem Waldwesen oder Waldorganismus, zeigen
deutlich, daß Dengler in dieser Abhandlung den eigentlichen biologischen
Sinn des Dauerwaldgedankens noch nicht erfaßt hat, sondern die Grenzziehung zwischen Dauerwaldbetrieben und Nichtdauerwaldbetrieben nach
äußeren, anschaulichen, technischen Merkmalen, eben nach Betriebsformen
vornimmt, die doch unter verschiedenen Umständen einen verschiedenen
biologischen Sinn haben können. Das haben dann Lüderßen und Chr.
Wagner beanstandet und mit dem Verfahren des alten Prokrustes ver-
glichen. Dengler wiederum hat diese Vorhaltung mit der Begründung,
daß den Begriffen der verschiedenen Betriebsformen (!) keine Gewalt
geschehen sei, »freundlichst lächelnd« abgelehnt[3]. Nun kann man aber mit
Lächeln, und mag es noch so freundlich sein, wissenschaftliche Erkenntnis
weder erzielen noch widerlegen, und so blieb dann die Tatsache bestehen,
daß durch die Grenzziehung Denglers zwar nicht die herkömmlichen Begriffe der Betriebsformen verstümmelt worden waren, wohl aber der Begriff der Dauerwaldwirtschaft, auf den es ja gerade ankam. Möller beginnt den Teil seines »Dauerwaldgedankens«, der von den Auswirkungen
des Dauerwaldgedankens in der forstlichen Praxis handelt, mit folgenden
Worten: »Zunächst geht aus dem Bisherigen klar hervor, daß jeder Forstwirt, wie immer nach Lage, Größe, Holzart sein Wald beschaffen sein mag,
den Entschluß, eine Dauerwaldwirtschaft zu führen, sofort, von heut auf
morgen, in die Tat umsetzen kann. Er braucht nur die Erhaltung oder die
Schaffung eines gesunden und zur höchstmöglichen Holzwerterzeugung
geeigneten Waldwesens auf allen ihm zur Bewirtschaftung übergebenen
Flächen als oberstes Ziel anzustreben und jede Einzelfläche zu prüfen an
dem Maßstabe, den wir oben näher geschildert haben« (Dg. 52). Danach
ist also nicht die Beschaffenheit des Waldes, sondern der Sinn der wirtschaftlichen Maßnahmen das entscheidende Kriterium der Dauerwaldwirtschaft. Dengler schließt mit seiner Grenzziehung aber tatsächlich Betriebsformen aus, die sehr wohl dem Leitgedanken der Dauerwaldwirtschaft entsprechen können. Er setzt sich damit im übrigen auch in Widerspruch zu der klaren und eindeutigen Anweisung Möllers: »Wir müssen
uns aller Waldformen zur Erreichung der waldbaulichen Ziele bedienen«
(Dg. 16).

    2. In seinem Vortrag bei der Salzburger Tagung des Deutschen Forst-

---

[1] Silva 10 (1922), S. 346.   [2] Ebenda S. 347/8.
[3] Silva 13 (1925), S. 210.

vereins im Herbst 1925 kommt Dengler zum ersten Male an den eigentlichen Kern des Dauerwaldgedankens heran. Er führte dort aus, der Dauerwaldgedanke sei auf zwei, man könne wohl sagen naturphilosophischen
Grundgedanken aufgebaut. Der erste sei, daß der Wald ein Lebewesen
(ein Organismus) sei. In übertragenem Sinne sei gegen dies Wort nichts
einzuwenden; aber Möller meine es wörtlich und das sei verfehlt, ein
‚echter Organismus‘ sei der Wald nicht[1]. Der zweite große Grundgedanke
sei, daß das Waldwesen sich von Natur in vollkommenster (!) Harmonie
befinde und daß nur die menschliche Wirtschaft diese Harmonie störe.
Daraus folgere Möller, daß die Wirtschaft ihre Eingriffe so gering (!) und
schonend wie möglich gestalten muß[2].

Mit dieser Darstellung des Möllerschen Dauerwaldgedankens scheint
mir Dengler in einen ähnlichen Fehler verfallen zu sein, wie der,
den er den Kahlschlaggegnern in der Dauerwalddiskussion einmal vor-
warf: sie machten den Kahlschlag mit ihren Übertreibungen zum Popanz
und dann schlage die Menge darauf los: Crucifige — ans Kreuz mit
ihm[3]!

Ich habe die Möllerschen Schriften oft gelesen, aber ich wüßte nicht,
wo Möller gesagt hat, daß im Natur- oder Urwald die vollkommenste
Harmonie herrsche und daß deshalb die wirtschaftlichen Eingriffe so gering
wie möglich sein müssen. Sollte ich eine so wichtige Äußerung aber
wiederholt übersehen haben, und sollte Möller tatsächlich — wie Dengler
dem Deutschen Forstverein vorträgt — die Ansicht vertreten haben, »daß
nur im Naturwald die volle Harmonie und Gesundheit des Waldwesens
verbürgt sei«, »daß auch nur in ihm die größtmögliche Holzerzeugung
gewährleistet sei, und daß deswegen die möglichste Erhaltung dieses Zustandes ... Ziel und Aufgabe der Wirtschaft sein müsse«, daß also der
Dauerwaldgedanke von der »Voraussetzung der größten Produktion im
Urwald« ausgehe[4], dann stehe ich nicht an bei aller Hochschätzung für meinen
ehemaligen Lehrmeister zu erklären, daß dies sowohl vom Standpunkt der
Forstwissenschaft wie der Naturphilosophie gelinde gesagt barer Unsinn ist
und daß alle Folgerungen aus dieser Prämisse wissenschaftlich nichtig sind.
Wenn aber Möller diese Auffassung nicht vertreten haben sollte, dann
vermag ich allerdings eine Kritik, die ihm einen solchen Unsinn unterstellt,
auch nicht anders zu bewerten. Bei der einschneidenden Bedeutung, die
diese Ansichten für die wissenschaftliche Beurteilung des Dauerwaldgedankens haben, hätte man wohl erwarten dürfen, daß sie irgendwo sorgfältig
mit Zitaten belegt würden. Das ist aber nicht geschehen.

Einstweilen muß ich der Denglerschen Darstellung entgegenhalten,
daß Möller das Wirtschaftsziel einer möglichst großen Holzwerterzeugung

---

[1] Bericht S. 131 und 149.   [2] Ebenda S. 131.
[3] Z. f. F. u. J. 60 (1928), S. 72.
[4] Bericht S. 132.

erstrebt, also die wirtschaftlichen Eingriffe nicht so gering, sondern so groß
wie möglich haben will. Die Möglichkeit dazu sieht er allerdings durch die
organische Verfassung des Waldes bedingt, deshalb will er die Nutzungen
räumlich und zeitlich möglichst gleichmäßig verteilen und sie auf diese
Weise »jedesmal möglichst mäßig« (Dg. 32) gestalten. Dabei denkt
Möller gar nicht daran, den Natur- oder Urwald möglichst zu erhalten,
sondern er will ihn im Gegenteil — allerdings stets unter Wahrung seiner
organischen Verfassung — umgestalten, um diejenigen Holzarten zu begünstigen, die unser Leben vornehmlich fordert und jene zurückzuhalten,
die uns wenig nützen (Dg. 28). Ferner sieht Möller im Naturwald keineswegs »vollkommenste Harmonie«, vielmehr schildert er gerade am Urwald
den Kampf ums Licht und ums Dasein überhaupt (Dg. 11), und er erklärt
»zur wichtigsten, zur alles beherrschenden Aufgabe forstlicher Kunst«, das
Schiedsrichteramt im Kampf der Pflanzen ums Licht richtig und stetig aus-
zuüben (Dg. 12); und weiter macht er es zur Aufgabe des Wirtschafters, die
Harmonie wiederherzustellen da, wo sie durch Brand, Blitz, Bruch oder
Wurf, Wild, Pilz- und Insektenschäden gestört worden ist (Dg. 79). Und
das sind doch alles Naturereignisse und keine Störungen durch die Wirtschaft des Menschen! Deshalb ist die Vorhaltung Denglers auch ganz
überflüssig, daß es auch im Urwald Katastrophen wie Sturm, Feuer und
Insekten gebe (Salzburg 132). Als ob Möller das nicht wüßte, der den
Urwald aus jahrelanger eigener Anschauung kennt!

Diese Organismus- und Urwaldkritik wird dann in einer weiteren Abhandlung (1928)[1] vertieft, worauf ich gleich zurückkommen werde. Bemerkenswert an dieser Abhandlung ist, daß der Begriff der Stetigkeit, den
Dengler in seiner ersten Abhandlung (1922) noch ganz richtig in norma-
tivem Sinne aufgefaßt hatte, hier nun im Zusammenhang mit den Ur-
waldvorstellungen zu einem ontologischen Sinne abgleitet, wie das in
dem Satz zum Ausdruck kommt, das biozönotische Gleichgewicht sei »das
einzige von Stetigkeit, was man im Wesen des Waldes feststellen kann«,
und ebenso in den Worten: »im Urwald ohne jeden menschlichen Eingriff,
also bei größtmöglicher Stetigkeit« und weiter: »nirgends ist sie (scil. die
Stetigkeit des Waldwesens) doch reiner vorhanden als in dem von jedem
menschlichen Eingriffe unberührten Urwald«. — Abgesehen davon, daß dies
auch ontologisch genommen gar nicht richtig ist und schon durch die von
Dengler selbst erwähnten Urwaldkatastrophen widerlegt wird, stellt diese
Interpretation des Möllerschen normativen Begriffs: Stetigkeit des Waldwesens ein kaum zu übertreffendes Mißverständnis dar (vgl. oben S. 81 f.).

---

[1] Dengler, A.: Die Stetigkeit des Waldwesens. Eine kritische Betrachtung zu
Ökologie des Waldes und den Zielen der Wirtschaft. Silva 16 (1928), S. 1—6.

Dengler, A.: Unrichtigkeiten und Übertreibungen aus dem Dauerwaldlager.
Silva 15 (1927), S. 121 bis 126. Dieser Aufsatz enthält nur eine Auseinandersetzung mit Hausendorff über dessen Veröffentlichungen.

3. Etwa zur selben Zeit behandelte Dengler »die Hauptfragen einer neuzeitlichen Ausgestaltung unserer ostdeutschen Kiefernwirtschaft[1]«. Diese Abhandlung ist eine Erweiterung seines auf dem akademischen Fortbildungskursus in Eberswalde im August 1927 gehaltenen Vortrags. Sie behandelt — wie der Titel schon zeigt — die praktischen Fragen: Wirtschaftsziel (womit Betriebsziele gemeint sind), Verjüngung, Bestandespflege. Nach diesem Fortbildungsvortrag wird man annehmen dürfen, daß sich Dengler nun nicht mehr zu den bedingten Anhängern der Dauerwaldbewegung rechnet, denn seine Ausführungen sind eingerahmt von der aggressiven Behauptung, daß Möller mit seinem Dauerwaldgedanken den Umsturz wolle. Die Gründe, auf die sich diese These stützt, werden im folgenden zu prüfen sein.

4. In seiner letzten Abhandlung: »Zeitenwende im Waldbau[2]?« kommt Dengler nochmals auf den Organismusbegriff als »letzte und tiefste Grundlage des Möllerschen Dauerwaldgedankens« zurück und wiederholt seine schon in Salzburg vorgetragene Ansicht, daß Möller diesen Ausdruck nicht in übertragenem Sinne, sondern wörtlich gemeint habe. Das aber sei unrichtig. Der Wald sei nur eine Lebensgemeinschaft oder Biozönose, aber kein Organismus, »zum mindesten nicht in dem Sinne, wie wir ihn in der Naturwissenschaft unterlegen«. Über diesen Punkt ist also Dengler nicht hinausgekommen und daran ist — so viel Richtiges er auch zu technischen Einzelfragen der Dauerwalddiskussion beigetragen haben mag — seine Dauerwaldkritik im Grunde gescheitert. Das wird im folgenden zu zeigen sein.

b) Die Kritik des Organismusbegriffs

Dengler lehnt, wie wir gesehen haben, diesen Begriff ab, weil der Wald kein »echter Organismus« (Salzburg 149) sei. Es ist nun in erster Linie bei Möller zu prüfen, ob er das — wenn auch nur dem Sinne nach — denn wirklich behauptet hat.

Ferner hat Dengler den Organismusgedanken Möllers einen naturphilosophischen genannt. Es dürfte daher von Interesse sein zu zeigen, in welchem Sinne die Naturphilosophie diesen Begriff verwendet.

Drittens verweist Dengler auf den naturwissenschaftlichen Sinn des Organismusbegriffs. Deshalb muß seine Kritik auch nach dieser Richtung geprüft werden.

1. Daß ein Wissenschaftler wie Möller die Ansicht gehabt haben sollte, der Wald sei ein Organismus von der gleichen Geschlossenheit wie ein pflanzlicher, tierischer oder menschlicher Organismus, von einem ebenso

---

[1] Dengler, A.: Die Hauptfragen einer neuzeitlichen Ausgestaltung unserer ostdeutschen Kiefernwirtschaft. Z. f. F. u. J. 60 (1928), S. 65—100.

[2] Dengler, A.: Zeitenwende im Waldbau? Silva 25 (1937), S. 21—25.

starken und so unbedingten Zusammenhang und einer gleichen gegenseitigen Abhängigkeit der Teile (Salzburg 131), — das kann man doch wohl nur annehmen und glauben, wenn man es schwarz auf weiß gelesen oder mit eigenen Ohren gehört hat.

Gewiß hat die Organismusidee die Waldbaulehre Möllers beherrscht. Unzählige Male hat er sie in seinen Vorlesungen seinen Hörern eingeprägt; Hunderten von deutschen Forstmännern hat er sie in Trier nahegebracht. Mir ist aber kein Student noch praktischer Forstmann bekannt, der diesen Begriff falsch aufgefaßt und im Sinne eines pflanzlichen, tierischen oder menschlichen Organismus verstanden hätte. Der einzige, der ihm diese Auslegung gegeben hat, ist Dengler. Das sagt natürlich zunächst noch gar nichts gegen die Richtigkeit seiner Auffassung; nur muß es jeden Wissenschaftler doch von vornherein sehr skeptisch stimmen.

Zudem ist Dengler selbst im Zweifel gewesen, ob die von ihm gegebene Auslegung dem Sinne Möllers entspricht; ja er findet auch selber, daß Möller sie an manchen Stellen ausschließt. So sagt er 1928: »Allerdings kann man schon in der Möllerschen Arbeit manchmal im Zweifel sein, ob sich der Schöpfer des Ausdrucks des übertragenen Sinnes immer bewußt gewesen ist, obwohl er an manchen Stellen durch die Einschränkungen, die er selbst macht, eigentlich schon darauf hinweist. Aber an anderen Stellen klingt alles wieder so uneingeschränkt und wörtlich, daß man im Zweifel sein muß[1]«. — In Salzburg hatte Dengler diesen Zweifel noch nicht zum Ausdruck gebracht; aber auch dort fand er: »es klingt doch immer wieder die wörtliche Auffassung durch«. Ebenso sind in seiner letzten Abhandlung (1937) wieder alle diesbezüglichen Zweifel gebannt, und die wörtliche Auffassung wird wieder mit den früheren Gründen glaubhaft gemacht. — In der Abhandlung von 1928, in welcher Dengler seine eigenen Zweifel äußert, kehrt er ziemlich unvermittelt zu der wörtlichen Auslegung zurück und begründet sie 1. mit Form und Ausdrucksweise, mit denen Möller »fast feierlich« sagt: »Ich glaube das Wort nun gefunden zu haben. Der Wald ist eben ein Lebewesen (ein Organismus)«; 2. mit den Möllerschen Worten, daß Wald und Boden sich »in lebendiger, dauernder Wirkung gegenseitig beeinflussen, wie die Organe eines Organismus« (Dg. 7), und 3. mit dem Vergleich, den Möller zwischen der Prüfung des gesunden Waldwesens und der Untersuchung des menschlichen Körpers auf Gesundheit und bestimmte Tauglichkeit zieht.

Dazu ist nun folgendes zu sagen: Daß das Wort Lebewesen (Organismus) von Möller in feierlicher Form verkündet worden sei, scheint eine Lieblingsidee Denglers zu sein, denn später (1937) wiederholt er diese Behauptung in noch verstärkter Form: »geradezu feierlich«. Ich vermag davon aber nicht das geringste zu bemerken. Der Satz ist im Text in keiner

---

[1] Silva 16 (1928), S. 1.

Weise hervorgehoben, nicht einmal durch besonderes Satzzeichen; kein Wort davon ist in Sperrdruck gesetzt. Er ist vielmehr ganz schlicht an die Worte Roßmäßlers angeschlossen; und wenn man ihm überhaupt eine Stimmung entnehmen will, so glaube ich, daß Möller eine gewisse Bescheidenheit Roßmäßler gegenüber zum Ausdruck bringen wollte, der ja gesagt hatte, es fehle unserer reichen Sprache ein Wort für die geschilderten Zusammenhänge. — Aber selbst bei größter Feierlichkeit ist doch über den Sinn des Wortes nicht das geringste ausgemacht; man kann den einen wie den anderen Sinn mit derselben Feierlichkeit vorbringen. Im übrigen enthält er keinerlei Anzeichen dafür, daß ein »echter Organismus« — wie Dengler sagt — gemeint ist. — Bei den beiden anderen Gründen handelt es sich ganz fraglos um einen Vergleich, eine Analogie. Daraus muß man aber gerade den umgekehrten Schluß ziehen, daß es sich nämlich nicht um dieselben Dinge handelt. Ganz selbstverständlich ist das doch wohl bei dem Gleichnis des untersuchenden Arztes, von welchem Möller selber sagt, daß es uns »erläuternd und verständigend zu Hilfe kommen« soll (Dg. 33), um die Unterscheidung der Gesundheitsprüfung des Waldwesens einerseits von der Beurteilung seiner Tauglichkeit für eine möglichst große Holzwerterzeugung andererseits klar zu machen. Wenn Möller sagt: »wie die Organe eines Organismus« oder »ist es nicht das Gleiche bei einem Organismus« (Dg. 9), so ist dabei zwar auf einen Einzelorganismus, und zwar im letzteren Falle ganz eindeutig auf einen menschlichen Organismus Bezug genommen, aber eben doch nur vergleichend und erläuternd. Ganz zweifellos ist damit nicht gemeint, daß der Wald ein ebensolcher Organismus sei wie der menschliche Körper. Nur daß der in den Waldorganismus eingreifende Forstmann auf die zahlreichen Wechselwirkungen und Folgeerscheinungen ebenso sorgsam Bedacht nehmen müsse wie der Chirurg bei jedem Eingriff in den menschlichen Organismus, das bemühte sich Möller mit dieser Analogie zu veranschaulichen (Dg. 9).

Die wörtliche Auslegung des Organismusbegriffs ist also unbegründet; sie stellt eine rein subjektive Auffassung Denglers dar, die ihm sogar selber zweifelhaft wurde.

Es ist aber gar nicht nötig, aus den angeführten Stellen den Sinn des Wortes Lebewesen (Organismus) erst mutmaßlich zu konstruieren; denn Möller hat selber diesen Waldbegriff mit den Worten Roßmäßlers klar und scharf genug bestimmt, um den Irrtum auszuschließen, in welchem Dengler sich befindet. Er sagt: »Wir erkennen im Walde ein tausendfach zusammengesetztes Ganzes, an welchem jedes Glied seine bestimmte Stelle einnimmt«, und fügt gleich hinzu: »In diesem Satz ist aufs beste ausgedrückt, was man mit einem richtig verstandenen Worte als ein Lebewesen bezeichnen kann« (Dg. 6). Was für einen Sinn sollte denn der hier noch kurz eingeschaltete Hinweis: »mit einem richtig verstandenen Worte« haben, wenn nicht den, daß damit selbstverständlich nicht

Einzellebewesen wie Pflanze, Tier und Mensch gemeint sein sollen? Will etwa jemand im Ernst behaupten, daß damit das Gegenteil gemeint sei?! Mit diesem Hinweis — wovon Dengler keine Notiz nimmt, obwohl er die unmittelbar vorangegangene Begriffsbestimmung doch zitiert —, hat Möller jeden Zweifel ausgeschlossen.

2. Daß der Organismusgedanke Möllers eine naturphilosophische Idee ist, wie Dengler in seinem Salzburger Vortrag einleitend sagt, kann man wohl zugestehen, wenn dem auch gleich — um einer falschen Auffassung des mehr praktisch ausgerichteten Forstmannes vorzubeugen — hinzugefügt werden muß, daß diese philosophische Idee aus dem rein spekulativen Stadium, in dem sie sich noch vor hundert Jahren befand, inzwischen herausgewachsen ist und besonders in den letzten beiden Jahrzehnten auf Grund fortschreitender wissenschaftlicher Erkenntnis eine zunehmende Bedeutung, namentlich in der modernen Biologie, gewonnen hat.

Wenn man nun den Begriff des Waldorganismus als einen naturphilosophischen Gedanken bezeichnen und anerkennen will, dann ist es gerade eine Unmöglichkeit, ihn im Sinne eines Einzelorganismus auszulegen. Denn damit würde sich kein Naturphilosoph einverstanden erklären, wie es auch ganz gewiß keinen gibt, der die Auffassung teilte, im Urwald herrsche die »vollkommenste Harmonie« und nur der Mensch bringe Störungen hinein. Das ist so unphilosophisch wie nur möglich! — Im ersten Teil dieser Arbeit wurde die tausendjährige Geschichte des Organismusbegriffs skizziert. Daraus ist klar ersichtlich, daß er von jeher viel mehr umfaßte als bloß die sog. Organismen. Die imponierenden Fortschritte der Naturwissenschaften in der zweiten Hälfte des 19. Jahrhunderts haben es mit sich gebracht, daß man ihre Methoden und alle möglichen Begriffe in andere Wissenschaften übernahm. So ist auch die ziemlich verbreitete Vorstellung entstanden, in der auch Dengler befangen ist, daß der Organismusbegriff, wenn er nicht den, wie er sagt: »echten Organismus« meine, nur in übertragenem Sinne aufzufassen sei, also nur als bildlicher Ausdruck gelten könne. Aber das ist eine ganz verkehrte Auffassung des wissenschaftlichen Organismusbegriffs. Erich Rothacker, der in seiner »Logik und Systematik der Geisteswissenschaften« die geschichtliche Entwicklung des Organismusgedankens darlegt, findet es geradezu beschämend, daß die Wörterbücher fast ausschließlich vom biologischen Organismusbegriff handeln, obwohl über die mit den biologischen und metaphysischen Bedeutungen gleichaltrigen Anwendungen des Begriffs auf ethisch-gesellschaftliche Verhältnisse eine relativ große Literatur besteht (S. 85). In unserem Zusammenhange ist vor allem auf die bereits zitierte Verwendung des Organismusbegriffs in der Naturphilosophie Kants, dann namentlich Schellings und Rich. Kroners zu verweisen. Daneben sind noch zahlreiche bedeutende Biologen zu nennen. Bei ihnen allen ist der Organismus ein weit über die sog. Organismen hinausgreifender

Beziehungsbegriff, der sich im wesentlichen mit den neueren Begriffen der lebendigen Ganzheit und des lebendigen Systems deckt. In diesem Sinne ist auch Möllers Organismusbegriff gemeint. Aber mit alledem ist die Auslegung Denglers unvereinbar. Vom Standpunkt der wirklichen Naturphilosophie hätte sie Dengler fallen lassen müssen.

3. Die Abhandlung Denglers, die sich am eingehendsten mit dem Organismusbegriff befaßt[1] und mit einem Hymnus auf die »wahrhaft klassische Ausführung« Möllers über die Dauerwaldidee beginnt, endet mit dem niederschmetternden Satz: »Ich habe zu zeigen versucht, daß dieser allgemeine Begriff unzutreffend und durch den richtigeren, längst in der Pflanzenökologie bekannten ‚biozönotisches Gleichgewicht‘ oder wenn man verdeutschen will ‚Gleichgewicht der Lebensgemeinschaft‘ zu ersetzen ist. Ein zerstörter[2] Organismus ist freilich ewig verloren, ein gestörtes[2] Gleichgewicht aber kann durch Gegengewicht wieder hergestellt werden[3]. Als wissenschaftlich gebildete Fachleute sollten wir es uns angelegen sein lassen, auch die richtigen Fachausdrücke zu gebrauchen und nicht unklare, ungenaue oder übertriebene, die allzu leicht dann auch zu ebensolchen unklaren, unrichtigen und übertriebenen Vorstellungen und Folgerungen führen!«

Dem ist nun entgegenzuhalten, daß Dengler selber die beiden Worte als wissenschaftliche Begriffe nicht richtig auffaßt. Es wurde oben schon ausführlich dargelegt, daß der Begriff Biozönose die von Möller ins Auge gefaßten realen Sachverhalte nicht vollständig deckt und (soweit er sie deckt) in einen anderen, nämlich kausal-mechanistischen Zusammenhang stellt, während sie Möller in organischem Zusammenhang betrachtet. Für den Wissenschaftler besteht hier also ein sachlicher wie ein logischer Unterschied.

Für jene kausal-mechanistische Auffassung ist Dengler selbst der beste Zeuge: »Nicht organische Bildungsgesetze, sondern die äußeren Umstände, unter ihnen auch vielfach der Zufall, soweit man von einem solchen sprechen darf, bestimmen den Werdegang des Waldes.« — Wenn bei dieser Ansicht die selbstschöpferische Formentfaltung der Lebensgemeinschaft schon ganz außer Betracht bleibt und die ketzerische Annahme eines »Zufalls« — in der Tat eine mechanistische Sünde! — entschuldigt wird, so gehört erst recht nicht die aktive Gestaltung der Umwelt durch die Lebens-

---

[1] Silva 16 (1928), S. 1—6.

[2] Logik! Was zerstört ist, ist immer für ewig verloren, was nur gestört ist, kann wiederhergestellt werden. Mit den Begriffen Organismus und Biozönose hat das gar nichts zu tun. Auch ein gestörter Organismus kann wiederhergestellt werden und stellt sich allmählich auch selber wieder her, wie Möller an verschiedenen Stellen ausführt, an denen er von dem im Waldorganismus herrschenden Gleichgewicht spricht, aber eben zwischen Störung und Zerstörung unterscheidet (Dg. 13, 26, 27, 32, 35, 79).

[3] Im Original gesperrt gedruckt.

gemeinschaft, insbesondere die Umgestaltung des Bodens, zu diesem Begriff; und das biozönotische Gleichgewicht, das einer organischen Naturbetrachtung den Gedanken einer zweckvollen Ordnung, eines sinnvollen
Lebensgefüges geradezu aufnötigt, betrachtet Dengler rein summativ und
kausal: »Durch Zu- und Abwandern von Mitgliedern der Gemeinschaft,
durch An- und Abschwellen ihres Stärkeverhältnisses, durch jede Veränderung der Lebensbedingungen« schwankt es dauernd hin und her, sucht sich
aber »immer wieder herzustellen und auf eine mittlere Lage einzu-
stellen, die den allgemeinen Bedingungen von Standort und Klima entspricht.« — Also nichts geschieht hier von innen durch freie Formentfaltung
der einzelnen Lebewesen und der Lebensgemeinschaft, sondern alles nur
von außen, gewissermaßen gestoßen von den kausalen Gesetzen: »Entsteht
der Wald wie ein Organismus von innen heraus nach bestimmten inneren
Gesetzen? Ganz das Gegenteil ist der Fall ... Es ist ein Zusammenfinden
und kein Von-innen-herauswachsen!« Und diese Mechanistik endet dann
mit der Klimaxformation als der Schlußformation, gewissermaßen dem
Sackbahnhof mechanistischen Denkens. Für die Kennzeichnung säkularer
Entwicklungsabschnitte mag dieser Ausdruck seine Berechtigung haben, aber
für den Biologen, für die Biotechnik, für den Forstmann fangen doch die
interessantesten Veränderungen nun erst an. Die nicht organismische, sondern äußerlich-summative (Zusammenfinden!) Auffassung der Biozönose kommt auch in den Worten zum Ausdruck, »die auf dem Kahlschlag
sich entwickelnde Flora, die doch auch aus Pflanzen der Lebensgemeinschaft des Waldes besteht«[1].

Dann stellt Dengler die mögliche Selbständigkeit der Bäume, der
anderen Gewächse, der Tiere des Waldes der Unselbständigkeit der
Organe eines Organismus gegenüber. Das scheint auf den ersten
Blick richtig zu sein, ist es aber tatsächlich nicht. Es gehört nämlich zum
Begriff des Organismus, daß seine einzelnen Glieder eine gewisse Selbständigkeit bewahren, worauf ja gerade die Entfaltungs- und Ergänzungs-
fähigkeit beruht. Dadurch unterscheidet sich der Organismus grundsätzlich
vom Mechanismus. Diese gewisse Selbständigkeit der Teile eines Ganzen
haben die Biologen bereits mit interessanten Experimenten nachgewiesen.
Sie ist natürlich bei den niederen, nur wenig differenzierten Lebewesen
größer als bei den höheren Lebewesen mit weitgehender Funktionsteilung.
Aber selbst beim menschlichen Organismus trifft diese Tatsache zu. »Beim
Tode des Individuums sind keineswegs seine einzelnen Zellen und Gewebe tot, wie die Möglichkeit der Gewebezüchtung beweist[2].« Bei einfacheren Organismen ist das Experiment gelungen, sie zu zerteilen so, daß
an dem einen Teil diese, an dem anderen jene Organe verbleiben; dabei
blieben die Teile existenzfähig und ergänzten sich wieder, ein Vorgang, der

---

[1] Silva 25 (1937), S. 22.
[2] v. Bertalanffy, L.: Das Gefüge des Lebens. 1937, S. 115.

niemals kausal=mechanisch erklärt, sondern nur organismisch begriffen wer=
den kann. Andererseits finden wir bei Lebensgemeinschaften und Sym=
biosen eine so weitgehende Aufteilung der Lebensfunktionen unter die
einzelnen Glieder der Gemeinschaft, daß diese ihre individuelle Existenz=
fähigkeit mehr oder weniger oder sogar ganz einbüßen.

Im Gegensatz zu Dengler vertritt Bernh. Bavink in Übereinstim=
mung mit namhaften Biologen die schon zitierte Ansicht, daß die orga=
nischen Bildungegesetze weit über die sog. Individuen hinaus=
greifen und insbesondere auch in den Biozönosen herrschen.
Er zeigt das an gewissen Gruppen von Coelenteraten (Hohltieren), näm=
lich den Röhrenquallen oder Stockpolypen, »bei denen zahlreiche, und zwar
verschieden ausgestaltete, also deutlich differenzierte Polypenindividuen
einen Gesamtorganismus (sic!) bilden, der sich doch wie ein einziges
Tier beträgt. Die Bewegungspolypen rudern ihn durch gemeinsame Ar=
beit vorwärts, die Freßpolypen ernähren ihn usw., was jedoch nicht hindert,
daß von Zeit zu Zeit sich einzelne Polypen ablösen und dann als ‚Medusen‘
eine Zeitlang auf eigene Hand leben und sich fortpflanzen[1]«. Auch in
den Tierstaaten der Ameisen, Termiten, Bienen, ferner an den Flechten,
an der Symbiose des Einsiedlerkrebses mit der Seerose lassen sich die ver=
schiedensten organischen Bildungsgesetze studieren [2].

Natürlich herrscht hier eine große Mannigfaltigkeit, und der Grad der
Organisierung, d. h. der Zentralisierung und Differenzierung, ist sehr ver=
schieden, er kann ein engerer oder lockerer sein. Er ist auch bei den Haupt=
waldtypen sehr verschieden.

Die organismische Biologie, die ihr Augenmerk mehr und mehr auf die
symbiontischen Lebenserscheinungen richtet, zeigt uns an mannigfaltigen
Beispielen, daß das Individuum in der Gemeinschaft mehr
leistet als für sich allein, daß es hier einen größeren Formenreich=
tum, eine höhere Entwicklung, eine größere Lebensfülle erzielt. Dieser Tat=
sache mißt Adolf Meyer sogar so große Bedeutung bei, daß er Symbiose
überhaupt für den charakteristischsten Lebensprozeß hält[3] und mit diesem
Argument die Abstammungslehre der Organismen gewissermaßen unter=
baut. Wir brauchen zu dieser Ansicht hier nicht Stellung zu nehmen, sie
soll uns lediglich zeigen, daß die moderne Biologie die überindividuelle
Geltung organischer Bildungsgesetze erkannt hat und ihr eine
große Bedeutung beimißt. Man kann diese Erkenntnis für den Wald nicht
einfach abstreiten wollen.

Gegen den Hinweis Denglers darauf, daß die Waldbäume auch außer=
halb ihrer Lebensgemeinschaft existieren können, hat Graf Hohenthal

---

[1] Bavink, Bernh.: Ergebnisse und Probleme der Naturwissenschaften. 1933,
S. 383.

[2] Vgl. auch L. v. Bertalanffy, a. a. O., S. 57.

[3] Vgl. das Zitat auf S. 63.

den treffenden Einwand erhoben, daß sie dann aber doch eine andere
Form annehmen. Dengler erwidert darauf, das sei »einfach eine An=
passungserscheinung an die Veränderung der Umwelt«. Damit ist aber
wenig gewonnen, eigentlich nur ein Warteweilchen eingelegt; denn An=
passung sagt etwas ganz Verschiedenes je nachdem, ob sie in mechani=
stischem oder in organismischem Sinne gemeint ist. Mechanistische Betrach=
tung sieht darin nur die Wirkung von äußeren Ursachen. Organische Be=
trachtung sieht aber außerdem den Grad der Lebensentfaltung, der Vitali=
tät und Aktivität; sie erkennt, daß sich die Lebewesen nicht nur selber der
Umwelt anpassen, sondern daß sie sich auch umgekehrt die Um=
welt anpassen und für sich umgestalten. Und gerade das gelingt
ihnen in der Gemeinschaft besser als einzeln. In diesem Sinne ist also die
Anpassung ein das Verhältnis der Zweckmäßigkeit für die Daseinserhaltung
organisierender Vorgang, ein organischer Bildungsprozeß, wozu H. Rickert
die zutreffende Bemerkung macht, daß »im Begriff der Anpassung ein
teleologisches Moment steckt, das wir vom Begriff des Organismus
überhaupt nicht loslösen können[1]«. Aber so sieht Dengler die Anpassung
nicht an, kann sie auch nicht so ansehen, wenn er den Organismusbegriff
auf das Einzelwesen beschränkt und organische Bildungsgesetze außerhalb
desselben bestreitet.

Die mechanistische Auffassung Denglers kommt weiterhin auch darin
zum Vorschein, daß er dem Begriff Lebensgemeinschaft (Biozönose) im
Gegensatz zum Organismusbegriff Anschaulichkeit nachrühmt. Denn
was an der Lebensgemeinschaft anschaulich ist, das ist das äußerliche, rein
summative Nebeneinander der Individuen. Aber ihre inneren, biologischen
Beziehungen, ihr funktionales Verhältnis zueinander, auf das es Möller
ja gerade ankommt, sind gänzlich unanschaulich und können nur gedacht
werden. Im übrigen widerspricht sich Dengler mit dieser Behauptung
selbst; denn wenn er Möllers Organismusbegriff schon im Sinne von
Einzelorganismus auffaßt, dann ist dieser zweifellos anschaulicher als eine
Mehrzahl von Einzelorganismen. — Abgesehen davon aber ist es gar kein
Vorzug wissenschaftlicher Begriffsbildung, wenn sie noch so am Anschau=
lichen haftet, denn die Anschauung ist bei jedem Menschen eine andere.
Infolgedessen wird gerade durch das Anschauliche, wie H.
Rickert lehrt, Ungenauigkeit und Unklarheit in die Begriffe
hineingetragen. »Wir müssen uns daher von der Meinung, als ob es
bei Begriffen auf das vorgestellte sinnliche Bild ankomme, vollkommen
freimachen und uns zum Bewußtsein bringen, daß wir eine Sache erst
dann wirklich begriffen haben, wenn wir von der sinnlichen Anschauung
absehen können[2].« — Daß schließlich der Begriff Lebensgemeinschaft (Bio=

---

[1] Rickert, H.: Die Grenzen der naturwissenschaftlichen Begriffsbildung. 1929,
S. 636.

[2] Rickert, H.: Zur Lehre von der Definition. 1915, S. 64.

zönose) nicht zuviel und nicht zu wenig sage[1], ist methodologisch anfechtbar und beruht wohl auf der überlebten Anschauung, daß die wissenschaftlichen Begriffe getreue Abbilder der Wirklichkeit seien. Das sind sie aber nicht; sondern sie sind oder sollen zweckmäßige Instrumente der wissenschaftlichen Erkenntnis sein. Ob also ein Begriff zuviel oder zu wenig sagt, das hängt davon ab, was man erkennen will. Für die Zusammenhänge, die Möller erkennen will, sagt der Begriff Lebensgemeinschaft (Biozönose) entschieden zu wenig.

Die Dauerwaldkritik Denglers beruht letzten Endes auf der Ansicht, daß die Naturwissenschaft den Organismusbegriff nur im Sinne des Einzellebewesens verwende und daß das Wort im übrigen nur in übertragenem, also naturalistischem Sinne gebraucht werde. Diese Ansicht aber ist grundfalsch. Die Naturwissenschaft gebraucht das Wort in zweifachem Sinne: erstens zur Bezeichnung der Lebewesen, der Organismen, zum Unterschied von der »toten«, der anorganischen Natur; zweitens zur Kennzeichnung eines in bestimmter Weise geordneten Zusammenhanges, eines lebendigen, dynamischen Systems.

Bei den logischen Untersuchungen, die in der Naturwissenschaft von verschiedenen Autoren über diese Wortbedeutung angestellt worden sind, ist die erstere Auffassung nicht nur nicht als der eigentliche wissenschaftliche Begriff — wie Dengler sagt als »echter Organismus« — anerkannt und die zweite Bedeutung als bildliche Übertragung bezeichnet worden, sondern man hat gerade umgekehrt die zweite, die abstrakte Auffassung als den wissenschaftlichen Begriff des Organismus bezeichnet zum ausgesprochenen Unterschied von der bloßen Wortbedeutung in ersterem Sinne. Die Logik unterscheidet eben den Begriff von der bloßen Wortbedeutung.

Wir können uns in dieser Frage an Heinrich Rickert halten, der sie in seinen »Grenzen der naturwissenschaftlichen Begriffsbildung« so gründlich wie kein anderer behandelt hat. — Leider war von den 7000 Exemplaren, die von diesem bedeutenden Werke gedruckt worden sind, keines auf die forstliche Hochschule Eberswalde entfallen; sehr zum Schaden der Dauerwalddiskussion! — Rickert sagt also: »Wir nennen die Wortbedeutungen erst dann naturwissenschaftliche Begriffe, wenn die durch sie vollzogene Vereinfachung in den Dienst des naturwissenschaftlichen Erkennens tritt und so durch ihre Allgemeinheit ein logisches Ziel erreicht, eine wissenschaftliche Leistung vollbracht wird[2].« Weiter: »Es können nicht nur Wortbedeutungen oder deren Komplexe in der Form von Definitionen, sondern es muß stets auch der Gehalt von Urteilen, d. h. von logischen Gebilden, die wahr sind, gemeint oder verstanden werden, wenn ein logisch vollkommener naturwissenschaftlicher Begriff vorliegt ... Die Be-

---

[1] Silva 16 (1928), S. 2.

[2] Rickert, H.: Die Grenzen der naturwissenschaftlichen Begriffsbildung. 5. Aufl., S. 45, 1929.

standteile des Begriffs gehören zusammen und werden in ihrer Zu=
sammengehörigkeit vom bejahenden Urteilsakte anerkannt[1].« Daraus folgt
schließlich, »daß das logische Ideal des naturwissenschaftlichen Begriffs aus
dem Gehalt von gültigen Urteilen besteht, die ihn bestimmen und zugleich
durch ihre Geltung ihm die notwendige unbedingte Allgemeinheit ver=
leihen[2].«

Aber von diesen logischen Erfordernissen, die man im Rickertschen
Werke selbst studieren muß und die hier nur ganz kurz zitiert werden
können, ist beim Gebrauch des Wortes Organismus im Sinne des Einzel=
lebewesens nichts zu finden; es wird hier lediglich zur Bezeichnung be=
stimmter, nämlich belebter Naturkörper verwendet. Und wenn das irgend=
wo überhaupt einen logischen, d. h. auf ein naturwissenschaftliches Er=
kenntnisziel gerichteten Sinn hat — was nur von Fall zu Fall zu ent=
scheiden ist —, wenn es also nicht bloß eine willkürliche Abgrenzung oder
Klassifikation der Naturerscheinungen ist, die eine bessere Übersicht über
die ungeheure Mannigfaltigkeit bezweckt, so ist das Wort Organismus in
diesem Sinne höchstens ein Dingbegriff, also ein anschaulicher Begriff,
der kein Urteil über einen bestimmten Beziehungszusammenhang, über
eine bestimmte Zusammengehörigkeit enthält.

Und dieser Begriff ist auch gar nicht von der mechanistischen Naturwissen=
schaft des vorigen Jahrhunderts selbst gebildet worden; sondern diese hat
ihn fertig vorgefunden und nicht mehr im eigentlichen, organismischen
Sinne gebraucht, wie es die romantische Naturwissenschaft und Medizin
noch tat, sondern in »übertragenem Sinne« — wie man hier mit besserem
Rechte sagen kann — auch auf solche Lebewesen angewendet, bei denen
man nichts von Organen entdeckte. Definierte man doch die Amöbe —
echt mechanistisch! — als Protoplasmaklümpchen! und zählte sie doch zu
den Organismen; von den Mikroorganismen ganz zu schweigen.

In einer mechanistischen Naturbetrachtung hat ja auch ein organis=
mischer Begriff gar keine Daseinsberechtigung und ist logisch geradezu
widersinnig. Es ist daher auch eine glatte Selbstverständlichkeit, daß wir
in streng kausalanalytisch verfahrenden naturwissenschaftlichen Disziplinen
das Wort Organismus als Relationsbegriff nicht antreffen. Eben=
sowenig ist der letztere in rein beschreibenden und systematisierenden Wissen=
schaften gebräuchlich und erforderlich, sofern sie nicht Vorstufen organis=
mischer Theorien sein wollen.

Man unterscheidet daher, sobald es auf streng logische Begriffsbildung
ankommt, scharf zwischen dem Wort und dem Begriff Organismus.
Rickert selbst bringt diese Unterscheidung an zahlreichen Stellen seines
Werkes zum Ausdruck, indem er vom Organismus als Organismus spricht.
So wirft er z. B. die Frage auf: »Kann man einen Organismus noch an=

---

[1] Ebenda, S. 59; Sperrdruck wie im Original.		[2] Ebenda, S. 79.

bers ansehen als daraufhin, daß er ein Organismus ist?[1] Und weiter: »Ein Organismus läßt sich als Organismus nicht zugleich als Mechanismus denken[2].« »Auch kann ein Organismus als Organismus niemals ein Mechanismus sein, denn die Begriffe des Organismus und des Mechanismus schließen einander aus[3].« Unter diesem Gesichtspunkt kritisiert Rickert die »Entwicklungsmechanik«: »Um eine Mechanik im strengen Sinne kann es sich dabei, solange Organismen noch als Organismen dargestellt werden, nicht handeln[4].« Man kann an einem Organismus auch kausal-mechanische Zusammenhänge untersuchen; »zu Widersprüchen kommt es erst, wenn der Biologe als Biologe die Organismen als Organismen rein mechanisch denken will, denn dann abstrahiert er gerade von dem, um dessentwillen er sein Objekt zum Gegenstande einer besonderen biologischen Wissenschaft gemacht hat«[5]. »Der Begriff des Organismus schließt es aus, daß er jemals als Mechanismus gedacht wird[6]«... »denn die Biologie hat es stets mit Organismen als Organismen, d. h. mit teleologisch aufgefaßten Zusammenhängen von einer besonderen Beschaffenheit zu tun«[7]. »Man muß diese Wissenschaft geradezu so definieren, daß sie von Körpern handelt, deren Teile sich zu einer teleologischen ‚Einheit‘ zusammenschließen. Ein solcher Einheitsbegriff ist vom Begriff des Organismus so unabtrennbar, daß wir nur wegen des teleologischen Zusammenhanges die Lebewesen überhaupt ‚Organismen‘ nennen[8].«

Nach diesen Ausführungen Rickerts, des für die logischen Fragen naturwissenschaftlicher Begriffsbildung wohl kompetentesten Autors, stellt sich die von Dengler gegen den Möllerschen Organismusbegriff gerichtete Kritik und die daran geknüpfte Rüge der Verwendung »unklarer, ungenauer und übertriebener Fachausdrücke« als gegenstandslos heraus.

Aber kleben wir nicht an den Ansichten Rickerts, auf daß uns nicht der Geistesblitz treffe, Rickert sei gar kein Naturwissenschaftler, sondern bloß ein Philosoph gewesen! — Rickerts Ausführungen weisen ja schon darauf hin, in welcher Naturwissenschaft der Begriff des Organismus aus logischen Gründen zur Anwendung kommen muß: es ist die Biologie und insbesondere die theoretische Biologie. Aber auf diesem Gebiete hat sich Dengler offenbar nicht umgesehen. Denn wenn man sich fragt, welches Problem diese Wissenschaft in den letzten Jahrzehnten am meisten und am tiefsten beschäftigt hat, so kann man darauf nur antworten: die

---

[1] Rickert, H.: Die Grenzen der naturwissenschaftlichen Begriffsbildung, 5. Aufl., 1929, S. 101.

[2] Ebenda, S. 107.

[3] Ebenda, S. 250. Der Sperrdruck hier und in den folgenden Zitaten entspricht genau dem Original.

[4] Ebenda, S. 261.   [5] Ebenda, S. 415.   [6] Ebenda, S. 416.

[7] Ebenda, S. 418.   [8] Ebenda, S. 412.

Frage nach den teleologischen Zusammenhängen der Lebenserscheinungen. Die Emanzipation von der rein kausal-mechanischen Betrachtungsweise gibt der modernen Biologie geradezu das Gepräge. Zahlreiche Biologen haben organische Naturbetrachtung in einer entsprechenden Begriffsbildung zum Ausdruck gebracht. Ob der Grundbegriff dabei lebendige Ganzheit oder lebendiges System oder lebendiges Gefüge oder Gestalt oder Form oder Organismus genannt wurde, immer handelte es sich dabei im wesentlichen um denselben Gedanken: um die teleologische Einheit der Lebenserscheinungen und -vorgänge. Gerade die Veröffentlichungen der theoretischen Biologie der letzten beiden Jahrzehnte, also nach dem Tode Möllers, sind eine glänzende Bestätigung der sachlichen Berechtigung des von ihm vor mehr als einem Menschenalter geprägten Begriffs des Waldorganismus.

Eine ganze Richtung der theoretischen Biologie leitet ihre Bezeichnung vom Organismusbegriff bzw. von der organischen Betrachtungsweise her: es ist die von Ludwig von Bertalanffy begründete »Organismische Biologie«, der sich so namhafte Naturwissenschaftler wie Alverdes, Babink, Needham angeschlossen haben und der mit ähnlichen Auffassungen z. B. Dürken, Jordan, Sapper, Ungerer, Woltereck nahestehen.

In weitgehender Übereinstimmung mit Möller definiert Bertalanffy Organismus als »ein System, in welchem die Elemente und Vorgänge in einer bestimmten Weise geordnet sind, und in welchem letzten Endes jeder Einzelteil, jedes Einzelgeschehnis von allen anderen Teilen, allen anderen Geschehnissen abhängt[1]«. Als die grundlegende Aufgabe der modernen Biologie bezeichnet Bertalanffy, »die Lebewesen als Systeme besonderer Art von in dynamischer Wechselwirkung stehenden Elementen zu betrachten und die hier geltenden Systemgesetze zu ermitteln, welche die Ordnung aller Teile und Vorgänge untereinander beherrschen[2]«. Die organismische Theorie »macht durch den Begriff des organischen Systems gerade die eigentlichen Lebensphänomene, nämlich die Harmonisierung und Regulation der Vorgänge untereinander, der naturwissenschaftlichen Erforschung zugänglich, und bietet, in Gestalt des ‚Begriffs des Organismus‘ die gesuchte, einheitliche Betrachtungsweise der Lebenserscheinungen[3]«.

Babink bevorzugt für den Ganzheitsbegriff die Bezeichnung: »Gestalt«, und er hebt nachdrücklichst hervor, »daß wir in den über die Individuen hinausgreifenden höheren Ganzheiten, wie z. B. den Tierstöcken und Tierstaaten, aber auch in den ‚Biozönosen‘ im weiteren Sinne ‚Gestalten‘ anerkennen müssen, denen vom Standpunkt des kritischen Realismus aus

---

[1] v. Bertalanffy, Ludwig: Das Gefüge des Lebens. S. 12, 1937.
[2] Ebenda, S. 12.
[3] v. Bertalanffy, L.: Lebenswissenschaft und Bildung. 1930, S. 24.

eine Realität ebensogut zuzuerkennen ist wie den einzelnen in ihnen befaßten Individuen«[1].

In gleichem Sinne äußert sich H. Gradmann: »Ein Organismus bildet eine harmonische Einheit, die dadurch gekennzeichnet ist, daß die Teile einander in ihrer Tätigkeit ergänzen, daß sie gegenseitig voneinander abhängen und durch ihr Zusammenwirken ein lebensfähiges Ganzes bilden. Diese Eigenschaft, eine harmonische Einheit zu bilden, besitzen nun aber unsere Organismen keineswegs allein[2].« Und am Schluß der Arbeit: »Die räumlich-zeitlich begrenzten Lebenseinheiten, die wir Organismen nennen, sind zugleich harmonische Einheiten insofern, als ihre Teile einander in ihrer Tätigkeit ergänzen. Es gibt aber außerdem noch eine Menge harmonischer Lebenseinheiten in allen Abstufungen, die entweder Bestandteile von Organismen sind oder sich selbst wieder aus Organismen zusammensetzen. Einer objektiven Betrachtungsweise gegenüber erscheinen alle diese harmonischen Lebenseinheiten als wesensgleich. Die Organismen zeigen keinerlei Sonderstellung, weder in der Art, wie ihre einheitlichen Reaktionen zustande kommen, noch in der Art, wie ihre Entwicklung geregelt wird. Es ist daher ein Vorurteil, wenn man die Organismen als Lebenseinheiten besonderer Art in den Vordergrund stellt, ein Vorurteil, das der modernen Biologie nicht ansteht[2].«

Auch im angelsächsischen Sprachgebiet hat die organische Betrachtungsweise in der Biologie eine große Bedeutung erlangt. Der englische Biologe S. J. Haldane hat den Organismusbegriff zum Grundbegriff der Biologie gemacht. Al. Morgan und Whitehead haben — wie Bertalanffy berichtet[3] — diesen Begriff auch auf das Unbelebte ausgedehnt. Der Amerikaner F. E. Clements wendet den Organismusbegriff auf die Pflanzenformationen an: »Die Vegetationseinheit, die Klimaxformation, ist ein organisches Wesen. Wie ein Organismus entsteht, wächst, reift und stirbt die Formation. Ihre Anpassung an den Standort zeigt sich in Prozessen oder Funktionen und in Strukturen, welche sowohl das Ziel wie das Ergebnis dieser Funktionen sind. Ferner, jede Klimaxformation ist fähig, sich selbst zu ergänzen, indem sie mit wesentlicher Treue die Stufen ihrer Entwicklung wiederholt. Die Lebensgeschichte der Formation ist ein komplexer, aber bestimmter Prozeß, vergleichbar in seinen Hauptzügen mit der Lebensgeschichte einer individuellen Pflanze. Die Klimaxformation ist der fertige Organismus, die voll entwickelte Gemeinschaft, deren sämtliche anfänglichen und mittleren Stufen nur Entwicklungsstufen sind. Sukzession ist der Reproduktionsprozeß der Formation, und dieser reproduktive

---

[1] Bavink, Bernh.: Ergebnisse und Probleme der Naturwissenschaften. 5. Aufl. (1933), S. 408.

[2] Gradmann, H.: Die harmonische Lebenseinheit vom Standpunkt exakter Naturwissenschaft. Die Naturwissenschaften 18 (1930), S. 642 u. 666.

[3] v. Bertalanffy, L.: Das Gefüge des Lebens. 1937, S. 8.

Prozeß muß ebenso notwendig in der fertigen Vegetationsform endigen, wie das bei der individuellen Pflanze der Fall ist[1].«

Es erübrigt sich noch weitere Zitate anzuführen. Es genügt auf die zahlreiche organismische Literatur zu verweisen, die L. v. Bertalanffy in seinem »Gefüge des Lebens« anführt; ferner auf die von dem Amerikaner W. M. Wheeler in seiner — übrigens methodologisch sehr interessanten — Abhandlung über die heutigen Strömungen in der biologischen Theorie mitgeteilte umfangreiche angelsächsische Literatur[2].

Nicht jeder dieser Autoren hat seinen Ganzheitsbegriff mit dem Wort Organismus ausgedrückt, und umgekehrt hat nicht jeder, der den Organismusbegriff eindeutig verwendet, sich mit überindividuellen Ganzheiten beschäftigt. Auch mag man die eine oder die andere Auffassung als zu weitgehend kritisieren. Aber soviel geht aus dieser umfangreichen Literatur doch unwiderleglich hervor, daß man unmöglich behaupten kann, daß »wir ... in der Naturwissenschaft« den Organismusbegriff nicht im Sinne Möllers verwenden und daß das ein »ungenauer, unklarer und übertriebener Ausdruck« sei.

In obigen Ausführungen ist vielmehr gezeigt worden: erstens, daß nach den logischen Untersuchungen Rickerts der Organismusbegriff Möllers der eigentliche naturwissenschaftliche Organismusbegriff ist; zweitens, daß dieser Organismusbegriff (auch unter den Namen Ganzheit, System, Gestalt, Form) in der modernen Biologie von zahlreichen Autoren angewendet wird und sogar eine bedeutende Rolle spielt; und drittens, daß der Organismusbegriff auch auf überindividuelle Ganzheiten, insbesondere auf Biozönosen, und selbst auf die unbelebte Natur von namhaften Naturwissenschaftlern angewendet wird.

Am meisten interessiert zweifellos die Anwendung des Organismusbegriffs in der Limnologie, und zwar deshalb, weil es sich hier auch um eine praktische Wissenschaft handelt. Die Unterscheidung Thienemanns zwischen Organismus erster, zweiter und dritter Ordnung bietet zweifellos auch dem Waldbiologen eine wertvolle Problemstellung: »Wenn wir die Lebensgemeinschaft einen ‚Organismus zweiter Ordnung‘ nennen, so schafft dieses Wechselspiel zwischen Biotop und Lebensgemeinschaft aus der lebenerfüllten Lebensstätte eine noch höhere Einheit, eine ‚Lebenseinheit dritter Ordnung‘[3].«

Diese organische Betrachtung veranschaulicht Thienemann durch folgendes Schema der limnologischen Forschung:

---

[1] Clements, F. E.: Plant Succession. An Analysis of the development of vegetation. S. 124/26, 1916.

[2] Wheeler, W. M.: Die heutigen Strömungen in der biologischen Theorie. Unsere Welt 21 (1929), S. 170—180.

[3] Thienemann, A.: Limnologie. S. 80. 1926.

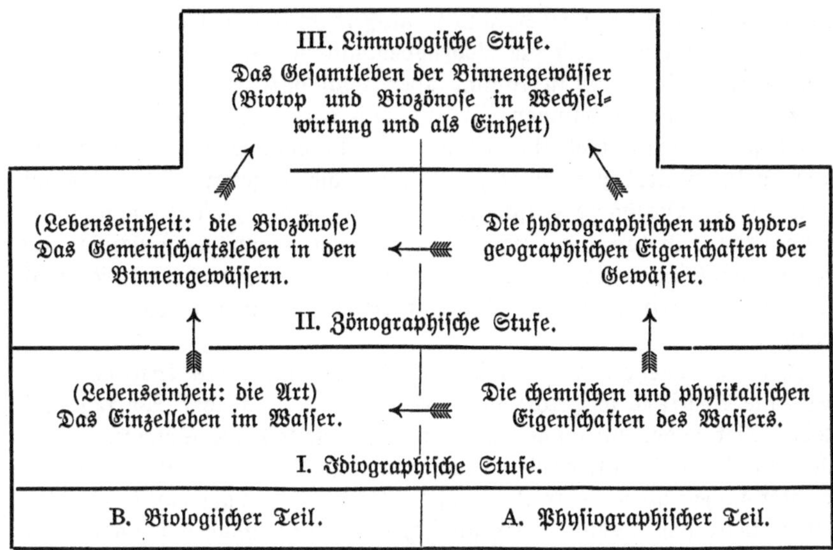

Selbstverständlich will diese Darstellung[1] nur die Grundbegriffe in möglichst klarer und daher unvermeidlich grober Weise abgrenzen. Daß das organische System der Natur, insonderheit der Binnenseen und der Wälder, in Wirklichkeit eine äußerst fein differenzierte hierarchische Ordnung ist, hat Thienemann mit den bereits[2] zitierten Worten anschaulich geschildert.

Gegenüber der Denglerschen Organismuskritik ist festzustellen, daß Thienemann diesen Ausdruck ganz im Sinne H. Rickerts und R. Kroners, also als wissenschaftlichen Begriff verwendet und als solchen in seiner Abhandlung über »Lebensgemeinschaft und Lebensraum«[3] auch eingehend begründet. Zwei Punkte hebt er dort hervor, »die zum Wesen des Organismus gehören«:

Erstens die Individualität. Beim Einzelorganismus ist sie unbestritten. »Aber auch jede einzelne Biozönose trägt individuelle Züge, ist nur einmal in der Natur vorhanden und unterscheidet sich auch von allen anderen Biozönosen der gleichen ‚Art‘. Diese Individualität jeder Biozönose hat einen doppelten Grund. Einmal ist jeder Biotop ein biographisches Individuum mit ganz bestimmten, eigentümlichen Zügen, die nur hier, an dieser Stelle des großen Lebensraumes in dieser individuellen Ausprägung vorhanden ist. So kehren die Lebensbedingungen einer bestimmten Stätte im Lebensraum an keiner anderen wirklich in der voll-

---

[1] Thienemann, A.: Limnologie, S. 102. 1926.

[2] Siehe S. 72.

[3] Naturwissenschaftliche Wochenschrift N. F. 17 (1918), S. 281—290 und 297 bis 303.

ständig gleichen Form wieder, und so muß schon aus diesem Grunde jede Lebensgemeinschaft durch die Lebensbedingungen ihres Biotops individuell gestaltet sein. Dazu kommt aber noch das, was ich im Beginn unserer Auseinandersetzungen, als ich von der Entstehung einer neuen Lebensgemeinschaft handelte, als die ‚Zufälle bei der ersten Besiedelung einer Lebensstätte‘ bezeichnete, die über die Eigenart (d. i. Individualität) der Biozönose entscheiden. Jene ‚Zufälle‘, die zu einem neu entstandenen Biotop die einen, zum anderen andere Organismen und Organismenkeime gelangen lassen, sind das — historische — Moment, auf dem im tiefsten Grunde die Individualität einer jeden Biozönose beruht.«

Zweitens »gehört zum Wesen des Organismus die innere Einheit, die Cuviers sog. Korrelationsprinzip mit folgenden Worten faßt. ‚Jedes Tier bildet ein einheitliches, in sich geschlossenes System, in dem alle Teile (erstens) aufeinander strukturell angewiesen sind, und (zweitens) zu einer einheitlichen Gesamtleistung des Körpers nach gesetzmäßigem Verhältnis beitragen. Kein Teil kann sich verändern, ohne daß andere mit verändert würden, und so bestimmt jeder Teil alle übrigen.‘ Ein solches Korrelationsprinzip gilt zweifellos auch für unsere ‚Organismen zweiter Ordnung‘, für die Lebensgemeinschaften; setzt man statt ‚Teil‘ ‚Organismus‘, so spricht dies Korrelationsprinzip die innere Gesetzmäßigkeit einer Lebensgemeinschaft in allgemeinster Fassung aus. Aber man kann noch einen bedeutsamen Schritt weitergehen. Wir haben bisher immer nur die Wirkungen betrachtet, die vom Biotop, vom Lebensraum auf die Biozönose, die Lebensgemeinschaft ausgehen. Betrachten wir nunmehr das Umgekehrte, die Einwirkung der Lebensgemeinschaften auf ihren Lebensraum«. Da zeigt sich »die Biozönose plus Lebensraum als Organismus«. »Wenn die geschilderten Wechselwirkungen bestehen, und wenn jeder Biotop und jede Biozönose ein Individuum ist, so ist auch die Verbindung beider, die lebenerfüllte Lebensstätte, eine Einheit, eine ‚physiologische Individualität höherer Ordnung‘ (Birge und Juday), ein höherer Organismus! Die Lebensgemeinschaft nannten wir den Organismus zweiter Ordnung. Biozönose plus Lebensraum ist ein Organismus dritter Ordnung.

Die Erde mit ihrem Leben ist etwas anderes, ist ‚mehr‘ als nur eine Summe von Organismen und ein Nebeneinander von Räumen!

Das gilt für alle lebenerfüllten Biotope, und ist um so klarer zu erkennen, je geschlossener sie sind.

Das Problem der Beziehungen zwischen dem Lebensraum und seiner Organismenwelt ist eines der Zentralprobleme der Biologie. Je tiefer, je schärfer, je umfassender es durchgearbeitet wird, um so klarer wird uns die Erkenntnis von der Einheit des Lebens auf der Erde und seiner

geographischen Bedingtheit werden. Immer mehr wird es uns zum Bewußtsein kommen,

> Wie alles sich zum Ganzen webt,
> Eins in dem andern wirkt und lebt«.

c) Die Urwaldthese

Der zweite große Gedanke Möllers soll angeblich der sein, daß nur
im Natur- oder Urwald die vollkommenste Harmonie herrsche und daß deshalb der Mensch diesen Zustand erhalten und seine wirtschaftlichen Eingriffe so gering wie möglich gestalten müsse.

Daß das absurd ist, wird niemand bestreiten; und es konnten oben
bereits Worte Möllers angeführt werden, die eine solche, an und für sich
schon höchst unwahrscheinliche Auffassung ausschließen.

Hier ist nun darauf zu verweisen, daß Möller diese Urwaldthese, die
erstmalig von einem anderen Autor im Jahre 1921 in einer landwirtschaft-
lichen Zeitschrift vorgebracht wurde, in seinem »Dauerwaldgedanken« verhältnismäßig ausführlich behandelt und klar und eindeutig
abgewiesen hat. Dort sagt er: »Es kann keineswegs der Sinn des wohl-
verstandenen ‚zurück zur Natur‘ der sein, daß wir uns bestreben sollen, den
Zustand des Urwaldes zu erforschen, des Waldes also, den die von Menschen-
hand unberührte Natur auf unseren zur Holzzucht bestimmten Flächen
schaffen würde, und daß wir diesen dann herzustellen als Ziel unserer Arbeit betrachten müßten« (Dg. 25). Wenn Dengler dann in seinem Salzburger Vortrag diese These erneut vorbringt und zwar, ohne auf die ausdrückliche Ablehnung Möllers Bezug zu nehmen und sich mit ihr auseinanderzusetzen, so bleibt dafür keine andere Erklärung übrig, als daß jene
abweisenden Ausführungen Möllers bei ihm in vollständige Vergessenheit geraten waren und er selber in einer vorgefaßten Meinung befangen
war[1]. Dafür spricht auch der Umstand, daß Dengler die Gründe, die

---

[1] Vielleicht ist diese Meinung Denglers auf die »Lehren des Kiefernurwaldes«
zurückzuführen, die Wiedemann in seinem Dauerwaldbuch S. 154 erteilt, indem
er zu beweisen sucht, daß Möller das Gegenteil von dem gemeint habe, was er
gesagt hat. Aber dieser Beweis steht auf Kriegsfuß mit der Logik. Denn aus der
Tatsache, daß die Verjüngung eine Lebensäußerung des Waldes ist, folgt noch längst
nicht, daß er sich »ganz regelmäßig leicht verjüngte«; aus der (an sich irrigen) Annahme, daß die Buche auf unsern ärmsten Sandböden möglich ist, folgt noch
nicht, daß sie dort im Urzustand auch tatsächlich überall gewesen ist; aus der Erkenntnis, daß durch frühere Behandlung Laubhölzer verdrängt und Böden verdorben
worden sind, folgt erstens nicht, daß die Kiefer überall mit andern Holzarten, vor
allem der Buche, in friedlicher dauernder Gemeinschaft lebte, und zweitens
nicht, daß uns die Holzartenmischung und der Bodenzustand des Urwaldes genügt
oder gar als Ideal vorschwebt; aus dem Wunsche, ebenso hochwertige Kiefern zu erziehen wie jene, die im Schutz und Schirm des Altholzes feinringig erwuchsen, folgt
noch längst nicht, daß dazu der Zustand des Urwalds hergestellt werden müsse. — All
diese Folgerungen hat auch Möller nie gezogen.

Möller selbst gegen die Urwaldthese angeführt hatte, in seiner Abhandlung von 1928[1] gegen Möller ins Feld führte!

Möller schrieb 1922 in seinem »Dauerwaldgedanken« (S. 25/26):

»Was gibt es wohl Unnatürlicheres als einen wohlgepflegten, vom Unkraut durch tägliches Jäten freigehaltenen Garten, als viele Morgen große Getreide-, Rüben-, Kartoffelfelder, als gefüllte Blumen, kernlose Weintrauben, einen guten Kuhstall, um nur einige Beispiele zu nennen. Ließe sich gegen den gleichaltrigen und gleichartigen Hochwald nichts weiter sagen, als daß er unnatürlich sei, wir hätten wahrlich keinen Grund, ihn anders zu beurteilen als ein reines Roggenfeld, von dessen Nützlichkeit und Zweckmäßigkeit wir überzeugt sind . . .

Wenn Erdmann Trockentorfauflagerungen in großem Umfange aus dem Walde entfernt, und auf den so freigelegten Flächen Vollsaaten ausführt, wenn Kautz die sorgfältig pflegende Durchreiserung junger Buchen eindringlich begründend fordert, wenn v. Keudell im durchlichteten Kiefernaltholz pflügen und eggen und Kiefern säen oder pflanzen läßt, wenn Wagner kleinen Wanderkämpen an geeigneten Stellen der Blendersäume das Wort redet und durch seine Kulturwärter Lücken der Verjüngung durch Ballenpflanzen von jenen Kämpen oder aus der Nachbarschaft füllen läßt, sind das alles Maßnahmen, die durch das Gebot, ‚Rückkehr zur Natur‘ gefordert werden? Gewiß nicht. Aber sie dienen trefflich den Absichten der betreffenden Dauerwaldbetriebe.«

Dengler bringt sechs Jahre später gegen Möller vor:

»Kann es wohl etwas Unnatürlicheres, etwas Störenderes an Eingriffen und der Stetigkeit mehr Zuwiderlaufendes geben, als die Behandlung, die wir anderen Pflanzengemeinschaften wie etwa unseren Feldern und Wiesen zuteil werden lassen, die wir nie zu ihrem Endziel, der natürlichen Samenverjüngung, kommen lassen, die wir jährlich ein- oder zweimal mähen, künstlich düngen, eggen und pflügen, die wir alljährlich immer wieder vernichten und immer wieder künstlich erzeugen! Und je öfter wir mähen, desto besser wird der Rasen, je öfter wir pflügen und eggen, desto besser der Wuchs der Felder! Hier sieht man recht deutlich und klar, daß Stetigkeit und Natürlichkeit nicht Forderungen a priori[2] für die Leistungsfähigkeit der Pflanzengemeinschaften sein können. Hier haben wir eben die Natur schon wahrhaft zu beherrschen gelernt und gehen unsere eigenen unnatürlichen und doch sicheren Wege! Beim Wald ist das freilich noch nicht so der Fall. Es ist komplizierter, unübersichtlicher und vor allem, es liegen 3 bis 4 Menschenalter zwischen Aussaat und Ernte! Das ist ein außerordentlich erschwerender Umstand für die Erkenntnis und die Beurteilung des Erfolges unserer wirtschaftlichen Maßnahmen. Das zwingt uns vorläufig noch zur Vorsicht bei vielen unserer Eingriffe. Niemals aber dürfen wir die Hoffnung aufgeben und das Ziel aus dem Auge lassen, daß wird auch im Walde einmal die Natur beherrschen und meistern lernen.«

Zeigen diese beiden Zitate nicht eine vollständige Übereinstimmung in der — eigentlich doch selbstverständlichen — Ablehnung der Nachahmung des Urwalds? Was sollte denn das auch für einen vernünftigen Sinn haben? Das vermag natürlich auch Dengler nicht zu sagen, und so greift

---

[1] Silva 16 (1928), S. 3.

[2] A priori gewiß nicht; aber die hierbei in Betracht kommenden Unterschiede der »Forstwirtschaft und Landwirtschaft« legt Möller in der Einleitung zu seinem »Dauerwaldgedanken« ausführlich dar.

er dann in Salzburg zu einer emotionalen Begründung, welche sagt: »Dieser Zug zurück zur Natur ist ja letzten Endes nur Heimweh, Heimweh des Kulturmenschen nach seinen Uranfängen. Aber die Linie unserer Entwicklung geht aus inneren Notwendigkeiten nicht dorthin, wo die Natur den Menschen noch voll erfüllt, aber auch ganz beherrscht, sondern dahin, wo er sie beherrschen lernt und beherrscht[1]«.

Diese Worte sind aber Möller gegenüber ganz unangebracht und durch nichts belegt. Im Gegenteil hat Möller wie kein anderer Waldbaulehrer den volkswirtschaftlichen Zweck des Waldbaus nachdrücklichst betont und das Ziel einer möglichst großen Holzwerterzeugung allem vorangestellt. Als Leiter der Zeitschrift für Forst- und Jagdwesen hat er unter diesem Gesichtspunkt immer wieder wirtschaftliche Schriftsteller herangezogen und sich selber an grundsätzlichen ökonomischen Auseinandersetzungen beteiligt. Wer im forstlichen Hörsaal in Eberswalde zu Füßen Möllers gesessen hat, der weiß, daß Möller dort nicht ein bezauberndes Bild vom Urwald aufgehängt hatte, auch keinen Sinnspruch über das »Heimweh des Kulturmenschen nach seinen Uranfängen«, sondern die »Goldenen Worte« des Oberlandforstmeisters v. Hagen. Niemals hat Möller aus dem Auge verloren, daß das Ziel aller wirtschaftlichen, insbesondere aller waldbaulichen Maßnahmen die nachhaltige größtmögliche Holzwerterzeugung ist. Dazu müssen wir uns »über die im Walde wirkenden Naturgesetze[2] soviel, als nach Lage unserer derzeitigen Kenntnisse möglich ist, klar werden, damit wir sie unseren Zwecken in richtiger Weise dienstbar machen« (Dg. 25), und diese Aufgabe erfordert in der Dauerwaldwirtschaft von den Forstbeamten »ein Maß von Hand- und Kopfarbeit, an das auch nur zu denken in der einfachen Kiefernheide bisher völlig außer dem Bereich forstlicher Erwägungen lag« (I 33).

Worin sollte denn nun diese aufs höchste angespannte Tätigkeit bestehen, wenn es der Sinn der »Stetigkeit des Waldwesens« wäre, die nur im Naturwald vorhandene vollkommenste Harmonie zu erhalten und deshalb die wirtschaftlichen Eingriffe möglichst gering zu gestalten?!

Der Urwaldthese fehlt nicht nur jede Rechtfertigung aus den Schriften Möllers, sondern sie führt sich auch selbst ad absurdum. Beim besten Willen vermag ich ihr nicht den Wert einer wissenschaftlichen Kritik beizulegen.

---

[1] Im Bericht S. 144.

[2] Dazu zählt Möller eben auch die organismischen Naturgesetze. Diese setzen uns »offenbar Grenzen, deren Überschreitung das Gegenteil bewirkt von dem Erstrebten. Mit Anbau reiner Bestände und Ausrottung aller standörtlich vorkommenden Holzarten, mit Ausnahme der einen erwünschten, sind diese Grenzen überschritten« (Dg. 28).

d) Die Umsturzthese

Die Behauptung, daß der Dauerwaldgedanke den Umsturz wolle, wirkt einigermaßen sensationell, zumal aus dem Munde und der Feder eines Autors, der sich selbst ausdrücklich als »bedingten Anhänger des Möllerschen Dauerwaldgedankens« bezeichnet hatte, und der jene Behauptung auf die Schriften Möllers stützt, an denen sich inzwischen nichts geändert hat. Zur Verstärkung der gleich näher zu betrachtenden Beweisführung wird allerdings auch der Ausspruch Hausendorffs herangezogen, daß der Dauerwaldgedanke eine Umstellung[1] unseres forstlichen Denkens erfordere. Aus dieser Umstellung wird dann unversehens ein Umsturz.

Den Sinn des Fortbildungsvortrags[2], in welchem die Umsturzthese vertreten wird, hat Dengler selbst am Schluß mit folgenden Worten charakterisiert: »Ich habe aufzuzeigen gesucht, daß die umstürzenden Gedanken, die die Neuzeit hier bewegt haben und noch bewegen, zu einem großen, ja man kann wohl sagen, zum allergrößten Teil unberechtigt sind, wenn man die Stichhaltigkeit ihrer Gründe gegen die alte Wirtschaft auf die tatsächlichen Verhältnisse hin prüft. Was uns not tut, ist nicht Umsturz und gänzliche Umstellung, sondern ruhiger und besonnener Fortschritt auf wirklich erprobten und wissenschaftlich gesicherten Wegen«.

In Salzburg hatte Dengler noch die Feststellung gemacht, »daß der ganze Gedanke vieles Richtige hat, wenn man nur die Übertreibungen wegstreicht« (Salzburg 143/144). Darüber ließe sich auch sehr wohl reden, wobei allerdings der forstlichen Praxis mehr an dem »vielen Richtigen« gelegen sein müßte, als an den angeblichen Übertreibungen, die in Wirklichkeit nur in der Denglerschen Interpretation existieren (»echter Organismus«, Urwaldthese).

Prüfen wir nun jenen Fortbildungsvortrag, der von den Umsturzabsichten Möllers handelt, genauer, so finden wir darin fünf Bezugnahmen auf den Dauerwaldgedanken, von welchen sich vier als entstellende Wiedergabe Möllerscher Gedanken erweisen; nur die fünfte stellt eine Übertreibung Möllers bezüglich der Buchenanbaumöglichkeiten fest. Dies ist nun im einzelnen zu zeigen. Die Auffassungen Möllers werden dabei stichwortartig oder als Zitate vorangestellt.

1. Möllers zeitbegriffliche Konsequenzen aus der Betrachtung des Waldorganismus als »ewiges Lebewesen«.

---

[1] Daß man den Übergang von der bisherigen Kiefernkahlschlagwirtschaft zur Kieferndauerwaldwirtschaft als eine Umstellung unseres forstlichen Denkens charakterisiert, halte auch ich sowohl in theoretischer wie in praktischer Hinsicht für berechtigt; es entspricht zweifellos auch der Auffassung Möllers (Dg. 4). Nachdem nun die Dauerwaldwirtschaft in den preußischen Staatsforsten zur Anwendung gekommen ist, wird wohl auch kein Praktiker bestreiten oder wenigstens nichts dabei finden, daß man diesen Wandel als eine Umstellung bezeichnet. Aber niemand würde wissen, was gemeint ist, wenn jemand von Dingen spricht, die »vor dem Umsturz« waren und die »nach dem Umsturz« sind.   [2] Z. f. F. u. J. 60 (1928), S. 65—100.

Ihre eigentliche Begründung findet Denglers Umsturzthese in den einleitenden Worten: »Daß der Dauerwaldgedanke reiner Prägung ... einen Umsturz des alten Systems will und verlangt, darüber kann gar kein Zweifel sein! Ich brauche Sie nur an die Worte Möllers zu erinnern, daß der Dauerwald keine Verjüngung und keinen Verjüngungszeitraum kennt, daß es keine Bestände in ihm mehr geben wird, daß er Derbholzvorrat auf allen Flächen und ebenso überall Ungleichaltrigkeit fordert und anderes mehr.«

Wenn wir zunächst einmal von den beiden letzteren Forderungen (Derbholzvorrat, Ungleichaltrigkeit) absehen wollen, so kann nicht der geringste Zweifel darüber bestehen, daß Möller mit den zitierten Worten weiter nichts wollte, als die begrifflichen Konsequenzen der Auffassung des Waldes als ewiges Lebewesen darlegen. In diesem Sinne sagt er: »Unter Verjüngung versteht der Waldbau die Bestandsbegründung an Stelle eines zu erntenden oder geernteten Bestandes. Mit dem Begriff der Verjüngung ist der Begriff eines nach Ablauf einer bestimmten Zeit (Umtriebszeit) erntepflichtigen Bestandes unlösbar verbunden; diesen Begriff kennt der Dauerwald nicht, ihm ist der Wald ein ewiges Wesen, in dem nie ein Baum geschlagen wird, weil er ein bestimmtes Alter erreicht hat, nie auch um der Verjüngung willen« (Dg. 22). (Es wäre hinzuzufügen: sondern nur um der Holzwerterzeugung willen.) — Und an anderer Stelle sagt Möller: »Von unserm Standpunkt der Betrachtung aus, ist dieser Bestand ergänzungsbedürftig, und wenn keine Aussicht auf natürliche Ergänzung besteht, so müssen auf dem Wege der künstlichen Kultur (sic!) neue junge Bestandesglieder ihm zugeführt werden. Nicht durch Unterbau, obwohl dabei Bilder entstehen können, die man bisher als Unterbau bezeichnete. Unterbau setzt den Begriff eines Bestandes von begrenzter Dauer voraus, das ewige Waldwesen kennt nur Ergänzung des an Holzpflanzen und damit Holzerzeugern zu arm gewordenen Bestandes. Der Dauerwald kennt weder Kahlschlag, noch Überhalt, noch Unterbau, aber der Übergang zur Dauerwaldwirtschaft aus dem bisherigen Waldzustande wird oftmals Bilder schaffen (sic!), die man mit jenen Namen zu bezeichnen gewohnt ist« (Dg. 52/53).

Hieraus geht klar hervor, daß Möller lediglich die zeitbegrifflichen Konsequenzen der Auffassung des Waldes als eines ewigen Lebewesens darlegen wollte. Keineswegs hat Möller gefordert, daß der Waldorganismus nicht räumlich gegliedert sein dürfe, niemals hat er gesagt, daß es in ihm keine Bestände mehr »geben« wird, vielmehr spricht er ja selbst immerzu, auch in obigem Zitat, in räumlichem Sinne von Bestand und Beständen. Und noch viel weniger hat er gesagt, daß der Dauerwald Verjüngung als praktische Maßnahme nicht kennt. In geradem Gegenteil dazu nennt er unter den obersten Geboten des Dauerwalds: »Natürliche Verjüngung überall zu benutzen, zu fördern, hervorzurufen« (I 41); und ein

besonderer Abschnitt seines Buches behandelt den Satz: »Dauerwaldwirt=
schaft verzichtet nicht auf künstliche Kultur«. Selbst seine so wichtige For=
derung eines möglichst großen Derbholzvorrates schränkt Möller der Ver=
jüngung zuliebe ein, weil sonst »kein Platz da sein würde für die jüngeren
Generationen, welche wir nicht entbehren können« (II 81).

Damit dürfte zur Genüge erwiesen sein, daß Dengler hier einzelne
aus einem rein theoretischen, die begriffliche Ausdrucksform betref=
fenden Zusammenhang stammende Sätze Möllers als praktische Forde=
rungen interpretiert und damit ihren Sinn falsch wiedergibt. —

Die Forderung des Derbholzvorrates auf allen Flächen und der Un=
gleichaltrigkeit sind zwar richtig zitiert, aber es ist nicht einzusehen, was
daran Umstürzlerisches sein soll. Die Ungleichaltrigkeit will Möller durch
Vermeidung des Kahlschlags, durch Mischwald und wenn möglich natür=
liche Verjüngung erreichen; alles Ideale, die der Waldbau von jeher er=
strebt hat. Die Forderung des Derbholzvorrates auf allen Flächen wird
von Möller nur gelegentlich erhoben, in einem Eberbachschen Zitat
(Dg. 34) und im Zusammenhang mit Forsteinrichtungsfragen (Dg. 78);
sie ergibt sich außerdem aus der Forderung der Ungleichaltrigkeit, für die
es Möller geradezu ablehnt, bestimmte, geschweige denn umstürzende
Pläne zu entwerfen, sondern die er gewissermaßen als das Ergebnis des
intensiven Strebens nach Leistungssteigerung des Waldes erwartet (Dg. 59).
Von Umsturz kann hier keine Rede sein. Früher hat Dengler diese For=
derungen auch ganz richtig als Idealforderungen charakterisiert[1], was sich
an zahlreichen Stellen der Möllerschen Schriften leicht nachweisen läßt,
der sich im übrigen die Entwicklung so denkt, daß die Wirtschaft »von der
Kahlschlagwirtschaft sich entfernend, dem Dauerwaldbetriebe sich all=
mählich mehr und mehr annähert« (Dg. 50).

2. »Die Bodenkraft, von der allerdings, aber nicht allein die Zu=
wachsleistung beeinflußt wird« (Dg. 29).

An einer weiteren Stelle seines Fortbildungsvortrags führt Dengler
folgenden Satz aus Möllers »Dauerwaldgedanken« an: »Die Zuwachs=
leistung ist nicht durch die Bodenkraft, sondern durch die Wirtschaft bedingt,
welche dem Boden erst Kraft verleiht oder entzieht.« — Hiernach muß sich
der Hörer und Leser eine ganz unrichtige Meinung über Möllers Auf=
fassung bilden. Der richtige Zusammenhang ist folgender:

Ein Kritiker hatte zum Dauerwaldgedanken bemerkt: »Die Zuwachs=
leistung (im Walde) ist ein Faktor der Bodenkraft und nicht ein Faktor der
Wirtschaft.« — Dem tritt Möller entgegen (Dg. 28—31). Er nimmt Be=
zug auf die (später berichtigten) Ergebnisse Vogel von Falkensteins
bei der Untersuchung Melchower Dünensande und sagt von ihnen: »Hier
haben wir den deutlichen, unangreifbaren Beweis, daß die ‚Bodenkraft‘,
von der allerdings, aber nicht allein, die Zuwachsleistung beeinflußt wird,

---

[1] Silva 13 (1925) S. 26.

eine Folge der Wirtschaft ist« (Dg. 29). Möller legt dann weiter dar, »daß der Boden nichts unabänderlich Gegebenes, vom Walde Unabhängiges ist, sondern daß er ein Organ unseres Waldwesens ist, durch dieses beeinflußt und verändert wird, wie er seinerseits rückwirkend die Entwicklung der Holzpflanzen bestimmt« (Dg. 30). Er weist auf die Bedeutung des Humusgehaltes hin, auf den Einfluß, den die Wirtschaft gerade hierauf hat, und sagt dann: »So kann jener oben zitierte, wenig glücklich geformte Satz mit besserem Recht umgekehrt werden: Die Zuwachsleistung ist nicht durch die Bodenkraft, sondern durch die Wirtschaft bedingt, welche dem Boden erst Kraft verleiht oder entzieht. Daß schon die alten Forstleute dafür ein instinktives Verständnis hatten, geht aus den viel gebrauchten Ausdrücken bodenpflegend und bodenzehrend hervor, mit welchen Baumarten, Holz= und Bestandsarten bezeichnet wurden. Indessen auch so ist der Satz von unserm Standpunkt aus zu beanstanden. Die Bodenkraft nützt uns nichts für die Zuwachsleistung, wenn die Organe fehlen, welche jene Kraft verwerten sollen« (Dg. 30). Auf der nächsten Seite wendet sich Möller nochmals gegen die »einseitige Auffassung, daß der gesunde Boden für sich allein die Ziele des Waldbaues zu erreichen genüge« (Dg. 31).

Diese Ausführungen Möllers sagen, daß die Zuwachsleistung sowohl durch den Boden als auch durch die Wirtschaft bedingt ist. An drei Stellen kommt das eindeutig zum Ausdruck. Dagegen soll der von Dengler zitierte Satz nur die Bedeutung der Wirtschaft betonen gegenüber der widerlegten gegenteiligen Behauptung; das geht aus den Worten »mit besserem Recht« und aus der »Umkehrung« einer »Einseitigkeit« (logischerweise doch in eine andere) hervor. Daß jener Satz nicht den Standpunkt Möllers enthält, geht zu allem Überfluß noch aus den Worten »von unserm Standpunkt aus beanstanden« hervor, er würde ja sonst auch zu dem vorher und nachher Gesagten in Widerspruch stehen.

Auch hier ist wieder mit einem aus dem Zusammenhang gerissenen Satz die Auffassung Möllers unrichtig wiedergegeben und darauf gestützt dann in einer Fußnote (S. 69) das ungerechtfertigte Urteil gefällt: »Es beleuchtet ganz grell die Verstiegenheit in der Begeisterung für den Dauerwaldgedanken, wenn man bei einem naturwissenschaftlich so tief durchgebildeten Mann wie Möller einen derartigen Satz lesen muß, der von vornherein gegen alle Erfahrungen und Beobachtungen in der Ökologie verstößt!«

3. »Natürliche Verjüngung überall zu benutzen, zu fördern, hervorzurufen ist oberstes Gebot«; »Dauerwaldwirtschaft verzichtet nicht auf künstliche Kultur«.

Den zweiten Teil seines Fortbildungsvortrags, der von den Verjüngungsfragen handelt, beginnt Dengler mit dem Hinweis, daß die Dauerwaldbewegung die Verjüngung als mehr nebensächliche Aufgabe der Wirtschaft hinzustellen beliebte, und fährt dann fort: »Möller sagte bekanntlich: ‚Der Dauerwald kennt überhaupt keine Verjüngung‘[1].«

Hier tritt noch einmal die unter 1. besprochene sinnentstellende Interpretation terminologischer Äußerungen Möllers besonders kraß in Erscheinung. Es handelt sich um die harmlose und für die wissenschaftliche Beurteilung der Dauerwaldwirtschaft ziemlich belanglose Tatsache, daß Möller statt Verjüngung lieber Ergänzung sagen möchte und daß sie auch im praktischen Dauerwaldbetriebe mehr und mehr diesen Charakter annehmen soll. Das stellt nun Dengler so dar, als ob Möller die Verjüngung gänzlich aus den Augen verloren habe und als ob bei Dauerwaldwirtschaft überhaupt nicht mehr kultiviert werden solle. Daß das nicht Möllers Meinung war, liegt auf der Hand. Damit ist auch der anschließenden Bezichtigung einer »durchaus unbiologischen Auffassung«, soweit sie sich auf Möller bezieht, der Boden entzogen.

Des weiteren bringt Dengler die Kiefernnaturverjüngung dadurch in Mißkredit, daß er die Ergebnisse Wiedemannscher Untersuchungen[2] über die Kiefernnaturverjüngung in der Umgebung von Bärenthoren sinnentstellend wiedergibt. Nach Wiedemann »errechnet sich für die Schattenkiefer ein Zuwachs von nur 20% dessen der Einzelkiefer in dicht geschlossener Freikultur. Derjenige der Halbschattenkiefer ist auf 50 bis 70% der Kahlschlagkiefer zu schätzen[3]«. — Dengler berichtet: »Auch in Bärenthoren und Umgebung zeigt die unter Schirm stehende Anflugkiefer einen erheblichen Zuwachsverlust gegenüber gleichaltrigem Freistand. Hierüber hat Wiedemann im Maiheft 1926 der Zeitschrift für Forst- und Jagdwesen eine sehr eingehende Arbeit veröffentlicht, die sich auf zahlreiche Messungen stützt. Er beziffert den Zuwachsverlust danach auf etwa 80 Prozent!« —

Daß sich diese Zahl auf Schattenkiefern bezieht, sagt Dengler nicht, obwohl Wiedemann dies deutlich unterstreicht, indem er sehr oft von »echten Schattenkiefern« spricht und der Aufzählung seiner Ergebnisse vorausschickt:»Zu betonen ist nochmals, daß die von mir untersuchten echten Schattenkiefern unter viel stärkerer Beschirmung stehen, als diejenigen von Bärenthoren[4].«—Der Hörer und Leser des Denglerschen Vortrags mußte sich also ein ganz falsches Bild machen, denn wer von ihnen hatte denn wohl die Nachzucht echter Schattenkiefern im Sinn?

Eine sensationelle Illustration zu Denglers kraftvoller Warnung vor dem »Verhauen und Versauen« unserer Wälder geben wiederholte Schilderungen Wit-

---

[1] Ebenda S. 78. Das Zitat ist falsch.

[2] E. Wiedemann, Die Kiefernnaturverjüngung in der Umgebung von Bärenthoren. Z. f. F. u. J. 58 (1926) S. 269—304.

[3] Ebenda S. 301.　　[4] Ebenda S. 300.

ti ch s von den im norddeutschen Kiefernwalde, vor allem im Privatwald, gemachten Schirmverjüngungsversuchen. »Welches Lehrgeld hier einer vagen Hypothese zuliebe bezahlt worden ist, davon macht sich nur der einen Begriff, der weiß, in welchem Zustand sich diese Wälder heute befinden (Silva 1932, S. 218); man sollte einmal »auf das ungeheure Material zurückgreifen, das unausgewertet in anderen Revieren, vor allem im norddeutschen Privatwald, vorliegt, wo die Erziehung der Kiefer unter Schirm in einem Ausmaß versucht worden ist, von dem sich wohl nur die wenigsten einen Begriff machen. Was ist aus den Tausenden und Abertausenden von Flächen geworden, die man in dieser Art angelegt hat? Wieviel davon ist gelungen?« (Z. f. F. u. J. 1935, S. 189.)

Genauere, zahlenmäßige Unterlagen zur Beantwortung dieser Frage, um die ich mich an zuständiger Stelle bemüht habe, liegen mir noch nicht vor. Die erhaltenen mündlichen Auskünfte bestätigen meine eigene Beobachtung und Kenntnis dieser Dinge: Die Schirmverjüngung bzw. ihre Versuche machen in Wirklichkeit überhaupt nur einen geringen Bruchteil aller Kulturen aus; sie sind hauptsächlich in an und für sich schon verlichteten Beständen versucht, vielfach aber unsachgemäß betrieben worden, so daß in der Tat ein großer Teil davon mißlungen ist und ein erhebliches Lehrgeld (vergebliche Arbeit) gekostet hat. Trotzdem kann gar keine Rede davon sein, daß die mißlungenen Versuche den »Zustand der Wälder«, insonderheit der Privatforsten, nennenswert verändert haben. Diese Behauptung zeigt, daß Wittich den Privatwald entweder nur wenig kennt, oder daß ihm jeder Maßstab für wirtschaftliche und wirtschaftspolitische Dimensionen fehlt.

Wer sich von dem heutigen Zustand des norddeutschen Kiefern-Privatwaldes einen Begriff machen will, der muß vor allen Dingen die großen unproduktiven Flächen ins Auge fassen, die eine Folge der rapiden Zunahme des Kahlschlags sind. In der Mark Brandenburg haben im privaten Kiefernwald betragen

die Flächen	der 1—20jährigen Bestände	der Räumden	der Blößen
1913	146 500	11 600	14 900 ha
1927	193 600	19 600	37 000 ha
Zunahme	47 100	8 000	22 100 ha

(Die wirtschaftliche Notlage der Land- und Forstwirtschaft in den folgenden Jahren hat diesen Zustand der Wälder noch weiter verschlechtert.) Die verhältnismäßige Zunahme der Räumden in der Mark Brandenburg bleibt unter dem Reichsdurchschnitt der privaten Kiefernforsten, ja sogar der privaten Buchenforsten zurück, obwohl der Eulenfraß 1923/24 so manchen Kiefernbestand der Mark Brandenburg zur Räumde gemacht hat. — Diese Zahlen zeigen also nicht die Folgen der Schirmverjüngung, sondern den Kahlschlag, wie er leibt und lebt! Wehrwirtschaftlich betrachtet ist der Kiefern-Privatwald der Mark Brandenburg durch eine nur 14jährige Kahlschlagwirtschaft gleichsam um rd. 75 000 ha verkleinert worden; privatwirtschaftlich sind diese Forsten allerdings den von der Versuchsanstalt berechneten rentabelsten Umtriebszeiten ein gutes Stück näher gekommen! — Der Privatwaldbesitzer, namentlich der Bauer, ist ja auch tatsächlich gar nicht so neuerungssüchtig, daß er sich immer gleich begierig auf jede neue Waldbaulehre stürzte, zumal auf eine solche, die ihm den bequemen Kahlschlag verbietet und eine Pflege der Bestände bis zu dem Zieldurchmesser von 45 cm (nach Wiebecke) empfiehlt. Hätten sich die Waldbesitzer aber danach gerichtet, dann wäre der heutige »Zustand der Wälder« wahrlich ein anderer.

4. Einjährige Wiederkehr der Axt »das Ideal«, 3—5jährige Wiederkehr »das vorläufig wirtschaftlich Mögliche«.

In dem dritten, die Fragen der Bestandspflege behandelnden Teil seines Fortbildungsvortrags führt Dengler aus, der Dauerwaldgedanke sei auch darin »sehr radikal vorgegangen«, daß er alljährliche Wiederkehr der Durchforstung verlangte. Damit verhält es sich nun folgendermaßen:

Möller sagte 1921: »Er (der Oberförster) muß seinen Hauungsplan so einrichten, daß er dem Ideal der Dauerwaldwirtschaft so nahe kommt, als es praktisch möglich ist. Das Maß der Annäherung wird nach Personen- und Revierverhältnissen sehr verschieden sein. Das Ideal fordert, daß die Axt der Auszeichnung folgend alljährlich durch das ganze Revier ginge ... Als Vermittlung zwischen dem Ideal und dem vorläufig wirtschaftlich Möglichen ergibt sich eine etwa 3—5jährige Wiederkehr der Axt in denselben Bestand. Ich möchte drei Jahre für das vom waldbaulichen Standpunkt aus äußerst zulässige und dabei doch für guten Willen durchführbare erachten« (II 81). — In seinem »Dauerwaldgedanken« schildert Möller bei Behandlung dieser Frage zunächst, wie das Ideal der Stetigkeit in einem wohlgepflegten Park durch ununterbrochene, tägliche, daher fast unmerkliche Arbeit erstrebt wird, und fährt dann fort: »Zwischen solchem praktisch im Walde unmöglichen Ideal und dem vorher geschilderten Extrem der gewaltsamen, in großen Zwischenräumen sich abspielenden Eingriffe gilt es den Mittelweg zu finden, der, einmal praktisch durchführbar, auf der anderen Seite der Stetigkeit soviel als möglich entspricht ... In Wirklichkeit hängt die Frage der Häufigkeit pflegender Durchforstungshiebe ebenso wie fast aller Fortschritt forstlicher Technik vom Werte des Holzes ab. Ist dieser groß genug, um nachzuweisen, daß die vermehrte geistige und körperliche Arbeit im Walde zu vermehrter Produktion führt, welche die Arbeit mehr als bezahlt macht, so wird und muß sie geleistet werden« (Dg. 16/17).

Wenn man das als radikal oder umstürzlerisch bezeichnen will, was soll man dann zu den Ausführungen Denglers sagen, der sich in Salzburg ohne Unterscheidung des Ideals vom praktisch Möglichen dafür aussprach, »unsere Pflegehiebe nicht wie bisher alle 10 Jahre, sondern alljährlich (sic!) oder doch alle 2—3 Jahre wiederkehren zu lassen?« (Salzburg 134). In seinem Fortbildungsvortrag begründet er dann biologisch aus dem Kronen- und Wurzelwachstum einen 3—5jährigen Durchforstungsturnus und berichtet, daß er in Chorin in 3jährigem Turnus durchforsten ließ.

Da könnte man doch mit seinen eigenen Worten [1] fragen und antworten: »Wo bleibt da die Berechtigung zu Umsturz-Vorwürfen gegen

---

[1] Silva 15 (1927) S. 124. »Wo bleibt da die Berechtigung zu schwarzseherischen Vorwürfen gegen die ‚alte Wirtschaft‘? Sie zerfällt in nichts, aber auch in rein nichts!« — Gewiß, das ist das Schicksal der Übertreibungen!

die Dauerwald=Wirtschaft? Sie zerfällt in nichts, aber auch in rein nichts!«

5. »Die Buche ist auch auf unseren ärmsten Waldböden als Misch=holzart der Kiefer möglich« (Dg. 56).

Die einzige Bezugnahme des Fortbildungsvortrags auf Möllers Dauer=waldgedanken, gegen die kein Einwand zu erheben ist, ist das Zitat: »Die Buche ist auch auf unseren ärmsten Waldböden als Mischholzart der Kiefer möglich, wenn wir nach Grundsätzen des Dauerwaldes wirtschaften.« Auch die kritischen Ausführungen, die Dengler dazu macht, werden sicher weit=gehende Zustimmung finden, und ganz sicher würde auch Möller[1] den Rat=schlag billigen, »mit dem Buchenunterbau zunächst dahin zu gehen, wo eben die ältesten Leute sich erinnern, daß dort einmal alte Buchen gestanden haben«, denn alle wirtschaftlichen Maßnahmen wollte ja Möller nach den Ertragsaussichten, der nachhaltigen Holzwerterzeugung bestimmen.

e) Unbedenkliche und leichtsinnige Übertragung ins Große

Am Schluß seines Vortrags wendet sich Dengler gegen die »un=bedenkliche Übertragung ins Große«, ohne daß abgeschlossene und nicht zu beanstandende Ergebnisse von Versuchen im Kleinen und in verschiede=nen Revieren vorliegen; sie sei »in den meisten Fällen ein wirtschaftlicher Leichtsinn, den die Not unserer Zeit am allerwenigsten verträgt[2]«. — Dies nun ist ein Gedanke, den Möller stets vertreten hat, aber der — wie mir den ganzen Umständen nach scheint — hier gegen ihn ins Feld ge=führt werden soll; zum mindesten wird diese Auffassung dem Hörer sehr nahegelegt. Daß sie sich in den Köpfen tatsächlich festgesetzt hat, konnte ich wiederholt feststellen; ja sogar ein Professor, der sich selbst als Dauerwald=kritiker betätigte, hat mir eines Tages mit sorgenvoller Stirn erzählt, daß Möller seinerzeit die allgemeine Einführung der Dauerwaldwirtschaft in allen preußischen Revieren bei der Zentralforstverwaltung beantragt habe. — Wer aber an solche Märchen glaubt oder sie gar herumerzählt, der soll sich nicht einbilden, die Literatur zu kennen. Denn Möller hat klar ausgesprochen, daß die Dauerwaldwirtschaft nicht auf dem Verordnungswege einzuführen ist. »Daß dies nicht auf dem Verordnungswege für den ganzen Staat mit einem Schlage zu erreichen ist, dürfte ohne weiteres klar sein; das einzige, was zu fordern ist, wäre nur, daß tüchtige und strebsame Fachgenossen, welche ihren Willen zur Ein=führung einer solchen Wirtschaft bekunden und durch ihre Persönlichkeit Gewähr dafür bieten, daß sie ihrer Aufgabe gewachsen sind, nicht daran gehindert werden« (II 84/85); und in seinem »Dauerwaldgedanken« spricht er für die Staatsforsten den Wunsch aus, daß die Zentralstelle »jedem be=währten Revierverwalter, der mit entsprechender Begründung und

---

[1] »Man wird die schwierigsten Fälle nicht zuerst in Angriff nehmen« (Trier 62).
[2] Z. f. F. u. J. 60 (1928) S. 99.

Vorlage eines Planes um die Erlaubnis nachsucht, Kahlschläge hinfort in seinem Revier zu unterlassen, die ganze Holzernte stammweise auszuzeichnen und eine Dauerwaldwirtschaft zu führen … die Erlaubnis erteilen und Vorsorge für eine dauernde Beobachtung der neuen Wirtschaft und entsprechende Kontrolle treffen möge« (Dg. 51). In dem gleichen vorsorglichen Sinne äußerte sich Möller auch wieder in Dessau[1]. Selbst mit Bezug auf den eigenen Wirkungsbereich sagte Möller: »Vorsichtige Beschränkung wurde zur Pflicht« bei der Oberleitung des technischen Wirtschaftsbetriebes in den Lehrrevieren Chorin, Biesenthal, Eberswalde und Freienwalde und bei der Abhaltung der Waldbauvorlesungen (Dg. 13).

2. Wiedemanns Dauerwaldkritik

a) Die Plenterwaldthese

1. Die Begründung

Wiedemann hat das Wesentliche des Dauerwaldgedankens, die Auffassung des Waldes als biologische Einheit, als Organismus, überhaupt nicht erfaßt, sondern heftet seine Kritik an bestimmte Äußerlichkeiten, von denen er zu dem Schlusse kommt, Dauerwaldwirtschaft sei plenterwaldartige Wirtschaft, und zwar gemischter Plenterwald mit möglichster Naturverjüngung. Sein Gedankengang ist kurz folgender: Dauerwaldwirtschaft ist nach Möller jede Wirtschaft, welche die Stetigkeit des gesunden Waldwesens erstrebt. Was unter Stetigkeit des Waldwesens zu verstehen ist, hat Möller in seinem »Dauerwaldgedanken« (Abschn. II b S. 24—36) dargelegt, der mit den Worten schließt: »An bestimmten Merkmalen eines gesunden, für unsere Zwecke nachhaltiger möglichst hoher Holzwerterzeugung geeigneten Waldwesens können wir schließlich nur wenige mit Sicherheit nennen. In bezug auf den Holzbestand etwa: genügenden Vorrat zur unmittelbaren Holzwerterzeugung, Mischwald, Ungleichaltrigkeit; in bezug auf den Boden: Gesundheit und Tätigkeit, welche die Abfallstoffe eines Jahres im Laufe eines Jahres verwesen läßt; in bezug auf alle anderen mehr oder weniger in ihrer Bedeutung erkannten Organe des Waldwesens: einen Gleichgewichtszustand, der nichts ausschließt oder vernichtet, was wir als dem Walde eigentümlich erkennen lernten, nichts aber andererseits einseitig so zur Vorherrschaft kommen läßt, daß es dem höchsten von uns erstrebten Zwecke, der Holzerzeugung, erheblich entgegenwirkt. Denn: ‚In der Harmonie aller im Walde wirkenden Kräfte liegt das Rätsel der Produktion‘«. Der folgende Abschnitt beginnt dann mit den Worten: »c) Ist der Begriff der Dauerwaldwirtschaft hiermit erläutert, so ist nun der Nachweis zu führen usw. …« — Da nun, so folgert Wiedemann, »die bestimmten Merkmale eines Begriffs wesentliche Eigenschaften des-

____
[1] Bericht S. 96.

felben find[1]«, fo ift damit der Begriff des gesunden Waldwesens und damit
wiederum der Begriff der Dauerwaldwirtschaft definiert.

Wenn nun Möller tatsächlich gesagt hätte, daß die aufgezählten Merkmale »Merkmale des Begriffs« des gesunden Waldwesens sein sollen,
dann würde es sich um einen Dingbegriff handeln, der das gesunde Waldwesen mit einer Anzahl äußerlicher, anschaulicher Eigenschaften beschreibt
und kennzeichnet ohne Rücksicht auf irgendwelche biologisch-organischen Zusammenhänge. Faßt man auch den Begriff der Stetigkeit mit seiner Konsequenz der jährlichen stammweisen Nutzung und des Derbholzvorrats auf
allen Flächen ebenso äußerlich und mechanisch auf, so würde der Begriff
der Dauerwaldwirtschaft ganz folgerichtig als eine Wirtschaft zu definieren
sein, welche den Plentermischwald erstrebt: ein ebenso einfaches wie sinn-
loses Generalrezept! Sinnlos insofern, als der Dauerwaldgedanke damit
seiner Grundidee, des biologisch-organischen Sinnes, beraubt und nach
rein äußerlichen Gesichtspunkten interpretiert ist. Wollte man dagegen ein-
wenden, daß jene äußeren Merkmale nur deshalb Merkmale des gesunden
Waldwesens seien, weil in ihnen der biologisch-organische Zusammenhang
mehr oder weniger in Erscheinung trete, dann wäre damit zugegeben,
daß in Wirklichkeit eben diese biologisch-organische Einheit das Wesentliche
ist und nicht die aufgezählten Merkmale. Ob man die Organismusidee als das Wesentliche und für alles Handeln Maßgebliche
der Dauerwaldwirtschaft ansieht oder sich ganz schematisch
an rein äußerliche Merkmale hält, ist von größter praktischer
Bedeutung. Denn da jeder Organismus eine Individualität ist, so muß
auch jede organismische Betrachtung und Behandlung des Waldes eine
individualisierende Tendenz haben und zu einer »noch weit reicheren Abwechslung« der Waldbilder führen, als wir sie gegenwärtig haben (Dessau
93); während die Festlegung der Wirtschaft auf rein äußerliche Begriffsmerkmale ein uniformierendes Generalrezept ergibt.

Nun hat aber Möller die aufgezählten Merkmale gar nicht als »Merkmale des Begriffs« des gesunden Waldwesens bezeichnet. Würde sich
also Wiedemann streng an die Worte Möllers halten, so würde sein Beweisgang nicht schlüssig sein, sondern eine Lücke haben. Diese Lücke schließt
nun Wiedemann selber, indem er im Zusammenhang zahlreicher anderer
Möller-Zitate die Worte »bestimmte Merkmale eines Begriffs« in An-
führungsstrichen bringt und so beim Leser den Eindruck erweckt, als handle
es sich um Worte Möllers[2]. Wie mir Wiedemann auf Rückfrage bestätigt,
findet sich dieser Ausdruck aber tatsächlich bei Möller nicht.

---

[1] Der deutsche Forstwirt 20 (1938) S. 277.

[2] Dieser Art von Zitaten bedient sich hier Wiedemann nicht zum ersten Male.
In einer Auseinandersetzung mit Weck (Deutscher Forstwirt 19 (1937) S. 1066)
bemerkt Wiedemann »zu seinen (scil. Wecks!) sonstigen Ausführungen«:
»1. ... 2. Früher wurden meine Hinweise auf die Fällungsschäden in Bärenthoren

Das ist nun sehr wichtig. Denn wenn wir die beiden Wörtchen »eines
Begriffs« hier streichen müssen, dann bricht die ganze, scheinbar logische
Beweisführung Wiedemanns zusammen; ja es stellen sich dann in
seinem eigenen Gedankengang verschiedene logische Mängel heraus, die bei
einem Wissenschaftler einigermaßen überraschen:

Zunächst einmal die Vorstellung, daß, wenn von Merkmalen die Rede
ist, es sich eo ipso um wesentliche, also um Begriffsmerkmale handeln
müsse. Wenn Wiedemann einmal in ein Lehrbuch der Logik schauen
wollte, dann würde er sich überzeugen können, daß es alle möglichen Merkmale gibt: vor allen Dingen wesentliche und unwesentliche, ferner konstante und variable, ursprüngliche und abgeleitete, eigene und gemeinsame
usw. Diese logischen Unterscheidungen haben auch für die richtige Interpretation der angeführten Möllerschen Worte Bedeutung. Ein Beispiel
mag das erläutern. Rote Backen sind ein Merkmal der Gesundheit, aber
kein wesentliches, weil man danach nicht mit Sicherheit gesunde von kranken Menschen unterscheiden kann; oder blaue Augen und blonde Haare
sind Merkmale der nordischen Rasse, aber ebenfalls keine wesentlichen, weil
man daran bekanntlich nicht mit Sicherheit die nordische Rasse von anderen
unterscheiden kann. — So sind auch die von Möller aufgezählten
Dinge Merkmale — und zwar ganz gute Merkmale — eines
gesunden Waldwesens, aber keine wesentlichen Merkmale,
denn es kann z. B. nach Möller auch mal ein reiner Bestand
gesund befunden werden. — Der Beweisgang Wiedemanns leidet
also an einem sog. Kurzschluß; er hat unterlassen zu prüfen, welchen logischen Charakter die Merkmale haben, die Möller auf Seite 36 aufzählt,
und hat einfach angenommen, daß es wesentliche sind.

Zweitens: Wenn Wiedemann diese Merkmale als Begriffsmerkmale
als völlig belanglos bezeichnet, weil es bekanntlich ‚im Dauerwald keine
bleibenden Fällungs- und Rückschäden gibt‘. Schon in seiner
letzten Arbeit und noch entschiedener heute betont dagegen Weck selbst .... usw.
— Auch hier wird der Eindruck beim Leser erweckt, als handle es sich bei dem Zitat
um Ausführungen Wecks. Aber dieser Eindruck ist falsch. Das Zitat ist nicht nur in
bezug auf Weck unzutreffend, sondern vor allem auch in bezug auf Möller, den
Autor des Dauerwaldgedankens, der sich mit der Frage der Fällungs-
und Rückschäden genugsam auseinandergesetzt und nicht einmal im Traum daran gedacht hat, dies Erschwernis zu leugnen, der aber gelehrt hat, daß wir es eben immer
besser zu meistern lernen müssen. — In jener banalen Form ist der Satz m. W. überhaupt von niemandem ausgesprochen worden. Wahrscheinlich hat ihn Wiedemann
selbst geformt aus den Worten Wieheckes: »Nimmt man vorsichtig die jedesmal reif gewordenen Kiefern einzeln
heraus, so ist von bleibender Fällungsbeschädigung der
darunter befindlichen Jungwüchse nichts zu verspüren. Haut man jedoch
alle auf einmal heraus, so ist die Kultur vernichtet; die kleinen Reste sind dann
dem Sonnenbrande, der Bodendürre und allerlei schädlicher Käferansammlung
ausgesetzt, die sie vollends zerstören« (Der Dauerwald 1921 S. 33; Sperrdruck wie im
Original).

auffaßte und in den zitierten Worten eine »ganz klare Definition des Waldwesens[1]« erblickte, dann geht er dabei offenbar von jener antiquierten Logik aus, die — aus den rein beschreibenden Naturwissenschaften stammend, »die die unterste Stufe menschlicher Erkenntnis bilden[2]« — durch das bloße Aufzählen und Zusammenstellen von anschaulichen Merkmalen Begriffe zu bilden suchte. Aber das ist völlig unzulänglich überall dort, wo es sich um das Erkennen von Zusammenhängen handelt, namentlich in den Wissenschaften vom Leben, in der Biologie und in den Kulturwissenschaften. Denn auch der Begriff ist kein bloßes Aggregat von Merkmalen, sondern ein teleologisches Gebilde, das genau nach dem Erkenntniszweck geformt sein muß. »Wer immer Erkennen und Wahrheit in das Abbilden, Wiedergeben einer absoluten Realität setzt, wie es mit dem ontologischen Ansatz geschieht, der macht sich eben damit Erkennen und Wahrheit unmöglich[3]«. Deshalb hat es auch Möller aus seiner Organismusidee heraus ausdrücklich abgelehnt und logischerweise ablehnen müssen, die Gesundheit des Waldwesens mittels schablonen- und formularmäßiger Erfassung bestimmter Merkmale zu beurteilen und hat das Wesentliche in der harmonischen Funktion, also in einem Beziehungszusammenhang erblickt. Diese Auffassung entspricht durchaus den Anforderungen der Logik an wissenschaftliche Begriffsbildung, weil für sie nicht das einfache anschauliche Sosein, sondern ein Prinzip der Ordnung bestimmend ist. »Das ist gerade« — nach R. Eucken — »das Verhältnis der Merkmale eines logischen Begriffs; nur gröbstes Mißverständnis kann die innere Struktur eines solchen Begriffs mit dem Nebeneinander einer sinnlichen Vorstellung zusammenwerfen. Die Grundform der Verbindung ist hier die des Systems: jedes Element steht innerhalb eines Ganzen, unter dem Einfluß und der Triebkraft eines Ganzen und in wechselseitiger Determination mit den anderen Elementen[4]«. — Seit mehr als fünfzig Jahren lehrt die Logik, daß durch das bloße Aufzählen, Abbilden und äußerliche Zusammenstellen von Merkmalen ohne einheitlichen Gesichtspunkt keine wissenschaftlichen Begriffe entstehen. So schreibt z. B. Heinrich Rickert: »Es wird sich immer darum handeln, den leitenden Gesichtspunkt in einem besonderen Forschungsgebiet aufzuzeigen, und dann zu sehen, wie in die Begriffe der betreffenden Wissenschaft das an den Objekten aufgenommen wird, was in bezug auf diesen leitenden Gesichtspunkt wesentlich ist[5]. Ohne ein Prinzip der

---

[1] Der deutsche Forstwirt 20 (1938) S. 277.

[2] Rickert, H.: Zur Lehre von der Definition, S. 65, 1915.

[3] Brunstäd, Fr.: Logik, S. 8, 1933.

[4] Eucken, R.: Geistige Strömungen der Gegenwart, S. 135, 1928.

[5] Wesentlich für den Wald als Lebewesen (Organismus) sind nach Möller nicht die äußeren Merkmale (Dg. 33) und Symptome (Dg. 35), sondern die harmonische Funktion der Organe.

Auswahl verliert die Trennung des Wesentlichen vom Unwesentlichen ihren Sinn, und ohne diese Trennung gibt es keine Wissenschaft[1]«. »Bisweilen scheint die Lehre vom Begriff nicht prinzipiell über die Theorien jener Zeiten hinausgekommen, in denen die Wissenschaft, in vollster Übereinstimmung mit den logischen Doktrinen, Gold zu machen hoffte, wenn sie seine ‚Merkmale', wie Schwere, Glanz usw. in einem Tiegel zusammenkochte[2]«.

Aber so kocht Wiedemann in seiner Kritik des Dauerwaldgedankens bald die Merkmale des gesunden Waldwesens, bald die Forderungen des Mischwaldes, der Ungleichaltrigkeit usw. zum Begriff der Plenterwaldwirtschaft zusammen.

Drittens: Diese Auslegung kann auch nicht auf die Worte gestützt werden, mit denen der folgende Abschnitt c beginnt. Denn diese Worte handeln nicht bloß von dem Begriff des gesunden Waldwesens, sondern von dem »Begriff der Dauerwaldwirtschaft«; sie können sich deshalb nicht bloß auf den vorangehenden Absatz, der doch nur vom gesunden Waldwesen handelt, beziehen, sondern sie meinen den ganzen Abschnitt b. Ferner behaupten sie nicht, daß im Vorangegangenen der »Begriff der Dauerwaldwirtschaft« definiert, sondern daß er erläutert worden sei. Von einer Definition kann hier also keine Rede sein; denn einmal kann ein Absatz (scil. auf S. 36), der nicht von der Dauerwaldwirtschaft (sondern bloß vom gesunden Waldwesen) handelt, nicht eine Definition der Dauerwaldwirtschaft sein, zum andern kann der ganze, lange Abschnitt b nicht als Definition (wohl aber als Erläuterung) gelten, denn von einer Definition verlangt man, daß sie kurz und klar ist; eine 12 Seiten lange Definition würde entschieden ein logisches Kuriosum sein.

Die Wiedemannsche Interpretation des Begriffs der Dauerwaldwirtschaft erweist sich als unbegründet. — Die allein maßgebliche Definition des Begriffs der Dauerwaldwirtschaft findet sich in gleichbleibendem Wortlaut und Sinn an den oben[3] angegebenen Stellen der Möllerschen Schriften. Den in dieser Definition enthaltenen Begriff des Waldwesens (Waldorganismus) hat Möller mit den Worten Roßmäßlers definiert und ausdrücklich betont, daß »mit diesem Satz auf das beste ausgedrückt ist, was man mit einem richtig verstandenen Worte als Lebewesen bezeichnen kann« (Dg. 6). Den Begriff der Gesundheit des Waldwesens hat Möller auf den Seiten 33—35 des »Dauerwaldgedankens« erläutert und in funktionalem Sinne bestimmt. Und schließlich die Merkmale, an welche die Prüfung der Gesundheit des Wald-

---

[1] Rickert, H.: Zur Lehre von der Definition, S. 48, 1915.

[2] Ebenda S. 64 f.

[3] Vgl. S. 91 und 92.

wesens und seiner Tauglichkeit für unsere Zwecke nachhaltiger möglichst hoher Holzwerterzeugung anknüpfen kann, hat er in dem zitierten Absatz (Dg. 36) — übrigens keineswegs erschöpfend und nach ausdrücklicher, wiederholter Betonung »der Unvollkommenheit unserer Einsicht in das Ganze des geheimnisvollen Wunderwerkes Wald« (Dg. 34) — genannt.

Der Begriff der Dauerwaldwirtschaft ist von Möller also ganz folgerichtig entwickelt worden; er konnte allerdings nicht von Kritikern verstanden werden, denen organisch-teleologische Betrachtungsweise und Begriffsbildung völlig unbekannt waren, obwohl dieselben in der theoretischen Biologie und überhaupt in der Logik gerade in neuerer Zeit eine große Beachtung und Bedeutung gewonnen haben.

2. Die Widersprüche

Wenn nun aber einmal ein Kritiker — aus welchem Grunde auch immer — zu einer rein anschaulichen Auffassung des gesunden Waldwesens gelangt ist und aus den verschiedenen Forderungen Möllers das Generalrezept der Plenterwaldwirtschaft kombiniert hat, dann ist noch immer nicht zu verstehen, wie einer sorgfältigen Kritik die Widersprüche entgehen können, in die eine solche Interpretation des Dauerwaldgedankens mit den sonstigen Ausführungen Möllers gerät.

Zunächst hat Möller ja die rein äußerliche, bloß anschauliche Auffassung des gesunden Waldwesens mit den seitenlangen Ausführungen (Dg. 33—35) ausgeschlossen, die dem zitierten Absatz unmittelbar vorangehen. Hier bemüht er sich klar zu machen, daß es nicht auf die Merkmale, sondern auf die Funktion, die Leistung und Leistungsfähigkeit ankommt. In dem Gleichnis des untersuchenden Arztes spricht er ganz klar aus: »Seine Untersuchung erstreckt sich in allen Fällen nicht auf die angeführten Merkmale, sondern auf die Prüfung der Organe und ihrer Funktion« (Dg. 33). Und diese Untersuchung und Beurteilung des Gesundheitszustands und der Leistungsfähigkeit eines Waldwesens hält Möller für eine schwierige Sache, unsere Einsicht noch für unvollkommen, so daß es »nur dauernd strebendem Bemühen gelingen wird, zur Meisterschaft aufzusteigen« (Dg. 35). — Wenn aber die aufgezählten Merkmale, wie Wiedemann meint, die wesentlichen Merkmale des gesunden Waldwesens wären, ja dann wäre die Prüfung doch denkbar einfach, dann könnte doch jeder Forstlehrling in dem von Möller (Dg. 35) ausdrücklich verpönten Formular schablonenmäßig den Gesundheitszustand feststellen.

Ferner ist sich Möller auch darüber im klaren, daß, wenn man sich die Forderungen der Stetigkeit, der alljährlichen stammweisen Nutzung auf der ganzen Fläche, der Ungleichaltrigkeit, des Mischwaldes usw. in idealer Kombination vorstellt, ein Plenterwald herauskommt. Er ist ja auch der

Ansicht, daß der Plenterwald die Stetigkeit des Waldwesens »am sichersten
verbürge« (Dg. 15). Aber er betont auch, daß »solche Sicherung durchaus
nicht nur dem Plenterwalde möglich ist« (Dg. 16); und bei der Erläuterung
der Stetigkeit des gesunden Waldwesens sagt er ganz klar: »Führt man
solche Idealwirtschaft (ideal vom Standpunkt des Waldbaues) in Gedanken zu Ende, so kann[1] man aus ihr als Idealverfassung des Waldes
einen plenterwaldartigen Aufbau ableiten. Der Dauerwaldgedanke aber
fordert solche Konsequenz nicht, wie wir oben gesehen haben« (Dg. 33). —
Aber damit setzt sich Wiedemann nicht auseinander.

Vor allem aber hat Möller in einem besonderen Abschnitt seines
»Dauerwaldgedankens« ausführlich (S. 18—24) dargelegt, daß Dauerwald nicht dasselbe wie Plenterwald bezeichnen solle, und
hat sich deutlich dagegen verwahrt, daß der von ihm eingeführte und klar
definierte Begriff in einem andern Sinne verwendet würde, als es seiner
Begriffsbestimmung entspricht. Danach hätte man wohl erwarten dürfen,
daß ein Dauerwaldkritiker, der trotzdem die Plenterwaldthese vertreten
will, sich zum mindesten um die Aufklärung des grundsätzlichen Wider-
spruchs zu den Ausführungen Möllers bemüht und den Dauerwaldgedanken nicht einfach wieder in einem Sinne interpretiert, den Möller
bereits mit Entschiedenheit und Deutlichkeit abgelehnt hat. Wenn Dengler einmal den Kahlschlagkritikern die Lehre erteilte: »Man darf wohl
verlangen, daß uns nicht immer wieder dieselben Gedanken
in alter oder etwas veränderter Form aufgetischt werden,
ohne daß einmal der ernstliche Versuch gemacht wird, die
kritischen Einwände der Gegenseite zu widerlegen[2]«, dann gehören diese Worte auch denjenigen Dauerwaldkritikern ins Stammbuch geschrieben, die die Plenterwaldthese, die Urwaldthese u. a. m. immer wieder
vorbringen, ohne sich mit der Widerlegung Möllers auseinanderzusetzen.

Aber freilich die richtige Interpretation und sorgfältige Kritik der Gedanken eines verstorbenen Autors, die sinngemäße Aufklärung von schein-
baren Widersprüchen und Unklarheiten ist eine mühsame Sache, und es ist
entschieden leichter, ihm einfach nachzusagen, er habe den grundsätzlichen Fehler gemacht, »daß er die großen standörtlichen Verschiedenheiten des norddeutschen Kieferngebietes und die standörtliche Bedingtheit jeder waldbaulichen Maßnahme nicht genügend beachtet hat und daher
in den Dauerwaldbegriff bestimmte waldbaulich-technische Maßnahmen, wie Schirmverjüngung, Mischwald, Ungleichaltrigkeit mit einbezogen hat[3]«. — Daß Möller ganz im Gegenteil die Besonderheiten

---

[1] Die Worte »kann« und »fordert« sind im Original gesperrt gedruckt. Die
Häufigkeit des Wortes »Ideal« zeigt deutlich, daß es sich bei den Forderungen um
Idealforderungen handelt.

[2] Silva 15 (1927) S. 126; im Original gesperrt gedruckt.

[3] Wiedemann, E.: Die praktischen Erfolge des Kieferndauerwaldes. 1925,
S. 172.

der natürlichen wie auch der wirtschaftlichen Bedingungen immer wieder
betont, auf die standörtlichen Verschiedenheiten und die entsprechende
Mannigfaltigkeit der gegenwärtigen wie der zukünftigen Waldbilder im=
mer wieder hinweist, jede Schablone, vor allem das Generalisieren mit
dem Großkahlschlag ablehnt, das habe ich in dieser Schrift, wie auch schon
früher[1], mit zahlreichen Zitaten belegt.

Auch über den Charakter der Forderungen als Idealforderungen,
wie sie die Waldbauschriftsteller von jeher aufgestellt haben, ohne ihnen
eine absolute Allgemeingültigkeit beizulegen, kann kein Zweifel mehr be=
stehen. Wenn Wiedemann dieselben deshalb für unzulässig erklärt, weil
allgemeingültige Grundsätze nur für die Wirtschaft, nicht dagegen für die
Technik aufgestellt werden können[2], so ist das ein gar wunderlicher Lehr=
satz. Denn die Möglichkeit allgemeingültiger Urteile bzw. Grundsätze ist
nicht nach Sachgebieten (Wirtschaft, Technik), sondern nach logischen
Gründen zu entscheiden, und zwar höchst einfach: Je abstrakter nämlich
ein Begriff ist, desto größer ist sein Umfang, sein Anwendungsbereich, seine
Anwendungsmöglichkeit. Das gilt für alle Begriffe, für die rein deskrip=
tiven, für die theoretischen (kausalen und teleologischen) und für die norma=
tiven Begriffe; und es gilt auch für alle Wissenschaften, denn es gibt keine
besondere Logik für die Technik und keine besondere für die Wirtschaft. Die
Regeln der Logik sind überall die gleichen, und in allen Wissenschaften gibt
es mehr oder weniger abstrakte und mehr oder weniger konkrete Begriffe,
Urteile, Gesetze, Regeln. Daher kann man also auch für die Technik ab=
strakte und allgemeingültige Normen aufstellen. Für die Forstwirtschaft
z. B. die Norm oder Forderung, das biologisch=organische Gefüge des Wal=
des zu pflegen, zu erhalten oder wiederherzustellen. Damit ist dem Waldbau
der weiteste Spielraum gelassen, er kann sich allen nur denkbaren Verhält=
nissen anpassen und diejenigen technischen Maßnahmen wählen, die am
zweckmäßigsten sind. Sehr abstrakt ist auch die Mischwaldforderung, denn
sie läßt die Wahl der Holzarten, des Mischungsverhältnisses und der Mi=
schungsform vollkommen frei, daher ist sie denn auch fast allgemeingültig,
denn »es gibt (abgesehen von praktisch ganz bedeutungslosen Ausnahme=
fällen) keinen Waldboden in Deutschland, der nur eine Holzart zu tragen
vermöchte« (Dg. 55/46). Mit Bezug auf die Bestandsbegründung ist schon
oft der allgemeine Grundsatz betont worden, dabei möglichst naturgemäß
zu verfahren; auch das ist eine sehr abstrakte Norm, die zwar einen Gesichts=
punkt für die Wahl zwischen Naturverjüngung, Saat, Pflanzung enthält
und auch sonst die Kulturtätigkeit ausrichtet, die im übrigen aber alle
Möglichkeiten offen läßt. — Zwischen den allgemeingültigen und ganz

---

[1] Lemmel, H.: Der Dauerwaldgedanke und das ‚Eiserne Gesetz des Örtlichen.
Der deutsche Forstwirt 19 (1937), S. 925—928, und Zur Dauerwaldkritik. Der
deutsche Forstwirt 20 (1938), S. 13—16 und 29—31.
[2] Der deutsche Forstwirt 18 (1936), S. 1158.

speziellen Normen gibt es eine kontinuierliche Reihe der Abstufung. Der Bereich oder der Grad der Gültigkeit hängt also ganz ein= fach von dem Grad der Abstraktion ab, den ein Begriff, ein Urteil oder eine Regel hat. Da nun aber Wiedemann der irrigen Ansicht ist, daß in der Technik überhaupt keine allgemeingültigen Grund= sätze aufgestellt werden können, so ist er natürlich auch nicht auf den Ge= danken gekommen, die Abstraktions= bzw. Gültigkeitsgrade der Grundsätze oder Normen zu unterscheiden und bezeichnet eben alles, selbst die abstrak= testen Normen als »bestimmte waldbaulich=technische Maßnahmen«. Auf diese Weise ist dann der »grundsätzliche Fehler« festgestellt, der zunächst einmal in fettem Druck[1] erscheint und im übrigen durch Vermengung mit den Ansichten anderer Autoren verdeutlicht wird, die Möller bereits ganz unmißverständlich abgelehnt hatte.

Durch solche Vermengung der an und für sich schon falschen Interpreta= tion des Dauerwaldgedankens mit sinnwidrigen Auffassungen und durch polemische Übertreibung, die in der Dauerwalddiskussion mehr und mehr um sich griff, ist der Dauerwaldgedanke und =begriff im Laufe der Zeit derartig entstellt worden, daß fast jede vernünftige Ansicht als von ihm aus= geschlossen gelten mußte.

Den Höhepunkt in dieser Beziehung bildet wohl die Abhandlung Wiedemanns über »Erstaunliche Wandlungen des Dauerwaldbegriffes[2]«. Darin hält Wiedemann dem Forstmeister Dr. Weck eine lange Philippika, weil er nicht dieselben Ansichten und praktischen Forderungen wie Wie= becke vertreten habe, deren er eine ganze Reihe aufzählt. Daß Möller der Autor des Dauerwaldgedankens ist, war Wiedemann offenbar ganz entfallen. Er ist durchaus unzufrieden mit der Stellungnahme Wecks zu verschiedenen praktischen waldbaulichen Fragen, insbesondere mit seiner Forderung der »richtigen Bewertung der örtlich gegebenen Bedin= gungen« und »der planmäßigen sorgsamen Ausnutzung aller örtlichen Möglichkeiten[3]«, was beides ja Möller an Bärenthoren so sehr gerühmt hatte (Dg. 17). — Der ganze Aufsatz stellt, wie die Überschrift schon zeigt, den Dauerwaldbegriff in den Brennpunkt des Interesses. Die »ver= hängnisvollen Begriffsverwechselungen« erscheinen Wiedemann durch= aus als Ursache des langwierigen Streits. Er fordert deshalb zu einer »ganz klaren Stellungnahme zu den Lehren der maßgeblichen Vertreter des Dauerwaldes, vor allem Wiebecke« (aha!) auf und schließt: »Ohne eine solche Klärung der Begriffe scheint mir eine Fortführung der Aus= sprache zwecklos.«

Das war eine zweifellos richtige, allerdings reichlich späte Erkenntnis!

---

[1] Hinweis darauf in Der deutsche Forstwirt 19 (1937), S. 69: »Dieser Satz ist der einzige fett gedruckte Satz meines Dauerwaldbuches«.

[2] Der deutsche Forstwirt 19 (1937), S. 68—70.

[3] Damit würde Weck zum »scharfen Dauerwaldgegner«! (Ebenda S. 69).

Als ich mich dann mit dem Begriff der Dauerwaldwirtschaft befaßt hatte[1], wurde mir die genau umgekehrte Belehrung zuteil[2]: Die »außerordentliche Länge und Erbitterung des Dauerwaldkampfes sei ja keineswegs in Meinungsverschiedenheiten über irgendwelche theoretischen Begriffe begründet«, sondern ausschließlich in den ganz konkreten praktischen Folgerungen aus diesen Theorien. Und dieser eigentliche praktische Kern des Dauerwaldkampfes sei »Lemmel infolge seiner theoretischen und philosophischen Einstellung augenscheinlich entgangen«. Aber »eine noch so tief schürfende Erörterung allgemeiner erkenntnistheoretischer Fragen könne die Dauerwalddiskussion nicht fördern« und »solange Lemmel sich mit diesem waldbaulichen Kernproblem nicht auseinandersetzt[3], werden alle geisteswissenschaftlichen Betrachtungen das Verständnis für die Lehren von Möller und Wiebecke nicht fördern können«. — Wie sympathisch muß demgegenüber auf den Leser die »bange Sorge« wirken, welche Wiedemann immer die Feder geführt hat bei dem Gedanken an die »schwere Schädigung des norddeutschen Waldes«, die von der »geplanten[4] radikalen[4] praktischen Durchführung dieser Maßnahmen auf allen Standorten« drohte.

Wer diese Bemerkungen Wiedemanns gelesen hat, wird ihren Sinn und Zweck gewiß ohne Kommentar verstehen. Es widerstrebt mir auch jede persönliche Entgegnung darauf. Im Hinblick aber auf die Unfruchtbarkeit des 18jährigen Streites erscheint mir eine grundsätzliche Bemerkung dazu nötig:

Richtig ist selbstverständlich die Feststellung Wiedemanns, daß ich eine theoretisch-philosophische Einstellung habe. Wer die nicht hat, ist kein Wissenschaftler, mag er auch ein noch so fleißiger, tüchtiger und nützlicher Arbeiter sein.

Philosophisch muß die Einstellung des Wissenschaftlers einmal im Sinne der sokratischen $\varphi\iota\lambda o\sigma o\varphi\iota\alpha$, der Weisheits- und Wahrheitsliebe, sein, im Gegensatz zur Sophistik, der Beredsamkeit im Brustton der Überzeugung, aber mit zersetzender Tendenz. Dazu gehört auch die sorgfältige, nicht nur wortgetreue, sondern sinngemäße Wiedergabe der Ansichten anderer mit genauer Quellenangabe, durch welche nach Sokrates der Gegner selbst zum Zeugen der Wahrheit aufgerufen wird. Philosophisch muß die Ein-

---

[1] Der deutsche Forstwirt 19 (1937) S. 925—928.

[2] Wiebemann, E.: Grundsätzliche Fragen des Dauerwaldes. Der deutsche Forstwirt 20 (1938), S. 263—267 und 277—283.

[3] Angenommen, ich hätte mich damit zu Wiedemanns größter Zufriedenheit auseinandergesetzt und wir wären ganz einer Meinung, wüßten wir dann, ob der Dauerwaldgedanke richtig oder falsch ist? Nein, wir wären mit dieser Frage noch keinen Schritt weitergekommen und Wiedemann würde mich dann genau so wie Weck (Forstwirt 19, S. 69) auffordern, nun mal endlich ganz klar zum Begriff der Dauerwaldwirtschaft Stellung zu nehmen.

[4] Vgl. S. 165 und 166 Möllers Standpunkt.

stellung ferner sein, indem sie im Kleinen wie im Großen nach Einheit
der Erkenntnis strebt, keine Widersprüche bestehen läßt, sondern sie restlos aufzuklären sucht. — Und hinsichtlich der theoretischen Einstellung sollte
man sich, besonders in einer praktischen Wissenschaft wie der Forstwissenschaft, an das bekannte Wort eines der größten Gelehrten halten, daß es
in der Welt nichts Praktischeres gibt als eine richtige Theorie.

Es bleibt nun ganz rätselhaft, wie »infolge« solcher theoretisch-philo-
sophischen Einstellung ein praktisches Problem verkannt werden soll. Man
kann in einer praktischen Wissenschaft ja überhaupt gar keine richtige
Theorie entwickeln, ohne zuvor das praktische Problem erfaßt zu haben[1].

Im übrigen handelt es sich im vorliegenden Falle gar nicht um eine
philosophische, erkenntnistheoretische oder geisteswissenschaftliche Frage,
sondern einfach um den Begriff der Dauerwaldwirtschaft. Wer jemals
einen Leitfaden der Logik in der Hand gehabt hat, der weiß schon aus der
Inhaltsübersicht, daß die Lehre vom Begriff eine Sache der Logik ist. Auf
Logik kann aber keine Wissenschaft, und mag sie sich noch so
praktisch gebärden, verzichten. Ganz gewiß hätte sie auch der Dauerwalddiskussion nicht geschadet. Das bestätigt schon Denglers bewegte
Klage: »Fast überall und immer wird auf der Gegenseite (soso!) dies alles
miteinander in einen Topf geworfen, und dann auch gleich miteinander
verworfen ohne zu prüfen, was im Einzelfalle das wirklich Schädliche ist,
und ob nicht eins ohne das andere möglich und dann unschädlich ist. Die
Unklarheit der Begriffe, die man nach dieser Beziehung in unserer heutigen
forstlichen Literatur findet, läßt einen schweren Mangel an logischer
Schulung, ja man muß schon sagen an logischer Selbstzucht erkennen, ohne
den manch langer Streit längst entschieden oder gegenstandslos geworden
wäre[2].« —

Wenn jene Hinweise auf die theoretische, philosophische, erkenntnistheoretische, geisteswissenschaftliche Einstellung weiter nichts wären als
gelegentliche Seitenhiebe, so wäre darüber kein Wort zu verlieren. Aber
sie sind eben leider mehr als dies, sie kennzeichnen eine grundsätzliche wissenschaftliche Einstellung. Man lese doch einmal die wahrhaft klassische Rede

---

[1] Die belehrenden Ausführungen, die Wiedemann da über Ganzheitsbetrachtung macht, beweisen nur das eine — und das kann sich Wiedemann von jedem methodologisch wirklich geschulten Wissenschaftler bestätigen
lassen — daß er nämlich keinen Schimmer davon hat, was der Begriff Ganzheit bedeutet und was Ganzheitsbetrachtung methodologisch ist. Denn er versteht darunter
eindeutig summativ und mechanistisch die »Gesamtschau« der analytisch
bewiesenen Tatsachen, der »festen Steine zum Aufbau des Ganzen« und verteidigt
in Putativnotwehr gegen die Ganzheitsbetrachtung die »sorgsame analytische Untersuchung«, deren Berechtigung und Notwendigkeit noch kein vernünftiger Methodologe
bestritten hat, die aber die Ganzheitsbetrachtung da, wo sie nötig ist, niemals ersetzen kann.

[2] Z. f. F. u. J. 60 (1928), S. 66.

Schellings »Über das Wesen deutscher Wissenschaft«, die auf unsere Zeit aber auch in jeder Hinsicht zugeschnitten erscheint, oder man vergleiche z. B. die Einstellung eines Naturwissenschaftlers vom Range Max Plancks zu erkenntnistheoretischen Fragen, dann wird kein Zweifel mehr bestehen, daß jene abfälligen Redensarten nur dazu geeignet sind, dem Studenten das tiefere Denken abzugewöhnen und sein wissenschaftliches Interesse zu verflachen, der forstlichen Hochschule aber die Geistigkeit einer Versuchsanstalt aufzuprägen und den Charakter einer deutschen Hochschule zu nehmen.

In seinem Düsseldorfer Vortrag über »Physikalische Gesetzlichkeit im Lichte neuerer Forschung« 1926 zeichnet M. Planck in großen Zügen die neuere Entwicklung der Naturwissenschaften, die er als »Sturm- und Drangperiode der Naturwissenschaften« charakterisiert. Er schließt dann mit den Worten: »Ihre (scil. der Sturm- und Drangperiode) Überwindung wird uns nicht nur zur weiteren Entdeckung neuer Naturvorgänge, sondern sicherlich auch zu ganz neuen Einsichten in die Geheimnisse der Erkenntnistheorie führen. Vielleicht erwarten uns auf dem letzteren Gebiet noch manche Überraschungen, und es könnte sich wohl ereignen, daß dabei gewisse ältere, jetzt in Vergessenheit geratene Anschauungen wieder aufleben und eine neue Bedeutung zu gewinnen anfangen. Deshalb dürfte ein aufmerksames Studium der Anschauungen und Ideen unserer großen Philosophen auch in dieser Richtung sehr förderlich wirken können.

Es hat Zeiten gegeben, in denen sich Philosophie und Naturwissenschaft fremd und unfreundlich gegenüber standen. Diese Zeiten sind längst vorüber. Die Philosophen haben eingesehen, daß es nicht angängig ist, den Naturforschern Vorschriften zu machen, nach welchen Methoden und zu welchen Zielen hin sie arbeiten sollen, und die Naturforscher sind sich klar darüber geworden, daß der Ausgangspunkt ihrer Forschungen nicht in den Sinneswahrnehmungen allein gelegen ist und daß auch die Naturwissenschaft ohne eine gewisse Dosis Metaphysik nicht auskommen kann. Gerade die neuere Physik prägt uns die alte Wahrheit wiederum mit aller Schärfe ein: es gibt Realitäten, die unabhängig sind von unseren Sinnesempfindungen, und es gibt Probleme und Konflikte, in denen diese Realitäten für uns einen höheren Wert besitzen als die reichsten Schätze unserer gesamten Binnenwelt[1].«

Das ist der Geist Schellings, der über das Wesen deutscher Wissenschaft[2] unter vielem anderen Wertvollen sagt: »Was man auch sagen möge, alles Hohe und Große in der Welt ist durch etwas geworden, das wir im allgemeinsten Sinne Metaphysik nennen können. Metaphysik ist, was Staaten organisch schafft und eine Menschenmenge eines Herzens und Sinns, d. h. ein Volk werden läßt. Metaphysik ist, wodurch der Künstler und der Dichter ewige Urbilder lebendig empfindend sinnlich wiedergibt. Diese innere Metaphysik, welche den Staatsmann, den Helden, die Heroen des Glaubens und der Wissenschaft gleichermaßen inspiriert, ist etwas, das von den sogenannten Theorien, wodurch Gutmütige sich täuschen ließen, und von der flachen Empirie, welche den Gegensatz von jenen ausmacht, gleich weit abstößt.

Alle Metaphysik, sie äußere sich nun spekulativ oder praktisch, beruht auf dem Talent, ein vieles unmittelbar in einem und hinwiederum eines in vielem begreifen zu können, mit einem Wort auf dem Sinn für Totalität.

Metaphysik ist der Gegensatz allen Mechanismus, ist organische Empfindungs-

---

[1] Planck, Max: Physikalische Gesetzlichkeit im Lichte neuerer Forschung. Die Naturwissenschaften 14 (1926), S. 249.

[2] Schelling: Über das Wesen deutscher Wissenschaft. (Abgedruckt in G. Klau: Schelling. Sein Weltbild aus den Schriften [1925], S. 253—271.)

Denk= oder Handlungsweise. Auf Zerstörung aller Metaphysik im einzelnen Menschen wie im Ganzen ging die letzte Zeit aus, und dieses ist in der Tat das Geheimnis aller Klugheit, Erziehungs= und Regierungsweisheit derselben.«

b) Die Leistungssteigerung in Bärenthoren

Möller hatte seine organische Auffassung des Waldes und der Wald= wirtschaft schon lange vom Katheder gelehrt und sie auf Forstversamm= lungen einem großen Kreise deutscher Forstmänner vorgetragen. Aber erst in Bärenthoren entdeckte er durch einen seiner Schüler einen Forstbetrieb, der seinem Leitgedanken »Stetigkeit des Waldwesens« weitgehend ent= sprach, und hier erst prägte er das Wort Dauerwaldwirtschaft. Zwar waren hier die Forderungen, von denen Möller in seinem »Dauerwaldgedan= ken« spricht und die Dengler ganz richtig als Idealforderungen charak= terisierte, gar nicht alle erfüllt; insbesondere gaben Mischwald und Un= gleichaltrigkeit dieser Wirtschaft nicht das charakteristische Gepräge. Von Plenterwald konnte gar keine Rede sein, ein solcher war weder vorhanden, noch jemals geplant. Trotzdem bezeichnete Möller Bärenthoren als eine echte Dauerwaldwirtschaft, benn: »Sie entsprach in allen ihren Merkmalen ganz genau dem, was ich als oberste Generalregel allen waldbaulichen Handelns im Laufe des Lebens, Studierens, Wanderns, Wirtschaftens und Lehrens erkannt hatte, sie erstrebte die Stetig= keit eines gesunden Waldwesens, sie verfolgte fast unbewußt dies Ziel unter Anpassung an die besonderen unmittelbar vor= liegenden Verhältnisse des zu bewirtschaftenden Reviers« (Dg. 17).

Jahrzehntelang waren hier alle Maßnahmen unter den leitenden Ge= sichtspunkt der biologischen Gesunderhaltung und Sanierung des Waldwesens und der Erhaltung und Steigerung der wirtschaftlichen Leistung und Leistungsfähigkeit des Betriebes gestellt worden. Abstellung des Kahlschlagbetriebes, intensivste Boden= und Bestandespflege und stamm= weise jährliche Nutzung des nicht mehr Leistungsfähigen auf der ganzen Fläche waren die Grundsätze des technischen Betriebes. Die stetige und zielbewußte Anwendung dieser im einzelnen gewiß nicht neuen (Dg. 24), aber eben nach einem einheitlichen leitenden Wirtschaftsprin= zip erfolgenden Maßnahmen haben zu einem wirtschaftlichen Erfolge ge= führt, der von der ganzen forstlichen Welt bewundert wurde.

Diesen Erfolg eines einheitlichen Forstbetriebes hat Möller durch seine Abhandlung über Kieferndauerwaldwirtschaft der Allgemeinheit bekannt gemacht, und das wurde ihm auch allgemein als Verdienst angerechnet.

Aber nun begann die Kritik! Es sollte ein Fehler[1] sein, daß Möller den Gesamterfolg und nicht die Auswirkungen der einzelnen Maßnahmen nachgewiesen habe. Aus einer jahrzehntelangen Bevorzugung ertrags=

---

[1] So Bertog (Dessau 107).

kundlicher Probleme und geradezu kümmerlichen Behandlung betriebs=
wirtschaftlicher Fragen entstand das dunkle Vorurteil, daß es sich auch hier
nur um eine Zuwachsfrage in ertragskundlichem Sinne handeln könne.
Und so wurde Bärenthoren zur Kampfstätte eines fast rein ertragskund=
lichen Streites.

Hatte auch Möller den Gesamterfolg nicht ziffernmäßig analysiert, so
war er sich selbstverständlich doch darüber im klaren, daß derselbe nicht aus=
schließlich in der ungewöhnlichen Wuchsleistung der einzelnen Kiefern be=
gründet war. Als man ihm eingewendet hatte, daß infolge der Einstellung
des Kahlschlagbetriebs etwa 230 ha weiter in der Derbholzproduk=
tion mitgearbeitet haben und daß sich daraus selbstverständlich ein er=
hebliches Mehr für die neue Wirtschaft ergeben müsse, antwortete
Möller in lakonischer Kürze: »Nun, das ist genau, was ich auch
meine« (Dg. 44). In dieser Erhaltung der Bestände erblickte eben Möller
gerade so gut die Auswirkung des leitenden Wirtschaftsprinzips[1] in der
Bärenthorener Wirtschaft, wie in der Durchforstungsart, Reisigdeckung,
Buchenunterbau und Abschaffung der Streu= und Leseholznutzung. Die
Einstellung Möllers war eben auch Bärenthoren gegenüber eine ausge=
sprochen betriebswirtschaftliche. Ihm lag daran, an diesem Beispiel
zu zeigen, welche Mehrleistung ein Forstbetrieb erzielen konnte, der drei
Jahrzehnte lang nach einem einheitlichen leitenden Wirtschaftsprinzip, dem
Dauerwaldgedanken, geführt worden war. Hier sah Möller plötzlich vor
sich, was er schon oft gefordert hatte und in seinen Dauerwaldschriften
wiederholt forderte[2]: ein Versuchsrevier und noch dazu ein solches, das
bereits über erstaunliche Erfolge berichten konnte. Und dieser Gesamt=
erfolg eines Forstbetriebs war es gerade, der das unmittelbare Inter=
esse der forstlichen Praxis berührte, die sich schon ganz daran gewöhnt hatte,
immer nur von den Ergebnissen kleiner und weit verstreut liegender Ver=
suchsflächen zu hören, niemals aber etwas über den Gesamterfolg eines Ver=
suchsreviers.

Natürlich interessieren den Forstwirt auch die einzelnen Faktoren
des Gesamterfolgs. Von Anfang an bestand Übereinstimmung darin,
daß die Einstellung der Kahlschläge und die intensive Bodenpflege in ent=
scheidendem Maße an dem Gesamterfolg beteiligt waren. Zweifelhaft er=
schien dagegen vielen der Einfluß des Durchforstungs= und Lichtungsbe=
triebs des Kammerherrn von Kalitsch.

Möller hat nun seiner Berechnung eine zu gering geschätzte anfäng=
liche (1884) Bonität zugrunde gelegt[3]; infolgedessen hat er den Anfangs=

---

[1] Trebeljahr wollte anfänglich sogar nur darin eine Folgerung des Dauer=
waldprinzips erblicken (Kieferndauerwaldwirtschaft, Z. f. F. u. J. (1920), S. 289—296
[2] Vgl. Trier 60/61, Dessau 96.
[3] Die Bonität war in Wirklichkeit nach Weck einen halben, nach Wiedemann
einen vollen Gütegrad besser.

vorrat zu niedrig und dadurch die Gesamtleistung und die Mehrleistung
zu hoch berechnet. Außerdem hatte dieser Irrtum eine falsche Zurechnung
des Gesamterfolgs auf die drei genannten Faktoren im Gefolge; die strukturell bedingte Mehrleistung wurde zu gering veranschlagt, die durch Bodenpflege und Hiebsart bedingte Mehrleistung entsprechend zu hoch. So ge-
langte Möller zu einer erheblichen Überschätzung namentlich des Ein-
flusses der Durchforstungsart und rief damit den berechtigten Widerspruch
der Ertragskundler hervor.

Daß diese spezielle Frage nun zum Gegenstand besonders gründlicher
Untersuchung gemacht wurde, hat zweifellos seine volle Berechtigung;
bloß durfte man dabei nicht aus dem Auge verlieren, daß es sich doch nur
um eine der Wirkungen der Dauerwaldwirtschaft handelt, daß also die
Beantwortung dieser speziellen Frage nicht die Leistung bzw. Mehrleistung
der Bärenthorener Dauerwaldwirtschaft schlechthin ergibt. Deshalb kann
diese Fragestellung auch unmöglich als eine Berichtigung der betriebs-
wirtschaftlich nächstliegenden Frage nach dem Gesamterfolg angesehen
werden. Die Frage nach dem Gesamterfolg ist betriebswirt-
schaftlich und betriebswissenschaftlich ebenso berechtigt und
notwendig, wie die Untersuchung der einzelnen Ursachen des
Erfolgs. Die Zurechnung auf die einzelnen Kausalfaktoren wird zudem
immer den Charakter einer Abstraktion behalten, eine haarscharfe Zerlegung
des Gesamterfolges ist wegen der gegenseitigen Wechselwirkung der einzelnen Faktoren gar nicht möglich; der Gesamterfolg ist aus diesem Grunde
mehr, unter Umständen auch weniger als die Summe seiner Teile. Eben
deshalb ist die Frage nach dem Gesamterfolg einer Wirtschaft, die nach
einem ganz bestimmten leitenden Wirtschaftsprinzip geführt worden ist,
die Hauptfrage, auf deren Beantwortung man ebensowenig verzichten
kann, wie etwa im Heereswesen auf die großen Manöver, bei denen man
Einsichten gewinnt, die bei der einzelnen Truppe oder Waffengattung nicht
gewonnen werden können. Deshalb forderte ja Möller immer wieder
Versuchsreviere und stellte in Dessau die Frage: »Oder glaubt man,
daß in der Welt zerstreute Versuchsflächen von je 1 ha und meist noch geringerer Größe jemals uns Einsichten vermitteln könnten gleich denen, die
wir aus Bärenthoren entnehmen?« (Dessau 96).

Es war also eine ganz natürliche Entwicklung der Untersuchung der
Bärenthorener Wirtschaft, daß man zunächst den Gesamterfolg feststellte
und dann durch Analyse den Anteil der wichtigsten Faktoren ermittelte;
dabei zunächst die Auswirkung der Unterlassung des Kahlschlags aus der
Betrachtung ausschied, sodann von der Bonitätsverbesserung infolge Abstellung der Streunutzung abstrahierte und damit die Folgen der übrigen
waldbaulichen Maßnahmen isolierte.

Diese Entwicklung hat aber durch Wiedemann eine so eigenartige
Darstellung erfahren, daß sie Verwirrung stiften muß, abgesehen davon,

daß sie eine höchst ungerechte Beurteilung der bisherigen Bearbeiter Bärenthorens, vor allem Möllers, involviert. Am Schluß einer 1937 veröffentlichten Abhandlung über »Bärenthoren 1934«[1] reiht Wiedemann nämlich die Ergebnisse der verschiedenen Untersuchungen über die Mehrleistung
der Bärenthorener Dauerwaldwirtschaft aneinander: Möller 1920,
Krutzsch 1924, Weck 1934, 1936[2] und 1937[3], und schließt dann: »Hiernach ist die behauptete Leistungsüberlegenheit von Bärenthoren allmählich von den anfänglichen Riesenzahlen über immer kleinere Zahlen auf
eine ‚eindeutige Tendenz' herabgesunken.«

Das ist aber doch ein ganz unzutreffendes Bild. Es ist ungefähr so,
wie wenn jemand den Butterpreis vom 1. Januar, den Sahnenpreis vom
1. April, den Vollmilchpreis vom 1. Juli und den Magermilchpreis vom
1. Oktober graphisch aufträgt, durch eine Kurve verbindet und daraufhin
behauptet, die Milchwirtschaft habe einen katastrophalen Preissturz erlebt.
So etwa stellt Wiedemann hier ganz inkommensurable Größen bzw.
Untersuchungsergebnisse zum Vergleich nebeneinander; denn Möller
hatte doch den Gesamterfolg, Weck 1936 dagegen nur einen Faktor
beurteilt und dabei von den beiden wichtigsten (Abstellung des Kahlschlags
und der Streunutzung) abstrahiert. So mußte sich natürlich, selbst wenn
beide Autoren völlig fehlerfrei gerechnet hätten; immer ein großer Unterschied ergeben. Diesen selbstverständlichen Unterschied kann man doch
unmöglich als Fehler einer der beiden Untersuchungen auslegen. Es sind
eben zwei ganz verschiedene Fragen von ganz verschiedenem Umfang und für
zwei verschiedene Zeiträume (Möller: 1884—1913, Weck: 1925—1934).

Auf die Frage nach der Leistungsüberlegenheit der Dauerwaldwirtschaft in Bärenthoren gibt nur der Gesamterfolg
die richtige Antwort; und der ist keineswegs auf eine »eindeutige Tendenz« herabgesunken. Selbstverständlich ist er bei einer
um einen halben oder einen ganzen Gütegrad besseren anfänglichen Bonität
erheblich kleiner, als ihn Möller berechnete; er bleibt aber immer noch ein
bewundernswerter Erfolg, der im wesentlichen auf der Einstellung des
Kahlschlags und der Streunutzung beruht, aber auch eine Leistungssteigerung aus der übrigen waldbaulichen Behandlung zum mindesten sehr
wahrscheinlich macht. Die letztere hat Weck mit verschiedenen Ertragstafeln[4] und auf Grund der Wiedemannschen Bonitierung (2,5 nach
Schwappach 08) mit 13—29—24—15% Mehrleistung in der Derbholz-
erzeugung beziffert, wovon er noch 3% zum Ausgleich der durchschnitt-

---

[1] Wiedemann, E.: Bärenthoren 1934. Forstarchiv 13 (1937), S. 217—235.
[2] Jahresbericht 1936 des Deutschen Forstvereins, S. 303—317.
[3] Weck, H.: Nachtrag zu »Bärenthoren 1934«. Forstarchiv 13 (1937), S. 192—195.
[4] Schwappach 08 mit Gütegrad 2,5; Schwappach 96 mit Gütegrad 2,9; Gehrhard
1921 mit Gütegrad 2,7; Gehrhard 1927 mit Gütegrad 2,9; um zu zeigen, »daß beim
Vergleich mit jeder überhaupt in Frage kommenden Ertragstafel sich eine Mehrleistung in Bärenthoren ergibt« (Jahresbericht 1936 des Deutschen Forstvereins S. 312).

lich günstigeren Witterung dieses Jahrzehnts absetzen will; in diesen Ergebnissen erblickt er eine »eindeutige Tendenz der Leistungsüberlegenheit«. Wenn diese Berechnung keinen wesentlichen Fehler enthält — bisher ist sie nicht bestritten —, dann würde allerdings der bisherige Lehrsatz, daß die Art der Durchforstung keinen nennenswerten Einfluß auf die Massenerzeugung hat, nicht ganz zu Recht bestehen; denn eine Leistungssteigerung selbst von nur 10% allein aus der Hiebsart würde schon wesentlich sein. Dazu kommen dann die viel mehr ins Gewicht fallenden Auswirkungen der Einstellung des Kahlschlags und der Streunutzung. —

Über den Einfluß der Einstellung des Kahlschlags (der Endnutzung) und der entsprechenden Erhöhung der Vornutzungen hat Wiedemann in einer 1935 veröffentlichten Abhandlung eine sehr schöne Ertragsberechnung für eine normale Kiefernbetriebsklasse II. Bonität und bisher 120jähriger Umtriebszeit aufgestellt[1]. Es zeigt sich natürlich, daß der Ertrag einer solchen Betriebsklasse, wenn man sie bei Einstellung der Endnutzung weiterwachsen läßt, die Züge des laufenden Zuwachses annimmt. So zeigt die Berechnung Wiedemanns, daß der Zuwachs seiner Betriebsklasse zunächst steigt, nach etwa 20 Jahren kulminiert, dann wieder sinkt, nach 30 Jahren bereits unter den Zuwachs der normalen Betriebsklasse gesunken ist und nach weiteren 30 Jahren nur noch 70% des letzteren beträgt, so daß diese Wirtschaft in den ganzen 60 Jahren einen beträchtlichen Ausfall an Massenproduktion zu verzeichnen hat.

Diese Berechnung ist an und für sich ganz richtig. Aber man fragt sich:

Warum 120jährige Umtriebszeit? Bildet sie in unsern deutschen Kiefernforsten etwa die Regel? Nicht einmal in den Staatsforsten wird sie im Durchschnitt erreicht; in den Privatforsten, insbesondere im freien Privatwald[2], sind die Umtriebszeiten ganz erheblich niedriger, und gerade hier hat die Einstellung des Kahlschlags die größte wirtschaftliche Bedeutung; hier würde sich die Berechnung auch ganz anders stellen.

Warum ferner II. Bonität? Bildet sie etwa die Regel in unsern Kiefernforsten? Bei III. und IV. Bonität tritt die Kulmination des laufenden Zuwachses bekanntlich später ein; infolgedessen muß sich die Berechnung für mittlere und geringe Standorte, wie wir sie namentlich im kleinen und mittleren Privatwald haben, günstiger stellen.

Warum schließlich nur Massenertrag[3]? Kommt es uns etwa nur auf die Menge, nicht auf den Wert der Leistung an? Die durchschnittliche

---

[1] Forstarchiv 11 (1935), S. 97ff.

[2] Nach der Erhebung von 1927 haben 2,24 Millionen Hektar Kiefernforsten in freiem Besitz ein Altersklassenverhältnis, das einer Umtriebszeit von 68 Jahren entspricht.

[3] Einzelne Hinweise auf Wertsänderungen, insbesondere auch auf die bei Überalterung eintretende Entwertung des Holzes durch Fäule, Rotkernigkeit usw., hat Wiedemann gegeben.

Wertleistung kulminiert aber bekanntlich viel später als die durchschnittliche Massenleistung, infolgedessen ergibt die Wertberechnung ein wesentlich günstigeres Bild als die Massenberechnung. —

Es ist ja ganz klar: Eine Betriebsklasse die bereits im Umtrieb der höchsten Wertproduktion steht, kann man durch Einstellung des Kahlschlags nur zeitweilig in ihrer Wertleistung steigern, um später um so größere Werte zuzusetzen. Eine Betriebsklasse aber die von dem Umtrieb und der Vorratskapitalintensität der höchsten Werterzeugung noch weit entfernt ist, was in unserm norddeutschen Kiefern-Privatwald die Regel bildet, kann man nicht nur zeitweilig, sondern auch dauernd in ihrer Wertleistung steigern, wobei natürlich der zeitweilige Höhepunkt nicht mit dem dauernden identisch ist.

Deshalb ist auch die Steigerungsmöglichkeit in den einzelnen Forsten höchst verschieden. Niemals hat Möller behauptet, daß überall die gleiche Leistungssteigerung erzielt werden könne wie in Bärenthoren. Er hat angenommen, daß der Derbholzertrag unserer deutschen Forsten je Hektar um 1 Festmeter, also um 30% gesteigert werden könne. Das hat noch niemand als utopisch bezeichnet. Je näher ein Forstbetrieb den optimalen Ertragsverhältnissen schon ist, um so größere Bedeutung gewinnt für die Leistungssteigerung die individualisierende Behandlung, und um so mehr muß das wirtschaftliche Interesse von der Quantität auf die Qualität gelenkt werden; das einfache Weiterwachsenlassen kann da nicht mehr genügen. In vorratsarmen Forsten hingegen, mit niedrigen Umtrieben, spielt das Streben nach Menge, also die Erhaltung der Bestände, die Erhöhung der Umtriebszeit und damit des Vorrats, die entscheidende Rolle bei der Leistungssteigerung, wenn auch der Wertgesichtspunkt auf weite Sicht schon möglichst früh zur Geltung kommen muß.

Wir dürfen uns also den forstpolitischen Blick nicht trüben lassen durch solche Berechnungen, wie sie Wiedemann für eine 120jährige Betriebsklasse II. Bonität rein nach der Masse aufgestellt hat. Wir haben Millionen Hektare von Kiefernforsten, die nicht nur viel zu kurze Umtriebe und viel zu geringe Vorräte nach Masse und Wert haben, sondern bei denen auch zum großen Teil der Boden heruntergewirtschaftet ist. Bei diesen Forsten ist eine ganz bedeutende Ertragssteigerung möglich, und gerade sie könnten von der Bärenthorener Wirtschaft am meisten lernen. Nehmen wir die deutschen Kiefernforsten des freien Privatwaldes, die sich mit einer im Durchschnitt noch nicht 70jährigen Umtriebszeit und überhaupt mit ihrem ganzen Zustand in einer ähnlichen Lage befinden wie Bärenthoren 1884, so läßt sich leicht berechnen, daß sie bei Einstellung des Kahlschlags und intensivester Boden- und Bestandspflege ihre Holzwerterzeugung nicht nur für kaum 20 Jahre ein wenig erhöhen könnten, um 10 Jahre später schon wieder unter ihre jetzige Leistung herabzusinken, sondern daß sie dieselbe im Lauf von Jahrzehnten auf das Doppelte

steigern könnten, dies freilich nur unter anfänglicher Nutzungsbeschrän-
kung, »einer gewissen vorläufigen, später reich belohnten Entsagung«,
wie Möller lehrte (Dg. 54), denn wie jede Kapitalbildung, so kommt
natürlich auch die forstliche nur durch Sparen zustande. Ist dafür unsere
gegenwärtige Wirtschaftslage auch wenig angezeigt, so dürfen wir diese
wirtschaftliche und wirtschaftspolitische Möglichkeit doch niemals aus dem
Auge verlieren. Man leistet der Sache keinen guten Dienst, wenn man
drucken läßt, die behauptete Leistungssteigerung Bärenthorens sei auf eine
»eindeutige Tendenz« herabgesunken. Es entspricht das auch nicht den
Tatsachen.

3. Die sonstige Aufnahme des Dauerwaldgedankens

Am nächsten hat den biologischen Auffassungen Möllers Chr. Wagner
gestanden, der nicht nur den Dauerwaldgedanken, die Idee der »Stetigkeit
des Waldwesens« voll bejahte, sondern auch das von Möller dafür
geprägte Wort Dauerwaldwirtschaft für glücklich gewählt hielt. In seinem
Münchener Vortrag vor dem Deutschen Forstverein 1920 erklärte er[1] zur
Frage der Leistungssteigerung der deutschen Waldwirtschaft: »Voraussetzung für solche Wirtschaft ist vor allem Stetigkeit des Betriebes, ‚Dauerwirtschaft‘ im Sinne Möllers (im Gegensatz zu Periodenwirtschaft),
gekennzeichnet durch ununterbrochene Boden- und Bestandspflege, stetige
Ernte, stetige Verjüngung. Sie sichert die ‚Stetigkeit des Waldwesens‘.
Mit keinem anderen als diesem Begriffe Möllers können wir
die ungestörte Fortarbeit aller Organismen und Lebensvorgänge im Wald besser kennzeichnen, die zu diesem vollen
Gedeihen zusammenwirken. ‚Stetigkeit des Waldwesens‘ muß
das Losungswort der künftigen Forstwirtschaft werden! —
Alle Periodenwirtschaft, auch die Bestandeswirtschaft, arbeitet auf beschränkter Fläche und schädigt das Waldwesen. An ihre Stelle muß
Dauerwirtschaft treten, die kein Femelbetrieb zu sein braucht. Dauerwirtschaft löst die durch die Periodenwirtschaft erzeugte waldbauliche Er-
starrung und ruft den Wald zu frohem waldbaulichen Leben zurück.«

Über den Begriff der Dauerwaldwirtschaft führte Wagner im folgenden Jahre aus[2]: »Möller wird hier ‚Dauerwaldwirtschaft‘ eine solche
nennen, die beim Eingriff in den Wald dieses Waldwesen
und seine Lebensbedingungen ungeschmälert erhält, also insbesondere Bodenverdichtung vermeidet. Es kann dies meines Erachtens
auf verschiedene Weise geschehen. Je mehr es der Fall, je unversehrter

---

Wagner, Chr.: Wie kann der deutsche Wald die gesteigerten Nutzungsanforderungen der Gegenwart erfüllen, ohne Schaden zu leiden? A. F. u. J. 96 (1920),
S. 245—249.

² Wagner, Chr.: Über die Bezeichnungen »Dauerwald« und »Blendersaumschlag«. A. F. u. J. 97 (1921), S. 183—187.

also das Waldwesen und damit die Ertragskraft des Bodens, besonders in
der kritischen Zeit der Verjüngung, erhalten bleibt, desto mehr wird eine
Wirtschaft ‚Dauerwaldbetrieb‘ sein. — Aus diesem Beispiel geht ohne
weiteres hervor, daß die Dauerwaldwirtschaft nicht Blender-
betrieb zu sein braucht, wie immer wieder unterstellt wird, sondern
daß sie sehr verschiedene Formen annehmen kann. Möller hat ja auch
selbst die Waldform, der die Eigenschaft des Dauerwaldes zukommen soll,
offen gelassen. Kriterium ist ihm lediglich die Unversehrtheit des Waldwesens, darum wird, je stetiger sich der Betrieb auf der Flächeneinheit
betätigt, um so mehr die Wirtschaft sich dem Ideal des Dauerwaldes
nähern. — Ich für meine Person halte diese Schöpfung (scil. den Dauerwaldbegriff), wie ich schon an anderem Orte ausführte — und zwar allein
schon aus didaktischen Gründen — für eine sehr glückliche! Die Vorstellung von einem leicht verletzbaren Waldwesen, das unversehrt zu erhalten, eine Hauptaufgabe der Forstwirtschaft
ist, wird den Leser nicht wieder loslassen, künftig den Vor-
stellungskreis des Wirtschafters erfüllen und ihn vor schweren
Sünden im Walde bewahren. — Demgegenüber verleitete die bisherige Lehre und Praxis den Neuling leicht zu der Vorstellung, als sei
das Waldwesen etwas so Grobschlächtiges, daß dessen robuste
Gesundheit durch nichts geschädigt werden könne, also auch
keine weitere Rücksicht seitens der Wirtschaft erfordere. Hier
hat Möllers Lehre jeden Zweifel zerstört. — Mögen im übrigen Möllers
Kritiker sagen, was sie wollen, das Verdienst werden sie ihm nicht bestreiten können, daß er mit der Dauerwaldbewegung erfolgreich eine
Rückkehr der norddeutschen Kiefernwirtschaft zu naturgemäßer Waldbehandlung eingeleitet und weite Kreise aus einem
Fatalismus aufgerüttelt hat, der dem Kiefernwald und seiner Bewirtschaftung nicht förderlich war.«

In diesen, mit Möllers Ideen so ganz im Einklang stehenden Ausführungen zeigt sich so recht der weltenweite Abstand Wagners von der
Naturbetrachtung Denglers, der den Satz schrieb: »Der Wald
ist seiner Natur nach gar kein solches Kräutlein Rührmichnichtan und kein
so zartes Gebilde, als welches man ihn heute vielfach hinstellen möchte,
er ist im Gegenteil zäh, so zäh wie kaum eine andere
Pflanzengemeinschaft[1]«.

Auch in wirtschaftlicher Hinsicht hat sich Chr. Wagner dem Ziele
Möllers angeschlossen, indem er »vollste Pflege und Anspannung aller
erzeugenden Kräfte des Forstbetriebes zu höchster nachhaltiger Kraftentfaltung bei sparsamer Bemessung des Aufwands« forderte und das ausdrücklich mit »Dauerwaldwirtschaft« charakterisierte[2].

Mit begeisterten Worten hatte auch B. Dieterich über die erste

<hr>

[1] Silva 16 (1928), S. 2.　　　[2] A. F. u. J. 100 (1924), S. 127.

Dauerwaldabhandlung Möllers und die Erfolge der Bärenthorener
Wirtschaft in der Silva 1920 berichtet[1] und mit dem Wunsche geschlossen:
»Möge der Gedanke der Dauerwaldwirtschaft sich allgemein bahnbrechen.«
Trotz des groben Mißbrauchs[2], der in der Folgezeit dann mit dem Dauer-
waldbegriff getrieben worden ist, erklärte doch Dieterich 17 Jahre
später bei einer erneuten Behandlung dieser Frage: »Auch heute stehe ich
leidenschaftlich zur Durchführung der Möllerschen Grundgedanken[3],
nicht bloß im allgemeinen, sondern auch mit der besonderen (plenterweisen)
Hiebsführung überall dort, wo ein ähnliches Bestandesvorkommen den
Forstmann, der unbefangen die Verhältnisse überprüft, zu solcher Art der
Bestandesbehandlung geradezu herausfordert[4]«. — Hervorzuheben an der
Einstellung Dieterichs zur Dauerwaldwirtschaft ist die besondere Betonung
der wirtschaftlichen Seite des Problems. Wiederholt hat er darauf
anläßlich der Veröffentlichungen über Bärenthoren hingewiesen, und auch
neuerdings sagt er: »Gerade die Dauerwalderörterung der letzten 18 Jahre
zeugt von ungenügender Erfassung der eigentlichen Forstwirtschaftszu-
sammenhänge, sowohl derjenigen, die den einzelnen Waldbesitz und Forstbetrieb zur Wirtschaftseinheit machen, wie jener, deren Wahrung eine all-
seitige Dienstbarmachung völkischer Waldgebiete zum heutigen und künftigen — größtmöglichen — Nutzen des Volkes gewährleistet[5].«
Daß der Dauerwaldgedanke die Einsicht in die naturgesetzliche Bedingtheit der Waldwirtschaft vertieft und den Forstmann davor bewahrt, die von
den Naturgesetzen gezogenen Grenzen zu überschreiten, jenseits derer eine
mehr oder weniger offenkundige Zerstörung des Waldes eintritt, ist die
Auffassung H. Hausraths, der sich ebenfalls als Anhänger der Dauerwaldbewegung bekennt. Er ist der Meinung, daß diese Bewegung von
Gayer herrührt; nicht die Begriffe »Dauerwald« und »Waldwesen« seien
neu, sondern nur die Bezeichnungen. Das mindere aber das Verdienst
Möllers nicht; »auch er hat viel dazu beigetragen, auf diesem Gebiete
Klarheit zu gewinnen, und in diesen Bezeichnungen treffende Ausdrücke

---

[1] Dieterich, B.: Die Dauerwaldwirtschaft. Silva 8 (1920), S. 45 u. 46.

[2] »Leider bildete sich — ohne Zutun Möllers — alsbald eine Dauerwaldschule;
wie es so oft mit ‚Schulen‘ geht, begannen die Anhänger und Nachbeter sehr bald
technische Formfragen und Einzelheiten zu verallgemeinern; aus einer wunderbaren
Verbindung naturgesetzlicher und wirtschaftlicher Bedingtheit, wie sie in Bärenthoren uns gegenübertritt, wurde eine technische Leitregel herausgeholt, und —
was noch viel gefährlicher ist — es wurden voreilige Naturgesetzmäßigkeiten mit Ver-
mutungen und unzulänglichen Untersuchungen abgeleitet.« Silva 25 (1937), S. 238.

[3] Ganz gewiß würde Dieterich sich für den Möllerschen Dauerwaldgedanken
nicht so begeistern, wenn derselbe weiter nichts wäre als das Generalrezept der
Plenterwaldwirtschaft oder eine Umsturzbewegung oder letzten Endes Heimweh des
Kulturmenschen nach seinen Uranfängen.

[4] Dieterich, B.: Verpflichtungen der Forstwirtschaft gegenüber dem Vierjahresplan. II. Teil: Dauerwald und Vierjahresplan. Silva 25 (1937), S. 237—244.

[5] Ebenda S. 237.

für Erkenntnisse und Begriffe geschaffen, die aus dem wissenschaftlichen Ge=
dankenkampf sich allmählich herausgebildet haben, aber bisher noch nicht
so scharf gefaßt waren, wie M ö l l e r es tat[1].«

Das war auch R a m a n n s Ansicht, der in seinem Nachruf sagte: »Was
K a r l G a y e r und andere angebahnt haben, ist von ihm (M ö l l e r)
naturwissenschaftlich begründet worden[2].«

Auch H. W e b e r bringt das Ökonomische mit dem Biologischen, den
Reinertragsgedanken mit dem Dauerwaldgedanken, in Verbindung und
schließt: »Der Reinertragsgedanke wird — gleichwie der Dauerwaldgedanke
— so lange bestehen und die ihm eigene Kraft behalten, als es überhaupt
eine Forstwirtschaft in Kulturländern gibt[3].«

Die meiste Berührung mit der modernen Biologie hat die organische
Betrachtung des Waldes bei K. V a n s e l o w gefunden, der in seiner
Gießener Rektoratsrede 1932 die »Forstwirtschaft als Ganzheitsproblem«
behandelte. Darin verweist er auch auf Möllers Dauerwaldgedanken:
»Aus der Ganzheitsidee heraus wurde der Dauerwaldgedanke M ö l l e r s
geboren, der im Kern unanfechtbar ist, in der Praxis aber durch Generali=
sierung der Bärenthorener Betriebsweise scheiterte[4].«

Die Erfassung der biologischen Einheit von Bestand und Boden im Dauer=
waldgedanken hebt besonders H. H e s m e r hervor: »Es ist das bleibende
Verdienst der Dauerwaldbewegung, auf die Beziehungen zwischen Wald
und Boden immer wieder nachdrücklichst hingewiesen zu haben[5].« —

Dieser Überblick will keinen Anspruch auf Vollständigkeit erheben. Ge=
wiß haben auch noch andere Forstwissenschaftler und bedeutende Schrift=
steller der forstlichen Praxis sich in ähnlicher Weise geäußert. In der Tat
war es unzähligen praktischen Forstmännern aus der Seele gesprochen,
was M ö l l e r wissenschaftlich mit dem Organismusbegriff und dem Dauer=
waldgedanken erfaßt hatte. Und dieser Gedanke hätte — wie M ö l l e r
in Dessau selbst sagte[6] — sicherlich nicht eine so begeisterte Zustimmung ge=
funden, wenn er »nicht seit langer Zeit in den Schriften vieler unserer
Fachschriftsteller, B o r g g r e v e und G a y e r vor allen, vorbereitet ge=
wesen und in den Gedanken vieler arbeitenden Praktiker unbewußt sich zur
Grundlage ihres forstlichen Denkens entwickelt hätte«.

Von niemandem hat M ö l l e r in seinen Vorlesungen, in seinen Vor=
trägen und Schriften, insbesondere seinen Dauerwaldschriften, mit größerer
Hochachtung und Begeisterung gesprochen als von K a r l G a y e r und
seiner Bedeutung für die Erkenntnis des Waldes als Organismus. Und

---

[1] Hausrath, H.: Der Dauerwaldgedanke. Fw. Cbl. 67 (1923), S. 419—421.
[2] Z. f. F. u. J. 40 (1923), S. 3.
[3] A. F. u. J. 100 (1924) S. 130.
[4] Vanselow, K.: Forstwirtschaft als Ganzheitsproblem (1932) S. 18.,
[5] Z. f. F. u. J. 65 (1933), S. 508.
[6] Bericht S. 95.

doch bleibt das von Chr. Wagner hervorgehobene Verdienst Möllers
unantastbar, und es bestätigt sich darin das Goethewort:

»Die originalsten Autoren der neuesten Zeit sind es nicht deswegen,
weil sie etwas Neues hervorbringen, sondern allein, weil sie fähig sind,
dergleichen Dinge zu sagen, als wenn sie vorher niemals wären gesagt
gewesen.

Daher ist das schönste Zeichen der Originalität, wenn man einen
empfangenen Gedanken dergestalt fruchtbar zu entwickeln weiß, daß
niemand leicht, wieviel in ihm verborgen liege, gefunden hätte.«

Literaturverzeichnis

Alverdes, Fr.: Die Totalität des Lebendigen. Bios Bd. III. Leipzig 1935.

Bavink, B.: Ergebnisse und Probleme der Naturwissenschaften. 5. Aufl., Leipzig 1933.

— Moderne Physik und Weltanschauung. Unsere Welt 28 (1936), S. 1—11.

— Die Naturwissenschaft auf dem Wege zur Religion. 4. Aufl., Frankfurt a. M. 1937.

v. Bertalanffy, L.: Lebenswissenschaft und Bildung. Nr. 22 der Veröffentlichungen der Akademie der gemeinnützigen Wissenschaften. Erfurt 1930.

— Das Gefüge des Lebens. Leipzig und Berlin 1937.

Brunstäd, Fr.: Logik (Handbuch der Philosophie). München-Berlin 1933.

Clements, F. E.: Plant Succession. An Analysis of the development of vegetation. Carnegie Institution of Washington 1916.

Dengler, A.: Bärenthoren — kein Dauerwald? Silva 10 (1922), S. 345—348.

— Dauerwald in Theorie und Praxis. Silva 13 (1925), S. 25—31.

— Vortrag vor dem Deutschen Forstverein in Salzburg 1925. Bericht S. 129—144 und S. 289—294.

— Zum Streit um den Dauerwald in Theorie und Praxis. (Eine kurze Entgegnung.) Silva 13 (1925), S. 209 und 210.

— Unrichtigkeiten und Übertreibungen aus dem Dauerwaldlager. Silva 15 (1927), S. 121—126.

— Die Hauptfragen einer neuzeitlichen Ausgestaltung unserer ostdeutschen Kiefernwirtschaft (Fortbildungsvortrag). Z. f. F. u. J. 60 (1928), S. 65—100.

— Die Stetigkeit des Waldwesens. Eine kritische Betrachtung zur Ökologie des Waldes und den Zielen der Wirtschaft. Silva 16 (1928), S. 1—6.

— Zeitenwende im Waldbau? Silva 25 (1937), S. 21—25.

Dieterich, B.: Die Dauerwaldwirtschaft. Silva 8 (1920), S. 45 und 46.

— Verpflichtungen der Forstwirtschaft gegenüber dem Vierjahresplan. II. Teil: Dauerwald und Vierjahresplan. Silva 25 (1937), S. 237—244.

Eddington, A. S.: Die Naturwissenschaft auf neuen Bahnen. Übersetzt von Wilh. Westphal. Braunschweig 1935.

Eisler, Rud.: Der Zweck, seine Bedeutung für Natur und Geist. Berlin 1914.

Eucken, Rud.: Geistige Strömungen der Gegenwart. Berlin und Leipzig 1928.

Friedmann, H.: Die Welt der Formen. 2. Aufl. München 1930.

Gams, H.: Prinzipienfragen der Vegetationsforschung. Vierteljahrsschrift der Naturforschenden Gesellschaft in Zürich 63 (1918), S. 293—493.

Gayer, K.: Der gemischte Wald. Berlin 1886.

— Der Waldbau. 4. Aufl. Berlin 1898.

Grabmann, H.: Die harmonische Lebenseinheit vom Standpunkt exakter Naturwissenschaft. Die Naturwissenschaften 18 (1930), S. 641—666.

Haldane, J. S.: Die Philosophie eines Biologen. Übersetzt von Adolf Meyer. Jena 1936.

v. Hartmann, Ed.: Die Weltanschauung der modernen Physik. Berlin 1909.

Hausrath, H.: Der Dauerwaldgedanke. Fw. Cbl. 67 (1923), S. 419—421.

Heßmer, H.: Die natürliche Bestockung und die Waldentwicklung auf verschieden=
    artigen märkischen Standorten. Z. f. F. u. J. 65 (1933), S. 505ff.

— Die heutige Bewaldung Deutschlands. 2. Aufl. Berlin 1938.

Jansen, B.: Streiflichter auf das philosophische System Leibnizens. Stimmen der
    Zeit 92 (1917), S. 526—551.

Joel, K.: Wandlungen der Weltanschauung. Eine Philosophiegeschichte als Ge=
    schichtsphilosophie. Tübingen 1934.

Kant, J.: Die metaphysischen Anfangsgründe der Naturwissenschaft. Philosophische
    Bibliothek Bd. 48.

— Naturgeschichte und Theorie des Himmels. Philosophische Bibliothek Bd. 48.

— Kritik der Urteilskraft. Philosophische Bibliothek Bd. 39.

Knittermeyer, H.: Schelling und die Romantische Schule. Geschichte der Philo=
    sophie Bd. 30/31. Leipzig 1929.

Krieck, E.: Völkisch politische Anthropologie. Leipzig 1937/38.

— Leben als Prinzip der Weltanschauung und Problem der Wissenschaft. Leipzig
    1938.

Kroner, R.: Zweck und Gesetz in der Biologie. Berlin 1913.

— Das Problem der historischen Biologie. Abhandlungen zur theoretischen Biologie,
    Heft 2. Berlin 1919.

Krutzsch: Bärenthoren 1924. Neudamm 1926.

Krutzsch=Weck: Bärenthoren 1934. Der naturgemäße Wirtschaftswald. Neudamm
    1935.

Lemmel, H.: Der Dauerwaldgedanke und das »Eiserne Gesetz des Örtlichen«. Der
    deutsche Forstwirt 19 (1937), S. 925—928.

— Zur Dauerwaldkritik. Der deutsche Forstwirt 20 (1938) S. 13—16 und 29—31.

Meyer, Ad.: Ideen und Ideale der biologischen Erkenntnis. Bios Bd. I. Leipzig
    1934.

Möbius, K.: Die Auster und die Austernwirtschaft. Berlin 1877.

Möller, A.: Vortrag vor dem Deutschen Forstverein in Trier 1913. Bericht S. 47—62
    und S. 77—78.

— Kiefern=Dauerwaldwirtschaft. Z. f. F. u. J. 52 (1920), S. 4—41.

— Kiefern=Dauerwaldwirtschaft II. Z. f. F. u. J. 53 (1921), S. 70—85.

Möller und Wendroth: Betriebsregelung im Dauerwalde und Zusätze zur »Be=
    triebsregelung im Dauerwald«. Z. f. F. u. J. 54 (1922), S. 11—22 und S. 22
    bis 25.

Möller, A.: Der Dauerwaldgedanke. Sein Sinn und seine Bedeutung. Berlin 1922,

— Betriebsregelung im Dauerwald. Silva 10 (1922), S. 155—156.

— Vortrag vor dem Deutschen Forstverein in Dessau 1922. Bericht S. 81—96.

Oldekop, E.: Über das hierarchische Prinzip in der Natur. Reval 1930.

Pfeil, W.: Die Änderung des Wuchses der jungen Kiefern, die im Schatten er=
    wachsen sind, infolge einer zu späten Freistellung. Kr.Bl. 31b (1852), S. 216—219.

Ranke, K. E.: Die Kategorien des Lebendigen. Eine Fortführung der Kantschen
    Erkenntniskritik. München 1928.

Rickert, H.: Zur Lehre von der Definition. 2. Aufl. Tübingen 1915.

— Die Philosophie des Lebens. Darstellung und Kritik der philosophischen Mode=
    strömungen unserer Zeit. Tübingen 1922.

— Kulturwissenschaft und Naturwissenschaft. 6. u. 7. Aufl. Tübingen 1926.

— Die Grenzen der naturwissenschaftlichen Begriffsbildung. Eine logische Einleitung
    in die historischen Wissenschaften. 5. Aufl. Tübingen 1929.

Rothacker, E.: Logik und Systematik der Geisteswissenschaften. München und Berlin 1927.

Rothschuh, K.: Theoretische Biologie und Medizin. Berlin 1936.

Sapper, K.: Das Element der Wirklichkeit und die Welt der Erfahrung. Grundlagen einer anthropozentrischen Naturphilosophie. München 1924.

Schelling, Fr. W.: Über das Wesen deutscher Wissenschaft. Abgedruckt in Gerhard Klau: Schelling. Sein Weltbild aus den Schriften. Leipzig 1925.

Thienemann, A.: Lebensgemeinschaft und Lebensraum. Naturw. Wochenschr. N. F. 17 (1918), S. 281—290 und S. 297—303.

— Die Gewässer Mitteleuropas. Eine Charakteristik ihrer Haupttypen. Handb. d. Binnenfischerei Mitteleuropas. Herausgegeben von R. Demoll und H. N. Maier. Bd. I. Stuttgart 1924.

— Limnologie. Eine Einführung in die biologischen Probleme der Süßwasserforschung. Breslau 1926.

Trebeljahr, W.: Betriebsregelung im Dauerwald. Silva 10 (1922), S. 125—126.

— Bärenthoren. Silva 10 (1922), S. 309—312.

v. Ungerer, E.: Die Teleologie Kants und ihre Bedeutung für die Logik der Biologie. Berlin 1922.

— Zeit-Ordnungsformen des organischen Lebens. Bios Bd. V. Leipzig 1936.

Vanselow, K.: Forstwirtschaft als Ganzheitsproblem. (Schriften der Hessischen Hochschulen, Jahrg. 1932, Heft 1.) Gießen 1932.

Wagner, Chr.: Wie kann der deutsche Wald die gesteigerten Nutzungsanforderungen der Gegenwart erfüllen, ohne Schaden zu leiden? A. F. u. J. 96 (1920), S. 245 bis 249.

— Über die Bezeichnungen »Dauerwald« und »Blendersaumschlag«. Allg. F. u. J. 97 (1921), S. 183—187.

— Bodenreinertrag und Waldreinertrag. Gedanken zu einer Vermittlung zwischen den beiden sich streitenden Wirtschaftsrichtungen. A. F. u. J. 100 (1924), S. 120 bis 128.

Weber, M.: Der Sinn der »Wertfreiheit« der sozialen und ökonomischen Wissenschaften. Logos Bd. VII (1917/18), S. 40ff.

Wheeler, W. M.: Die heutigen Strömungen in der biologischen Theorie. Unsere Welt 21 (1929), S. 170—180.

Wenzl, A.: Weltanschauliche Bedeutung der Naturwissenschaft. Blätter f. deutsche Philosophie 9 (1935), S. 260—274.

— Wissenschaft und Weltanschauung. Natur und Geist als Problem der Metaphysik. Leipzig 1936.

— Philosophie als Weg. Von den Grenzen der Wissenschaft an die Grenzen der Religion. Leipzig 1939.

Wiebecke, E.: Ostdeutscher Kiefernwald, seine Erneuerung und Erhaltung. Z. f. F. u. J. 44 (1912), 45 (1913) und 53 (1921).

— Der Dauerwald in 16 Fragen und Antworten. Stettin 1921.

Wiedemann, E.: Die praktischen Erfolge des Kieferndauerwaldes. Braunschweig 1925.

— Die Kiefernnaturverjüngung in der Umgebung von Bärenthoren. Z. f. F. u. J. 58 (1926), S. 269—304.

— Die Ergebnisse 40jähriger Vorratspflege in den preußischen forstlichen Versuchsflächen. Forstarchiv 11 (1935), S. 65—108.

— Das eiserne Gesetz des Örtlichen. Der deutsche Forstwirt 18 (1936), S. 1157—1159.

— Bärenthoren 1934. Forstarchiv 13 (1937), S. 217—235.

— Erstaunliche Wandlungen des Dauerwaldbegriffs. Der deutsche Forstwirt 19 (1937), S. 68—70.

Wiedemann, E.: Das Ergebnis von Bärenthoren 1934. Der deutsche Forstwirt 19 (1937), S. 1065—1069.

— Grundsätzliche Fragen des Dauerwaldes. Der deutsche Forstwirt 20 (1938), S. 263—267 und 277—283.

Windelband, W.: Lehrbuch der Geschichte der Philosophie. 13. Aufl. Tübingen 1935.

Wittich, W.: Für oder wider den Kahlschlag? Silva 20 (1932), S. 217—223.

— Stand und Aussichten einer Mikrobiologie des Waldbodens. Forstarchiv 9 (1933), S. 243—251.

— Einzelstammwirtschaft im norddeutschen Kiefernwald. Z. f. F. u. J. 67 (1935), S. 177—197.